全国船舶工业职业教育教学指导委员会推荐教材

车钳焊基础工艺

（第 2 版）

主　编　潘　铭
主　审　谢　荣

哈尔滨工程大学出版社
Harbin Engineering University Press

内 容 简 介

本书共三篇,第一篇为车工基础工艺,主要内容包括车床操作的基本知识、车刀(车刀角度、材料、刃磨等)、常用量具、车削外圆及端面、车削圆锥体、内孔车削、三角形螺纹车削、表面抛光及滚花、数控车床编程与操作;第二篇为钳工基础工艺,主要内容包括钳工概述、划线、金属錾削、锯割、锉削、钻孔、扩孔、锪孔、铰孔、攻丝、套丝、刮削、研磨、锉配合与装配修理基本知识;第三篇为焊接工艺,主要内容包括焊接入门指导、手工电弧焊、气焊基础工艺、碳弧气刨、埋弧自动焊、CO_2气体保护电弧焊、手工钨极氩弧焊。

本书可作为高职高专的车、钳、焊有关专业学生的教材,也可作为船员的考证培训和船厂职工的技能培训教材。

图书在版编目(CIP)数据

车钳焊基础工艺/潘铭主编. — 2 版. —哈尔滨:
哈尔滨工程大学出版社,2019.11(2021.1 重印)
ISBN 978 – 7 – 5661 – 2527 – 9

Ⅰ. ①车… Ⅱ. ①潘… Ⅲ. ①车削②钳工③焊接工艺
Ⅳ. ①TG51②TG9③TG44

中国版本图书馆 CIP 数据核字(2019)第 241912 号

选题策划 史大伟　薛　力
责任编辑 马佳佳
封面设计 博鑫设计

出版发行	哈尔滨工程大学出版社
社　　址	哈尔滨市南岗区南通大街 145 号
邮政编码	150001
发行电话	0451 – 82519328
传　　真	0451 – 82519699
经　　销	新华书店
印　　刷	哈尔滨市石桥印务有限公司
开　　本	787 mm×1 092 mm　1/16
印　　张	21.5
字　　数	575 千字
版　　次	2019 年 11 月第 2 版
印　　次	2021 年 1 月第 2 次印刷
定　　价	52.00 元

http://www.hrbeupress.com
E-mail:heupress@ hrbeu.edu.cn

前　言

本书是为了贯彻国务院关于《国家职业教育改革实施方案》，落实《面向21世纪教育振兴行动计划》中提出的"职业教育课程改革和教材建设规划"，根据机械专业学科特点，在开展学科教材建设工作的基础上编写而成。

本书以目前国内和行业的规范及标准为依据，以职业岗位的需求为出发点，在编写过程中围绕职业教育的特点，较好地贯彻了"以全面素质为基础，以能力为本位"的教育教学指导思想，结合了培养学生职业能力、职业素养方面的要求，内容具有较强的实践指导性。本书体系设计合理，图文并茂，符合高职高专学生认知特点，同时也适用于船员的考证培训和船厂职工的技能培训。

参加本书编写工作的有周建桃、张强勇、成辰、杨广新、倪敏。全书由江苏海事职业技术学院的潘铭担任主编，谢荣担任主审。

本书在编写过程中得到了武汉交通职业学院、渤海船舶职业学院等院校的大力支持，他们对书稿的编写提出了宝贵意见，在此表示衷心感谢。

由于编者水平有限，错误和不妥之处在所难免，恳请广大读者批评指正。

编　者
2019年9月

目　　录

第一篇　车工基础工艺

第一章　车床操作的基本知识 ……………………………………………………… 1
　　第一节　车床的基本知识 …………………………………………………………… 1
　　第二节　车工安全规则及切削液 …………………………………………………… 6

第二章　车刀 …………………………………………………………………………… 8
　　第一节　车刀的组成及主要几何角度 ……………………………………………… 8
　　第二节　车刀的种类和用途 ………………………………………………………… 10
　　第三节　车刀的材料 ………………………………………………………………… 12
　　第四节　车刀的刃磨 ………………………………………………………………… 13

第三章　常用量具 ……………………………………………………………………… 15
　　第一节　游标卡尺类量具 …………………………………………………………… 15
　　第二节　千分尺类量具 ……………………………………………………………… 17
　　第三节　百分表与万能角度尺 ……………………………………………………… 20

第四章　车削外圆及端面 ……………………………………………………………… 23
　　第一节　车刀的安装及工件的装夹与校正 ………………………………………… 23
　　第二节　切削用量的选择 …………………………………………………………… 30
　　第三节　车削外圆和端面 …………………………………………………………… 32
　　第四节　切断和车削外沟槽 ………………………………………………………… 35

第五章　车削圆锥体 …………………………………………………………………… 36
　　第一节　圆锥体各部分名称及种类 ………………………………………………… 36
　　第二节　圆锥面的车削 ……………………………………………………………… 37
　　第三节　圆锥面的度量和质量分析 ………………………………………………… 39

第六章　内孔车削 ……………………………………………………………………… 43
　　第一节　钻孔 ………………………………………………………………………… 43
　　第二节　内孔车削 …………………………………………………………………… 45
　　第三节　车削内孔质量分析 ………………………………………………………… 49

第七章　三角形螺纹车削 ····· 50
第一节　三角形外螺纹的车削 ····· 50
第二节　三角形内螺纹的车削 ····· 55

第八章　表面抛光及滚花 ····· 57
第一节　表面抛光 ····· 57
第二节　表面滚花 ····· 58

第九章　数控车床编程与操作 ····· 60
第一节　数控机床的组成与种类 ····· 60
第二节　数控车床坐标系 ····· 64
第三节　数控车床程序的结构与指令类型 ····· 65
第四节　数控车床编程 ····· 71
第五节　数控车床操作 ····· 84

第二篇　钳工基础工艺

第一章　钳工概述 ····· 102

第二章　划线 ····· 105
第一节　划线前准备 ····· 105
第二节　几何划线操作举例 ····· 111
第三节　划线操作举例 ····· 114

第三章　金属錾削 ····· 120
第一节　錾削工具 ····· 120
第二节　錾削操作 ····· 123
第三节　錾削操作实例 ····· 126

第四章　锯割 ····· 129
第一节　锯削工具 ····· 129
第二节　锯割方法 ····· 130
第三节　锯割实例 ····· 133

第五章　锉削 ····· 135
第一节　锉刀 ····· 135
第二节　锉削操作 ····· 139
第三节　锉削操作实例 ····· 146

第六章　钻孔、扩孔、锪孔和铰孔 ····· 149
第一节　钻床和钻头 ····· 149

第二节　钻孔方法及注意事项 ·· 157
　　第三节　扩孔和锪孔 ·· 161
　　第四节　铰孔 ··· 165
第七章　攻丝和套丝 ·· 169
　　第一节　攻丝 ··· 169
　　第二节　套丝 ··· 173
第八章　刮削和研磨 ·· 176
　　第一节　刮削 ··· 176
　　第二节　研磨 ··· 183
第九章　锉配合与装配修理基本知识 ··· 188
　　第一节　锉配合 ··· 188
　　第二节　装配修理基本知识 ·· 195

第三篇　焊接工艺

第一章　焊接入门指导 ·· 207
第二章　手工电弧焊 ·· 212
　　第一节　手工电弧焊的基本知识 ··· 212
　　第二节　焊条电弧焊操作基本知识 ·· 214
　　第三节　各种位置的焊接方法 ··· 221
　　第四节　管子焊接 ··· 226
　　第五节　常用金属的焊接 ··· 228
　　第六节　焊接缺陷分析与电弧切割 ·· 231
　　第七节　电弧焊的安全操作知识 ··· 234
第三章　气焊基础工艺 ·· 236
　　第一节　气焊、气割常用的材料和设备 ··································· 236
　　第二节　焊炬的火焰和气焊工艺 ··· 248
　　第三节　气焊操作技术 ·· 254
　　第四节　火焰钎焊 ··· 262
　　第五节　气割技术 ··· 266
　　第六节　气焊安全技术 ·· 279
第四章　碳弧气刨 ··· 282
　　第一节　碳弧气刨、工具及材料的使用 ··································· 282
　　第二节　碳弧气刨操作技能 ·· 285

第五章　埋弧自动焊 … 292
第一节　埋弧自动焊设备及焊前准备 … 292
第二节　埋弧自动焊操作技能 … 302

第六章　CO_2 气体保护焊 … 310
第一节　CO_2 气体保护焊的基础知识 … 310
第二节　气体保护焊操作技能 … 318

第七章　手工钨极氩弧焊 … 328
第一节　手工钨极氩弧焊的基本知识 … 328
第二节　手工钨极氩弧焊操作技能 … 331

参考文献 … 336

第一篇　车工基础工艺

第一章　车床操作的基本知识

第一节　车床的基本知识

金属切削机床是一种用切削方法加工机械零件的机械设备。它是制造机器的机器,在我国,习惯上将其简称为机床。金属切削机床的品种规格非常多,车床是其中的一种。为了便于区分使用及管理,须对机床加以分类并编制型号。

一、机床分类

机床分类的方法很多,最基本的是按机床的主要加工方法、所用刀具及其用途进行分类。根据国家制定的机床型号编制方法,把机床分为十二大类,用汉语拼音字母(大写)来表示。例如,"车床"的汉语拼音是"chechuang",所以用"C"表示,见表1-1-1。

表 1-1-1　机床的类别及分类代号

类别	车床	钻床	镗床	磨床	铣床	刨插床	拉床	其他车床
代号	C	Z	T	M	X	B	L	Q

二、机床的型号

机床型号是机床产品的代号,用以简明地表示机床的类别、组别、型别、主要参数、使用与结构特性。我国机床型号编制是按国家标准 GB/T 15375—2008《金属切削机床　型号编制方法》进行编制,采用汉语拼音字母和阿拉伯数字按一定规律组合。例如,CA6136-750 表示落地卧式车床,经过一次重大改型,加工最大工件回转直径 360 mm,加工最大工件长度 750 mm。机床型号 CA6136-750 中字母和数字的含义如下:

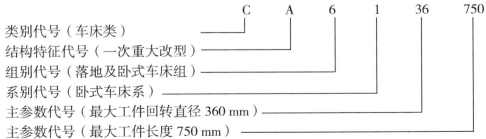

三、车床的种类

车床的种类很多,有普通车床、转塔车床、回轮车床、立式车床及数控车床等,如图 1-1-1 至图 1-1-5 所示,其中以普通车床应用最广,通用性也较好。但普通车床结构复杂且自动化程度低,仅适用于单件、小批量生产。

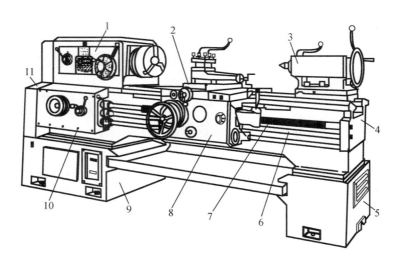

1—主轴箱;2—刀架;3—尾座;4—床身;5,9—床脚;6—光杆;7—丝杆;
8—溜板箱;10—进给箱;11—挂轮变速机构。

图 1-1-1 普通卧式车床

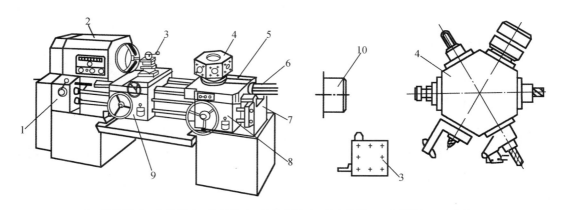

1—进给箱;2—主轴箱;3—前刀架;4—转塔刀架;5—纵向溜板;6—定程装置;7—床身;
8—转塔刀架溜板箱;9—前刀架溜板箱;10—主轴。

图 1-1-2 滑鞍转塔车床

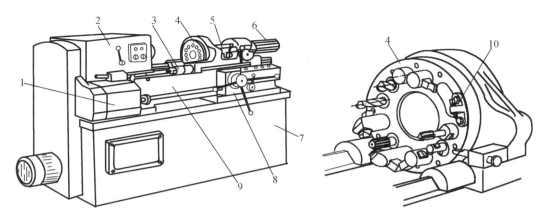

1—进给箱；2—主轴箱；3—刚性纵向定程机构；4—回轮刀架；5—纵向刀具溜板；6—纵向定程机构；
7—底座；8—溜板箱；9—床身；10—横向定程机构。

图 1-1-3　回轮车床

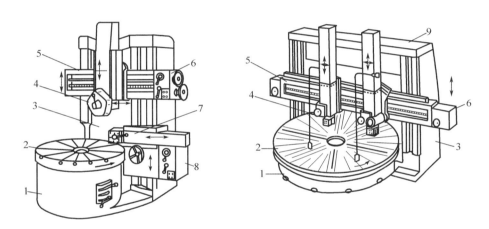

1—底座；2—工作台；3—立柱；4—垂直刀架；5—横梁；6—垂直刀架进给箱；
7—侧刀架；8—侧刀架进给箱；9—顶梁。

图 1-1-4　立式车床

图 1-1-5　数控车床

— 3 —

四、普通卧式车床的结构、名称及用途

普通卧式车床的结构大致相似,操作方法也相似,可分为主轴箱、进给箱、溜板箱、床身、尾座和刀架等部分,如图1-1-6所示。

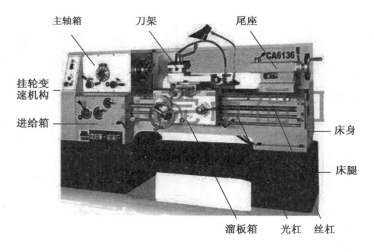

图1-1-6　CA6136型普通卧式车床结构

(1)主轴箱:通过变换箱体外各手柄的位置,箱体内的滑移齿轮与不同齿数的固定齿轮啮合,使主轴得到不同的转速,并且可以变换主轴转向和主轴制动。

(2)进给箱:进给箱利用它内部的齿轮传动机构,可以把主轴传递的动力传给光杆或丝杆。通过变换手柄位置来达到改变被加工螺纹的螺距或机动进给的进给量,以改变丝杆或光杆的转速,达到控制进给量的目的。

(3)溜板箱:把光杆或丝杆传递过来的旋转运动变成刀架的直线运动。通过操纵箱外各手柄使刀架实现纵向、横向进给运动或车螺纹。

(4)尾座:尾座的功能是用后顶尖支承工件,安装钻头等孔加工刀具,对工件钻孔和绞孔加工。

(5)刀架:可装夹4把车刀,可带动刀具转4个位置。

(6)丝杆:车螺纹时带动刀具进给。

(7)光杆:车外圆时带动刀具进给。

(8)床身:支承各部件。

五、普通卧式车床的工作范围

普通卧式车床适用于加工各种轴类、套类和盘类零件,如车外圆、椎体、特形面钻孔、内孔、绞孔、端面、切断、内螺纹、外螺纹、滚花等,如图1-1-7所示。

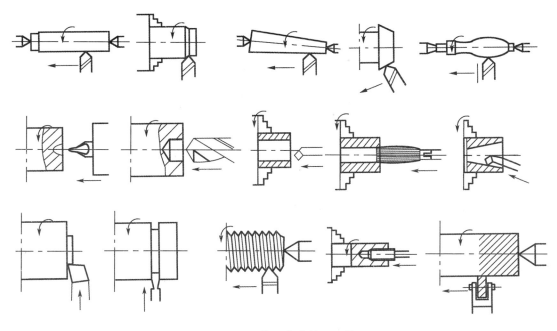

图 1-1-7 普通车床的工作范围

六、车床主要附件

1. 三爪卡盘

三爪卡盘固定于主轴端部,用来夹持圆柱形及有规则的工件,夹持时能自动定圆心(三个卡爪可以同时收缩或张开),如图 1-1-8 所示。

2. 四爪卡盘

四爪卡盘固定在主轴端部,用来夹持不规则外形的工件,夹持时必须注意校正,如图 1-1-9 所示。

3. 花盘

有些不规则外形的工件,用四爪卡盘无法装夹时,可采用花盘。在装夹过程中,必须用角铁、压板、螺栓、平衡块等夹具配合,如图 1-1-10 所示。

  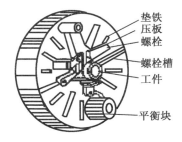

图 1-1-8 三爪卡盘　　图 1-1-9 四爪卡盘　　图 1-1-10 花盘

4. 中心架

中心架用来固定在床身上作为加工较长工件的支承,以减少工件在加工中的弯曲变形,如图 1-1-11 所示。

5. 跟刀架

跟刀架装在刀架的拖板上,并随拖板一起做纵向移动。它的作用是可以平衡切削力,以减少工件的弯曲变形,如图 1-1-12 所示。

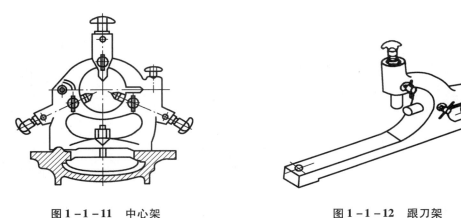

图 1-1-11 中心架　　　　　图 1-1-12 跟刀架

6. 顶尖、拨盘、鸡心夹头等

这些是两顶尖装夹工件时的主要附件,如图 1-1-13 至图 1-1-15 所示。

(a) 普通工具　　(b) 反顶尖　　(c) 镶硬质合金的顶尖

图 1-1-13 顶尖

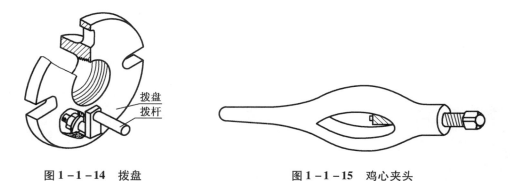

图 1-1-14 拨盘　　　　　图 1-1-15 鸡心夹头

第二节　车工安全规则及切削液

在车工实习中,由于机械化程度高,事故的发生又具有瞬时性,因此在已有安全措施的情况下,如果我们工作粗心大意,思想不集中或没有严格按操作规程操作,仍然可能造成不必要的安全事故和财产损失。

一、车工安全注意事项

（1）操作前要穿好工作服，戴好工作帽，扎紧袖口或戴袖套。长衬衫的袖口应卷起至超过手臂肘部。不得穿拖鞋进车间。

（2）操作时应戴防护眼镜，以防铁屑飞入眼睛。

（3）启动车床前，要检查车床周围有无障碍物，各操作手柄位置是否正确，工件及刀具是否已夹持牢固等。

（4）操作时严禁戴手套，禁止用手摸正在运转的工件和刀具。停车时不得用手或物去刹车床卡盘，禁止用手清除铁屑。

（5）车床启动后，思想要集中，禁止说笑打闹，不得随便离开车床。如要离开车床必须停车。

（6）变速、换刀、换工件或测量工件时必须停车。

（7）松开或夹紧工件后，应及时取下卡盘扳手，以防扳手飞出伤人或损坏车床。

（8）禁止随便拆装车床上的电气设备和其他附件。工件、刀具、量具等应放在规定的地方，不得随意乱放。

（9）不要站在铁屑飞出的方向，以免铁屑飞出伤人。

（10）如发现车床发出不正常的声音或发生事故时，应立即停车，保护现场，并报告指导老师。

二、操作车床时注意事项

（1）工作前应将所有的加油孔及导轨加上润滑油。

（2）开车前应检查各手柄是否处于正常位置，以防开车时因突然撞出而损坏车床。

（3）车床启动后，应观察主轴变速箱油泵孔是否正常出油，防止油泵不打油导致齿轮咬死或烧坏。

（4）工作中如要变换转速或进给箱手柄的位置时，必须停车后进行，以免将齿轮打坏。

（5）调整卡盘或装夹较大工件时，应在床面垫上木板，以免卡盘或工件掉下来损坏床面。

（6）床面导轨上禁止摆放工具或刀具等其他物品，严禁敲击床面。

（7）工作完毕后，必须清除车床及其周围的铁刷和冷却液，并用棉纱将床面擦干净后加上机油。

（8）清洁车床后，应将大拖板摇至床尾，各手柄放于空挡位置，关闭电源。

三、车床用切削液

在金属切削加工中，正确地选用切削液，对降低切削温度和切削力、减小车刀磨损、提高车刀耐用度、改善加工表面的质量、保证加工精度、提高生产率等，都有非常重要的作用。总的来说，切削液的作用就是冷却、润滑、防锈、清洗。

常用的切削液有水溶液、乳化液和油类三大类。

切削液应根据工件材料、刀具材料、切削工艺等合理选用，一般粗加工时以冷却为主，精加工时以润滑为主。车削铸件时为避免灰尘附在机床间隙里一般不用切削液。

第二章 车 刀

车刀是在车床上切削金属零件的刀具,能否正确地选择和刃磨车刀,将直接影响工件的质量和产量。因此,我们必须熟悉制造车刀的各种材料,了解车刀的主要角度和作用,以便正确地选择和刃磨车刀。

第一节 车刀的组成及主要几何角度

一、车刀的组成

车刀由刀头和刀杆两部分组成。刀头担负着切削工作,又称切削部分。刀杆一般用45号钢制成,起着支持和装夹刀头的作用,并夹固在刀架上。

车刀从结构形式上分为整体式、焊接式和机夹式三种。整体式车刀的刀头和刀杆用同一种材料制成,一般为高速钢;焊接式车刀是用焊接方式将硬质合金刀片焊接在刀杆上;机夹式车刀是用机械装夹方式将刀片装夹在刀杆上。三种形式的刀头部分都由几个面和几条切削刃组成。

1. 切削时工件上的三个表面

车刀切削时,使工件形成了三个表面,即待加工表面、加工表面和已加工表面,如图1-2-1所示。

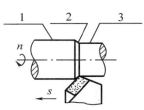

1—待加工表面;2—加工表面;3—已加工表面。
图1-2-1 工件上的三个表面

(1)待加工表面

工件上即将被切除的表面。

(2)加工表面

工件上车刀刀刃正在切削的表面。

(3)已加工表面

工件上已切去切屑的表面。

2. 刀头的组成

刀头的组成如图1-2-2所示。

(1)前刀面(简称前面)

刀头上与工件加工表面相对,并使切屑沿着它流出的表面。

(2)主后刀面(简称主后面)

刀头上与工件加工表面相对,并与加工表面相摩擦的表面。

(3)副后刀面(简称副后面)

刀头上与工件已加工表面相对,并与之相摩擦的表面。

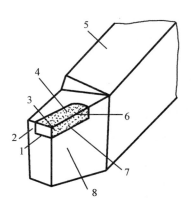

1—副后刀面;2—副切削刃;3—刀尖;4—前刀面;5—刀杆;
6—主切削刃;7—主后刀面;8—刀头。
图1-2-2 刀头的组成

(4)主切削刃(简称主刀刃)

前面与主后面交线,它担负着主要的切削工作。

(5)副切削刃(简称副刀刃)

前面与副后面交线。

(6)刀尖

主、副刀刃的交点。一般磨成半径 $r=0.5\sim 1$ mm 的圆弧或直线型过渡刃。

刀头的组成部分可归纳为"一尖二刃三面",但尖、刃、面的数目不全相同,切断刀是"二尖三刃四面"。

二、车刀的主要几何角度及选择

一把毛坯车刀的切削刃是无法切入工件的,因此我们要使刀头有一个合理的几何角度,即车刀的几何角度。从一定的意义上说,如何刃磨和选择车刀的几何角度是掌握车工工艺的主要技能。

1. 主剖面参考系(主截面参考系)

为了便于确定车刀的几何角度,须假设三个互相垂直的辅助平面,以建立空间直角坐标系(即参考系)。目前参考系的种类很多,使用最广泛的是主剖面参考系。

(1)切削平面

通过主刀刃上一点,并与工件的加工表面相切的平面。

(2)基面

通过主刀刃上一点,并与该点的切削速度方向相垂直的平面。

(3)主剖面(主截面)

垂直于主刀刃在基面上投影的平面(图 1-2-3)。

2. 车刀的主要几何角度及其选择

(1)前角 r

前面与基面之间的夹角叫作前角。它反映了前面倾斜的程度。前面对切削过程影响很大,前角大,主刀刃锋利,切屑变形大;但前角太大会削弱刀头的强度。因此,前角 r 为 $5°\sim 30°$,不能超过 $30°$。

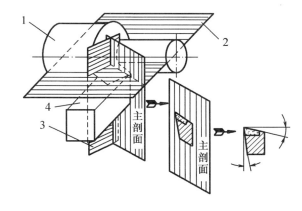

1—工件;2—基面;3—切削平面;4—车刀。

图 1-2-3 主剖面参考图

前角的选择原则:前角的大小主要解决刀头的强度与锋利性的矛盾。因此,首先要根据加工材料的硬度来选择前角。加工材料的硬度高,前角应取小值;反之,应取大值。其次要根据加工性质来考虑前角的大小。粗加工时,前角应取小值;精加工时,前角应取大值。

(2)主后角 α

主后面与切削平面之间的夹角叫作主后角。主后角用以减小主后面与工件加工表面之间的摩擦。主后角大,主后角与工件加工表面间的摩擦小;主后角小,主后面与工件加工表面间的摩擦大,切削吃力而且已加工表面粗糙度差。另外,主后角的大小也影响刀头的强度。主后角一般为 $6°\sim 12°$。

主后角的选择原则：首先考虑加工性质。精加工时，主后角取大值；粗加工时，主后角应取小值。其次考虑加工材料的硬度。加工材料硬度高，主后角应取小值，以增强刀头的强度；反之，主后角应取大值。

（3）主偏角 φ

主刀刃在基面上的投影与进给方向的夹角叫作主偏角，如图1-2-4所示。主偏角的大小可以改变主刀刃参加切削工件的长度和刀头强度，主偏角大，主刀刃参加切削的长度短（$\varphi=90°$时，主刀刃切削长度最短），但刀头强度减弱，刀头散热面积也相应缩小。主偏角一般为30°~90°。

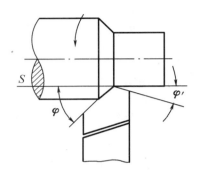

图1-2-4 在基面上测量的角度

主偏角的选择原则：首先考虑由车床、夹具和刀具组成的车工工艺系统的刚性，如车工工艺系统刚性好，主偏角应取小值，这样有利于提高车刀使用寿命，改善散热条件及表面粗糙度；其次考虑加工工件的几何形状。当加工台阶轴时，主偏角应取90°，加工中间切入的工件，主偏角一般取60°。

（4）副偏角 φ'

副刀刃在基面上的投影与进给相反方向之间的夹角叫作副偏角。副偏角的作用是减小副刀刃与工件的已加工表面的摩擦，对工件的表面粗糙度影响最大。副偏角一般取5°~15°。

副偏角的选择原则：首先考虑车刀、工件和夹具有足够的刚性，才能减小副偏角；反之，应取大值。其次考虑加工性质。粗加工时，副偏角可取10°~15°；精加工时，副偏角可取5°左右。

（5）副后角 α'

副后面与主剖面的夹角叫作副后角。副后角用以减少副后面与已加工表面之间的摩擦，其作用和选择原则与主后角类同。副后角一般取6°~12°。

（6）刃倾角 λ

主刀刃与基面之间的夹角叫作刃倾角。刃倾角的主要作用是影响切屑的流向和刀头的强度。当刀尖是刀刃的最高点时，刃倾角为负，刀头强度低，切屑流向待加工表面，已加工表面粗糙度好；当刀尖是主刀刃最低点时，刃倾角为正，刀头强度高，切屑流向已加工表面，容易影响已加工表面的粗糙度。刃倾角一般取-5°~10°。

第二节 车刀的种类和用途

一、按用途分类

车刀按用途分类可归纳为外圆车刀、螺纹车刀、镗孔刀、切断刀等几类，如图1-2-5所示。

1. 外圆车刀

外圆车刀主要用来车削工件外圆、端面、台阶和倒角。外圆车刀一般有四种形状。

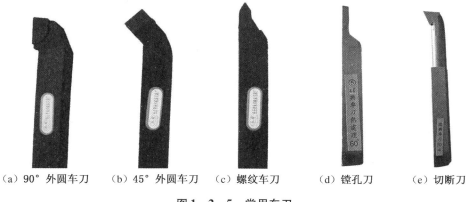

(a) 90°外圆车刀　　(b) 45°外圆车刀　　(c) 螺纹车刀　　(d) 镗孔刀　　(e) 切断刀

图1-2-5　常用车刀

2. 镗孔刀

镗孔刀用来加工工件的内孔,分为通孔刀(加工工件的通孔)和不通孔刀(加工工件的不通孔,即盲孔)。

3. 切断刀和切槽刀

切断刀又叫作割刀,用来切断工件或在工件上切出沟槽。切槽刀分内、外切槽刀。外切槽刀与切断刀基本类似,形状应与沟槽一致;内切槽刀用来切内沟槽。

4. 螺纹车刀

螺纹车刀用来车削螺纹,分内螺纹车刀和外螺纹车刀。

二、按结构分类

车刀按结构大致可分为整体式高速钢车刀、焊接式硬质合金车刀和机械夹固式硬质合金车刀。

1. 整体式高速钢车刀

即刀杆和刀头由相同材料的高速钢制成。

2. 焊接式硬质合金车刀

焊接式硬质合金车刀的主要特点是将一定形状的硬质合金刀片,用黄铜、紫铜或其他焊料钎焊在钢制的刀杆上。它的优点是结构简单、制造方便,并且可以根据需要进行刃磨,故目前在车刀中仍占相当比例。缺点是其切削性能主要取决于人工刃磨的技术水平,刀杆不能重复使用,当刀片用完以后,刀杆也随之报废;在制造工艺上,由于硬质合金和刀杆材料(一般为中碳钢)的线膨胀系数不同,当焊接工艺不够合理时易产生热应力,严重时会导致硬质合金出现裂纹。

3. 可转位机夹车刀

可转位机夹车刀,即把可转位刀片用机械夹固的方法装夹在特制的刀杆上。在使用的过程中,当切削刃磨钝后,通过刀片的转位,即可用新的切削刃继续切削。只有当可转位刀片上所有的切削刃都磨钝后,才更换新刀片。根据加工表面的不同要求,可以选择不同形状和角度的刀片(如正三角形、凸三边形、四边形、五边形等)组成外圆车刀、镗孔刀等,如图1-2-6所示。

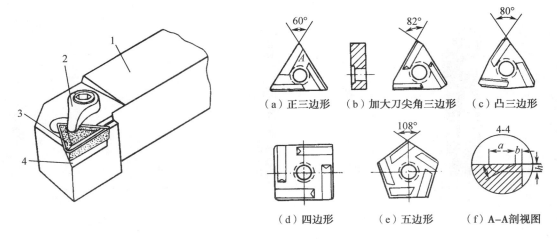

1—刀杆；2—夹装装置；3—刀片；4—刀垫。

图 1-2-6 可转位机夹车刀

第三节 车刀的材料

在切削过程中，车刀的切削部分由于受力、受热和摩擦的作用而发生磨损。因此，车刀切削部分材料应满足红硬性的要求，即高温下保持良好的硬度和耐磨性。

车刀的材料很多，有高速钢、硬质合金、金刚石、陶瓷材料等。硬质合金是较常用的车刀材料。

一、高速钢

高速钢又称锋钢、白钢，是一种含钨、铬、钒较多的高合金工具钢。常用的高速钢含钨 5%~20%、铬 3%~5%、钼 0.3%~6%、钒 1%~5%。

高速钢品种很多，如 $W_{18}Cr_4V$、$W_9Cr_4V_2$、$W_6Mo_5Cr_4V_2$、$W_6Mo_5Cr_4V_3$ 等。高速钢车刀制造简单、刃磨方便、成本低、韧性好，能承受较大的冲击力。但它的红硬性差，不宜于高速切削，经常用于精加工或成形工件的加工。

二、硬质合金

硬质合金是一种碳化物，把碳化钨（WC）、碳化钛（TiC）等碳化物和金属钴（Co）用粉末冶金方法制成。目前硬质合金分为四类：钨钴类（用 YG 表示）、钨钛钴类（用 YT 表示）、钨钛钽（铌）钴类（用 YW 表示）和碳化钛镍钼合金（用 YN 表示）。常用的硬质合金是钨钴类和钨钛钴类。

1. 钨钴类硬质合金

此类硬质合金由碳化钨和金属钴组成，HRA 89~92（相当于 HRC 70~78），其红硬性温度为 800~900 ℃，它的韧性比高速钢差得多，但比钨钛钴类硬质合金好。另外钨钴类硬质合金粘接温度低（640 ℃），因此适用于加工铸铁和有色金属等脆性材料。牌号 YG3、YG6、YG8 含钴量分别为 3%、6% 和 8%，含钴量越高，韧性也越好，所以 YG8 适用于粗加工，YG6 和 YG3 适用于半精加工和精加工。

2. 钨钛钴类硬质合金

此类硬质合金由碳化钨、碳化钛和金属钴组成,HRA 89.5~92.8,红硬性温度为900~1 000 ℃,但韧性差。牌号 YT5、YT15、YT30 含碳化钛量分别为 5%、15% 和 30%。含碳化钛量越高,硬度也越高,但韧性差,性质变脆。另外含碳化钛高,粘接温度也随之提高(790 ℃)。因此,钨钛钴类硬质合金适用于加工钢料和其他韧性较强的塑性材料。其中,YT5 适用于粗加工,YT15 和 YT30 适用于半精加工和精加工。

第四节　车刀的刃磨

车刀刃磨的好坏直接影响切削能否顺利进行,并影响工件的加工精度和表面粗糙度,以及车刀的使用寿命。因此,在正确地选用刀具材料和各主要角度以后,如何正确地刃磨车刀是关键的一环节。

一、砂轮的选择

砂轮的特性由磨料、粒度、硬度、结合剂和组织五个因素决定。

1. 磨料

常用的磨料有氧化物系、碳化物系和高硬磨料系三种。常用的是氧化铝砂轮和碳化硅砂轮。氧化铝砂轮磨粒硬度低(HV 2 000~2 400)、颜色是灰褐色,适用刃磨高速钢车刀。

碳化硅砂轮的磨粒硬度比氧化铝砂轮的磨粒高(HV 2 800 以上),相对于氧化铝砂轮磨粒易于脱落,适用刃磨硬质合金。其中常用的是黑色和绿色的碳化硅砂轮,而绿色的碳化硅砂轮更适合刃磨硬质合金车刀。

2. 粒度

粒度表示磨粒大小的程度。以磨粒能通过每平方英寸[①]上多少个孔眼的数字作为表示符号。例如,60 粒度是指磨粒刚好可以通过每平方英寸上有 60 个孔眼的筛网。因此,数字越大表示磨粒越细。粗磨车刀应选磨粒号数小的砂轮,精磨车刀应选号数大(即磨粒细)的砂轮。轮船上常用的粒度为 46~80 号的中软或中硬的砂轮。

3. 硬度

砂轮的硬度是反映磨粒在磨削力作用下,从砂轮表面上脱落的难易程度。砂轮硬,即表面磨粒难以脱落;砂轮软,即表面磨粒容易脱落。砂轮的软硬和磨粒的软硬是两个不同的概念,必须区分清楚。刃磨高速钢车刀时应选择中软砂轮,刃磨硬质合金车刀时应选择软砂轮。

综上所述,我们应根据刀具材料正确选用砂轮。刃磨高速钢车刀时,应选用粒度为 46~60 号的中软的氧化铝砂轮,其颜色为灰褐色。刃磨硬质合金车刀时,应选用粒度为 60~80 号的软或中软的碳化硅砂轮,其颜色为青色。

二、磨刀步骤

刃磨车刀主要是磨前面、主后面和副后面。每磨一个面要磨出两个角度,至于先磨哪个面,没有严格规定。

---

① 英寸,符号 in,1 in = 2.54 cm = 0.025 4 m。

(1) 磨主后面,磨好主偏角和主后角。
(2) 磨副后面,磨好副偏角和副后角。
(3) 磨前面,磨好前角和刃倾角。其中前面要磨成全圆弧型、圆弧直线型或折线型,即磨出卷屑槽,如图 1-2-7 所示。

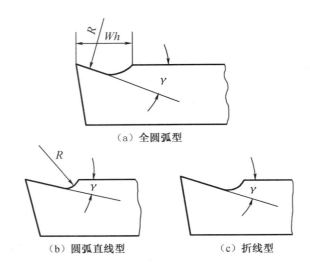

图 1-2-7　卷屑槽形状

卷屑槽的作用是减小切屑变形。磨卷屑槽的方法是利用砂轮的边角圆弧,车刀做直线运动。因此,磨卷屑槽时应选择边角圆弧适中的砂轮。

三、磨刀时的注意事项

(1) 握刀姿势要正确,重心在脚跟,手指要稳定,不能抖动。
(2) 磨高速钢车刀时要经常冷却,以免车刀退火,降低硬度。
(3) 磨硬质合金车刀时不能快速冷却,否则会因突然受冷导致刀片碎裂。
(4) 刃磨时车刀要左右移动,否则会使砂轮表面不平,产生凸凹槽现象。
(5) 不要在砂轮的两侧面用力粗磨车刀,以免砂轮因侧面受力而发生偏摆跳动。

四、磨刀安全知识

(1) 刃磨刀具前,应首先检查砂轮有无裂纹,砂轮轴螺母是否拧紧,并经试转后使用,以免砂轮碎裂或飞出伤人。
(2) 刃磨刀具不能用力过大,否则可能因手打滑而触及砂轮面,造成工伤事故。
(3) 磨刀时应戴防护眼镜,以免砂粒和铁屑飞入眼中。
(4) 磨刀时不要正对砂轮的旋转方向站立,以防意外。
(5) 磨小刀头时,必须把小刀头装在刀杆上。
(6) 砂轮支架与砂轮的间隙不得大于 3 mm,如发现过大,应调整至适当位置。

第三章 常用量具

机械零件在加工或制作过程中都必须经过测量,以检验加工零件是否符合图纸或技术要求,测量的工具简称为量具。由于零件的形状和精度要求不同,采用的量具也不同,相关工程技术人员需要掌握量具的测量和度数方法。

一、钢尺

钢尺由不锈钢板或碳素钢板制成,它是一种最常用的量具,用来测得工件的实际尺寸。钢尺分为公制和英制两种度量单位。常用的公制钢尺长度有 150 mm(6 in)、300 mm(12 in)和 1 m 等几种。公制钢尺以毫米为单位,是十进位;英制钢尺以英寸为单位,非十进位。

第一节 游标卡尺类量具

工件精度要求公差在 0.5 mm 以内,当使用钢尺测量无法达到要求时,就要采用中等精度或精密量具,常用的中等精度量具有游标卡尺,常用的精密量具有千分尺和百分表。

一、三用游标卡尺

三用游标卡尺是目前最常用的一种中等精度量具,其结构如图 1-3-1 所示,可以用来测量工件的长度、宽度、外径、内径、深度和孔距等,如图 1-3-2 所示。

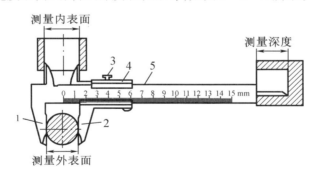

1—固定卡脚;2—活动卡脚;3—紧固螺钉;4—副尺;5—主尺。

图 1-3-1 三用游标卡尺

(a)测量工件宽度　　(b)测量工件外径　　(c)测量工件内径　　(d)测量工件深度

图 1-3-2 三用游标卡尺用途

— 15 —

三用游标卡尺由主尺 5 和副尺 4(游标)组成,松开紧固螺钉 3 即可移动,移动活动卡脚可进行测量,外卡脚用于测量工件的外表面(外径或长度),内卡脚用于测量工件的内表面(孔径或槽宽),深度尺用于测量工件的深度。测量时移动游标先使其得到需要的尺寸,取得尺寸后,拧紧紧固螺钉,以防测得的尺寸变动,读出尺寸,或卡在零件上直接读数。

二、二用游标卡尺

二用游标卡尺和三用游标卡尺相似,主要区别是它没有深度测量装置,所以只能测量工件的内径和外径尺寸。但配有微动装置 6,在使用时可以将微动装置上方的紧固螺钉旋紧,转动微动装置的调整螺母,则可将游标 7 调整到所需的尺寸。二用游标卡尺如图 1-3-3 所示。

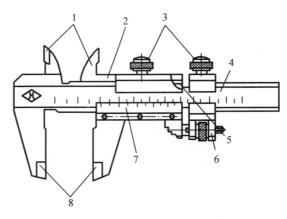

1—上量爪;2—尺框;3—紧固螺钉;4—尺身;5—塞铁;
6—微动装置;7—游标;8—下量爪。
图 1-3-3 二用游标卡尺

三、双面游标卡尺

双面游标卡尺的上下量爪均能用于测量工件的外径尺寸,但因没有深度测量装置而不能测量深度。下量爪能测量工件的内径尺寸,在使用下量爪测量工件内径尺寸时,卡尺的读数值要加上下量爪的宽度 b,才能得出工件被测的实际内径尺寸,双面游标卡尺也配有微动装置,可进行对游标 7 的微量调整,如图 1-3-4 所示。

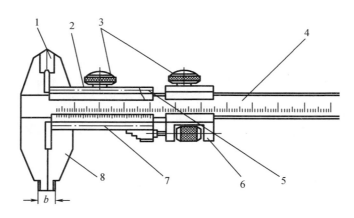

1—上量爪;2—尺框;3—紧固螺钉;4—尺身;5—塞铁;
6—微动装置;7—游标;8—下量爪。
图 1-3-4 双面游标卡尺

四、深度游标卡尺

深度游标卡尺用来测量孔、台阶和槽的深度,如图 1-3-5 所示。它的刻线原理与读尺寸的方法和普通游标卡尺相同。使用时把尺架 2 紧贴工件的表面,再用主尺 1 插入被测深度的底部,用螺钉 3 紧固副尺位置后再看尺寸。

五、游标卡尺的刻线原理及读数方法

游标卡尺主尺上刻有 1 mm 的刻度,刻度全长为游标卡尺的规格,常用的有 125 mm、150 mm、200 mm、300 mm 等。

1. 游标卡尺的刻线原理

以测量精度 0.02 mm 为例。测量精度 0.02 mm 游标卡尺的游标或称副尺上有 50 格,但实际上只有 49 mm 长,比主尺上的 50 格短 1 mm,则游标上的每个刻度比主尺上的每个刻度短 1/50 mm = 0.02 mm,即它的测量精度为 0.02 mm。

2. 游标卡尺的读数方法

游标卡尺按下列规则读数:

(1) 以游标零刻线位置为准,在主尺上读取整毫米数;

(2) 看游标上哪条刻线与主尺上的某一刻线(不用管是第几条刻线)对齐,由游标上读出小数;

(3) 总的读数为整毫米数加上毫米小数。

如图 1-3-6 所示,主尺上整毫米数为 31 mm,游标上刻度 4 的后一条刻线(即 21 格)与主尺刻线对齐,毫米小数为 21×0.02 = 0.42 mm,游标卡尺的读数为 31.42 mm。

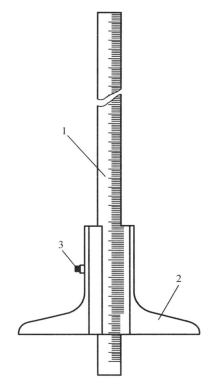

1—主尺;2—尺架;3—螺钉。

图 1-3-5 深度游标卡尺

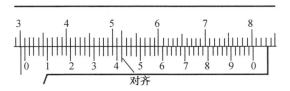

图 1-3-6 游标卡尺度数

第二节 千分尺类量具

千分尺又叫作分厘卡或百分尺。它的精度要求比游标卡尺高,可精确到 0.01 mm,是一种精密量具。它测量工件时比较灵敏,读数容易,因此工件精度要求较高时多被应用。

千分尺的种类很多,根据用途不同,可分为外径千分尺、内径千分尺、内测千分尺、深度千分尺,以及螺纹和公法线长度千分尺等,最常用的是前三种。

一、外径千分尺

外径千分尺用来测量工件的外径、长度和厚度。按其测量范围分有 0~25 mm,25~50 mm,50~75 mm,75~100 mm,…,275~300 mm 等规格。

1. 外径千分尺

外径千分尺的结构如图1-3-7所示。在尺架1左端装有固定砧座2,右端有固定套筒6。固定套筒内有螺距为0.5 mm的内螺纹,与量杆4的外螺纹相配合,在固定套筒外圆柱面上有轴向间距为0.5 mm的刻线(主尺)。转动活动套筒7时,量杆便沿着套筒轴向方向移动,两测量面即将接触工件3时转动棘轮,超过一定压力时棘轮8就沿着棘轮爪的斜面滑动,发出吱吱的响声,这时可读出工件尺寸。在活动套筒左端圆周上刻有等分为50格的刻度线,每一格的读数值为0.01 mm,转动制动环5可将量杆固定在某一位置,避免量杆因变位而影响读数。

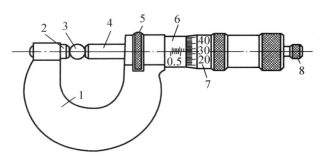

1—尺架;2—砧座;3—工件;4—量杆;5—制动环;
6—固定套筒;7—活动套筒;8—棘轮。

图1-3-7 外径千分尺的结构

2. 千分尺的刻线原理

由于固定套筒(主尺)沿轴向刻度每小格为0.5 mm,活动套筒(副尺)圆周上分为50小格,量杆的螺距为0.5 mm,所以活动套筒每转一周时必带动量杆移动0.5 mm,因此当活动套筒转过一小格时,量杆移动的距离为0.5 mm÷50 = 0.01 mm,这就是为什么用千分尺测量工件时可以精确到0.01 mm的原理。

3. 千分尺的读数方法

(1)读出活动套筒边缘前边固定套筒的尺寸;

(2)看活动套筒上哪一格与固定套筒上的基准线对齐;

(3)把两个数加起来。

千分尺的读数举例如图1-3-8所示。

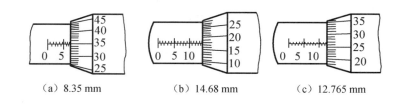

(a) 8.35 mm　　(b) 14.68 mm　　(c) 12.765 mm

图1-3-8 千分尺的读数举例

4. 外径千分尺的使用方法

测量前应检验两测量面贴合时,两个套筒上的刻度都在零线位置,否则应调整后再使用,测量工件时应一手拿尺架或尺架下端,一手拿活动套筒,如图1-3-9所示。

二、内径千分尺

内径千分尺用来测量工件的内孔直径和槽宽,测量范围一般为 50~175 mm、50~250 mm、50~575 mm。当测量 75 mm 以上尺寸时,内径千分尺做成管接式,如图 1-3-10 所示。

测量内孔时一端不动,另一端做左、右、前、后摆动,左右摆动测出最大尺寸,前后摆动测出最小尺寸,按这两个要求与孔壁轻轻接触,读出正确数值。使用时要保持尺面平正,不歪斜,否则会产生测量误差。

三、内测千分尺

当被测量的工件为浅孔、沟槽宽度、孔距等,不能使用内径千分尺,需采用内测千分尺,测量范围通常是 5~30 mm、25~50 mm、50~75 mm 几种,读数值精确到 0.01 mm,其结构如图 1-3-11 所示。

内测千分尺测量工件方便,使用时活动量爪 1 和固定量爪 2 轻微接触工件,使尺面平正,左右摆动读出的最大值便是孔径的实际尺寸。

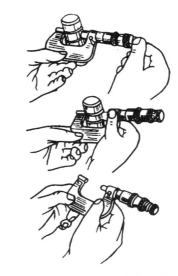

图 1-3-9 双手使用外径千分尺

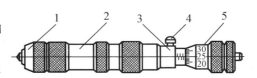

1—测量头;2—节杆;3—尺身;
4—紧固螺钉;5—游标。

图 1-3-10 内径千分尺

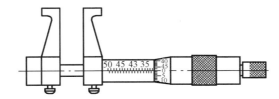

(a) 25~50 mm 内测千分尺

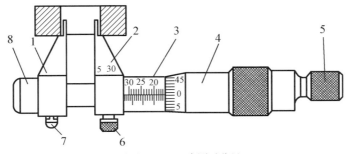

(b) 5~30 mm 内测千分尺

1—活动量爪;2—固定量爪;3—固定套管;4—活动套筒;5—棘轮;
6—制动螺钉;7—固定螺钉;8—测微螺钉。

图 1-3-11 内测千分尺

第三节　百分表与万能角度尺

百分表主要用于机械零件的形状和位置精度的测量,其分度值为 0.01 mm,测量范围有 0～3 mm、0～5 mm、0～10 mm 等,其结构如图 1-3-12 所示。百分表配有必要附件,就可测量工件的外圆(外表面)和内孔(内表面)的精度,如平行度、同轴度、垂直度等。

一、外径百分表

外径百分表装在专用表架上或装在磁性表架上,如图 1-3-13 所示。使用时应先擦净触头 1 及被测表面,转动刻度盘面,使长指针 8 对准"0"位,转动工件或移动百分表来检查工件的精度,此时百分表指针会转动,从而读取误差值。

注意:百分表的量杆必须与工件表面垂直,否则会产生误差。

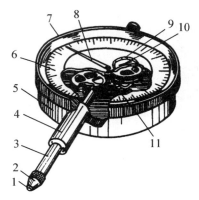

1—触头;2—圆锥面;3—齿杆;4—圆柱孔;
5—外壳;6—刻度盘面;7—外圆;8—长指针;
9—短针刻线;10—短指针;11—拉簧。

图 1-3-12　百分表

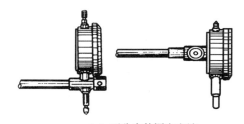

(a)百分表的固定方法

(b)百分表安装在专用架上　　(c)百分表安装在磁性架上

图 1-3-13　外径百分表

二、内径百分表

内径百分表配有成套的可调测量头 1 和连接杆 2,使用前进行组合和校对,就可以测量工件内孔(内表面)的精度,如图 1-3-14 所示。组合时,将百分表装在连接杆 2 上,使小指针在 0～1 的位置,长针和连接杆轴线重合,装好后应予紧固。

测量时,连接杆中心线应与工件中心线平行,不得歪斜,里外多测量几处,找出孔径的实际尺寸或差值的多少,看是否在公差范围以内(图 1-3-15)。

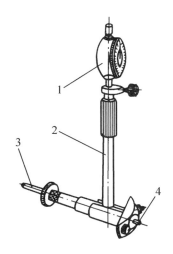 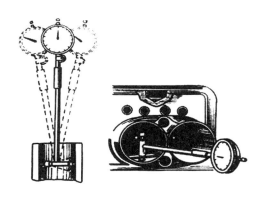

1—百分表;2—连接杆;3—可调测量头;4—测量触头。

图 1-3-14　内径百分表

图 1-3-15　内径百分表的使用

三、万能角度尺

零件上的角度要用量角器来测量,较常见的有固定角度尺、活动角度尺和万能角度尺。这里着重介绍万能角度尺,其结构形式如图 1-3-16 所示,可以测量 0°~320°的任意值。

万能角度尺由主尺 1、基尺 2、游标 3、角尺 4、直尺 5、卡块 6、制动器 7 等组成。基尺 2 可带着主尺 1 沿着游标 3 转动,转到所需要的角度时,可用制动器 7 锁紧,卡块 6 可将角尺 4 和直尺 5 固定在所需要的位置上。

测量时,可转动背面的捏手 8、通过小齿轮 9 转动扇形齿轮 10,使基尺 2 改变角度,如图 1-3-16 所示。

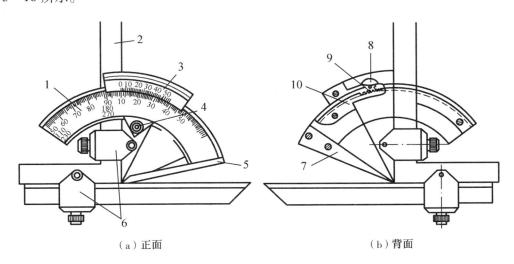

（a）正面　　　　　　　　　　　　　　　（b）背面

1—主尺;2—基尺;3—游标;4—角尺;5—直尺;6—卡块;7—制动器;8—捏手;9—小齿轮;10—扇形齿轮。

图 1-3-16　万能角度尺

四、量具的保养和使用注意事项

精密量具属于贵重仪器,它的好坏与精确程度,直接影响工件的加工精度和使用寿命,对其必须加以爱护和保养,使用时要做到以下几点:

(1)量具的两侧面、触头必须擦干净,与工件接触时用力要适当;

(2)不能用量具测量正在旋转的工件;

(3)不能用精密量具测量毛坯或粗糙的表面;

(4)精密量具不能测量温度过高的工件;

(5)应经常检查量具的精确度,以免使用时发生差错;

(6)量具不可乱扔乱放,使后擦净,上油放入盒内。

第四章　车削外圆及端面

第一节　车刀的安装及工件的装夹与校正

外圆、端面、阶台、切断、沟槽、倒角等是车削加工中最常见、最基本的操作技能,它们的共同点是都具有外圆柱表面,统称轴类零件。

一把刃磨正确的车刀,如果安装不正确,就会改变车刀原来的几何角度,使车刀切削时的工作角度发生变化,影响工件的精度和表面粗糙度。

一、车刀安装方法

车刀刀尖必须对准工件中心,与主轴轴心线等高,如图 1-4-1 所示,车刀装得高于中心,后角减小,增大了车刀后面与工件间的摩擦;车刀装得低于中心,前角减少,切削不顺利,会使刀尖崩碎。

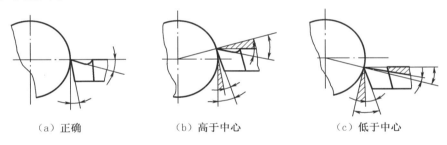

(a) 正确　　　　(b) 高于中心　　　　(c) 低于中心

图 1-4-1　装刀高低对前后角的影响

1. 尾座顶尖对中心方法

采用按尾座顶尖对中心方法,如图 1-4-2 所示。通过增减车刀下面的垫刀片厚度将刀尖与尾座顶尖同高,从而保证刀尖与工件中心等高。

2. 前顶尖对中心方法

卡盘装夹前顶尖对中心方法,如图 1-4-3 所示。

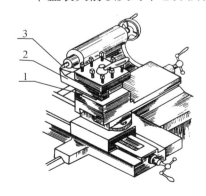

1—垫片;2—车刀;3—顶尖。

图 1-4-2　后顶尖装车刀

图 1-4-3　前顶尖装车刀

二、安装车刀时注意事项

(1) 车刀不能伸出刀架太长,增强车刀车削的刚性,避免车削时车刀振动,伸出量一般不超过刀杆高度的 1.5 倍,能看见刀尖车削即可,如图 1-4-4 所示。

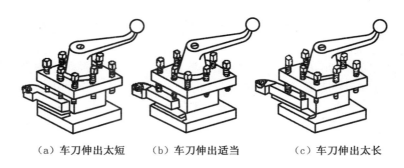

(a) 车刀伸出太短　　(b) 车刀伸出适当　　(c) 车刀伸出太长

图 1-4-4　车刀安装

(2) 调整车刀高低用的垫刀片必须平整,宽度应与刀杆一样,并尽可能用厚垫刀片代替薄垫刀片。

(3) 车刀要安装正确,安装车刀刀杆轴线与车床纵向要垂直。

(4) 紧固好车刀上面的前两个刀架螺丝,以免车削时车刀移动。

三、工件的装夹与校正

车削一个工件,必须把材料或工件装夹在卡盘或其他夹具上,经过校正才能加工,这个过程叫作工件的装夹和校正。由于各种零件的大小、形状、数量的不同,采取的装夹方法也不相同。现介绍车床上几个主要附件的装夹和校正方法。

1. 三爪卡盘装夹工件

三爪卡盘如图 1-4-5 所示,优点是能自动定心,即将扳手插入小锥齿轮方孔中,旋转扳手三个卡爪可以同时张开或收缩,装夹方便,一般不需要校正;缺点是夹紧力小,只适用于装夹中小型及有规则的零件。正爪夹持工件时,工件直径不能太大。直径较大,长度较短的工件可采用反爪装夹。

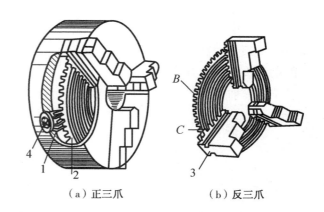

(a) 正三爪　　　　(b) 反三爪

1—小锥齿轮;2—大锥齿轮;3—卡爪;4—紧固螺钉。

图 1-4-5　三爪卡盘结构

2. 四爪卡盘装夹工件

四爪卡盘的优点是夹紧力大,适用于装夹直径大、质量大,以及不规则和偏心(不同轴)的零件;缺点是校正比较麻烦。四爪卡盘的卡爪可安装成正爪或反爪,每一个卡爪可以单独移动,因此工件装夹后必须校正。

四爪卡盘使用和校正方法如下：

(1) 先将四爪卡盘的四个卡爪张开，张开位置可依靠卡盘平面上的圆弧线作为依据来目测，然后装上工件，稍加夹紧，如图1-4-6所示。

(2) 将划针盘放在床面平板上或中拖板平板上。用手慢慢旋转卡盘，目测划针与工件表面的距离，调整卡爪位置，使划针与工件表面的距离相等。

(3) 校正方法：较长工件校正时应该校正工件的前端和尾端，如图1-4-7所示。

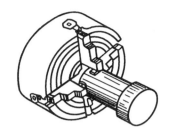

图1-4-6 用四爪卡盘装夹工件

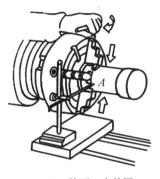 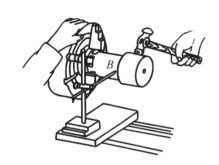

(a) 校正A点外圆　　　　　　(b) 校正B点外圆

图1-4-7 校正外圆轴线

①前端：靠近卡爪一端的外圆，校正时调整卡爪，如图1-4-7(a)所示。开始使划针离开工件表面的间隙约为0.5 mm，将工件慢慢旋转，划针与工件间隙较大的卡爪松一松，对面卡爪就紧一紧，这样反复多次，直到划针与工件表面的间隙均等。

②尾端：工件的尾端外圆、内孔、端面，如图1-4-7(b)所示，校正时，间隙小的地方说明凸起，应该用榔头敲下去，直至间距相等。此时，不可再调整卡爪，否则将越校越差。

较短工件的校正，应前端校外圆，尾端校端面，如图1-4-8所示。

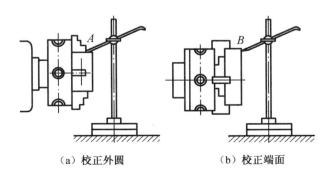

(a) 校正外圆　　　　　　(b) 校正端面

图1-4-8 用划针盘校正外圆和端面

最后应该用划针将工件前端、尾端再检查一遍，如无误差，用同等力量，将四个卡爪依次全部夹紧。精确校正时将划针改为百分表进行。

十字线、铜焊线（哈夫线）校正方法：

先将工件在卡盘上装夹对称，使划针对准水平位置线，然后划针不动将卡盘（工件）旋转180°，看划针尖是否仍能对准此线。如果不对准则应调整卡爪，如线水平不对，则应用榔头轻轻敲击工件，直到工件多次旋转180°，划针尖的移动线与十字线完全重合为止，如图1-4-9所示。

总之，校正过程是一个耐心、认真、细致的工作，不可急于求成，更不能盲目地调整卡爪或敲打工件，以防越校越差。为防止已加工过的工件表面被夹坏，应该在卡爪与工件间垫上铜皮。装夹薄型工件，为防止工件产生装夹变形，夹紧力要适当。

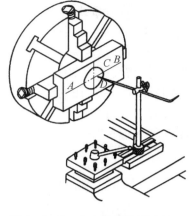

图1-4-9 十字线的校正方法

3.两顶尖装夹工件

对于较长的轴、丝杆或需要多次安装车削的工件，为了保证装夹精度和工件同轴度，一般采用两顶尖装夹。这种装夹方法方便，不需要校正，安装精度高，多次重复装夹定位精度不变，定位基准和设计基准、测量基准重合。若工件车削后还有后续工序，如磨削，还是以两顶尖定位，符合基准统一。工件装夹前一定要将工件总长取好，并在工件的两端端面上钻好中心孔。

（1）中心孔的加工方法

直径6 mm以下的中心孔通常用中心钻（图1-4-10）直接钻出。在车床上钻中心孔，工件装夹在卡盘上，应该尽可能伸出短些，首先用车刀将端面车平，端面中心不能留有凸台；然后将装有中心钻的床尾推向端面，并固定床尾；接着开动车床，缓慢均匀地摇动床尾手轮，使中心钻进入工件，如图1-4-11所示。当钻至规定长度时，让中心钻停留数秒，使中心孔圆整光滑。钻中心孔时，主轴转数可稍快一些，应浇注充分的冷却液并及时清除铁屑。

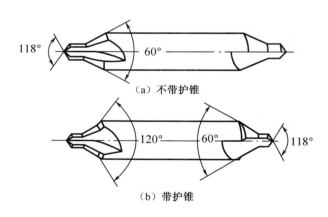

图1-4-10 中心钻

如果中心钻折断，必须将中心钻的断头从中心孔内取出，修整中心孔后，再进行加工，否则钻头会再次折断。

（2）顶尖

顶尖有前顶尖和后顶尖两种，前、后顶尖的锥顶角都是60°，与中心孔60°锥角配合，用来定中心，并承受工件的重力和切削力。

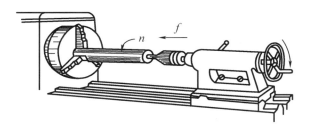

图 1-4-11 在较短工件上钻中心孔

①前顶尖

前顶尖分标准前顶尖和自制前顶尖。标准前顶尖:直接插入主轴孔内前顶尖锥套中,如图 1-4-12(a)所示,使用时应清洗干净,并校正,使之不跳动,装夹好车削时,标准前顶尖与工件一起旋转,卸下时,可用一根棒料从主轴孔后面将顶尖顶出。自制前顶尖:用卡盘装夹圆钢车削锥体,如图 1-4-12(b)所示。该方法比较方便,装夹准确,车好的前顶尖一旦从卡盘上卸下,再次使用时必须重新将锥角60°光车,以保证工件的同轴度。

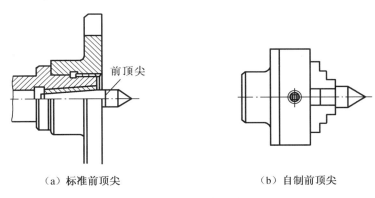

(a) 标准前顶尖　　　　　　　　(b) 自制前顶尖

图 1-4-12 前顶尖

②后顶尖

后顶尖插入车床尾套筒内,有死顶尖(图 1-4-13)和活顶尖(图 1-4-14)两种。

(a) 普通顶尖　　(b) 镶硬质合金的顶尖　　(c) 反顶尖

图 1-4-13 死顶尖

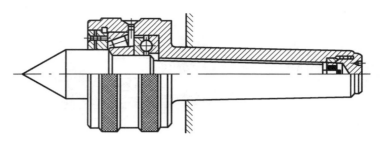

图 1-4-14　活顶尖

死顶尖的优点是定心准确,刚性好。但由于死顶尖固定不动,工件和顶尖是滑动摩擦,磨损大,顶尖容易"烧死"在中心孔内,目前多采用镶硬质合金的顶尖。死顶尖一般适用于加工精度要求较高的精密工件。

活顶尖内部装有滚动轴承,顶尖和工件一起转动,避免顶尖和工件中心孔之间的摩擦,能够承受较高的转速,但由于活顶尖内部的装配存在一定的累积误差,支承刚性较差,适用于粗车及一般零件的加工。

后顶尖卸下时,应摇动床尾手轮,使床尾套筒退回,利用床尾丝杆顶端将顶尖顶出。严禁用铁器敲打。

(3)拨盘和鸡心夹头

一般的前后顶尖不能直接带动工件旋转,必须通过拨盘和鸡心夹头来带动。拨盘与卡盘一样装在主轴上,盘面上的U形槽用来装鸡心夹头的弯杆,鸡心夹头上的螺钉用来固定工件。顶尖、拨盘、鸡心夹头的使用如图 1-4-15 所示。

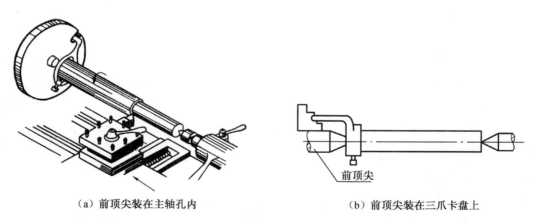

(a)前顶尖装在主轴孔内　　　　　(b)前顶尖装在三爪卡盘上

1—前顶尖;2—鸡心夹头;3—拨盘;4—卡爪;5—工件。

图 1-4-15　顶尖、拨盘、鸡心夹头的使用

(4)两顶尖装夹工件车削注意事项

①中心孔形状尺寸要正确;

②前顶尖车削前必须校正或者光车;

③后顶尖应在主轴轴线上;

④调整床尾中心线应在粗车时进行,以免影响工件精度;
⑤前后顶尖之间的配合松紧要适当;
⑥车削前要调整好拖板的行程距离,使拖板前行不碰鸡心夹头,后退不撞床尾,刀尖能车削工件;
⑦为保证同心度,工件应多次掉头车削。

4. 用卡盘、顶尖装夹工件(一夹一顶)

对于较重的工件或精度要求不高的长轴,用两顶尖装夹,顶尖面积小,承受的切削力小,难以提高切削用量。用一夹一顶装夹方法,操作简单方便、安全,能承受较大的轴向切削力,刚性好。在维修零件、粗加工及半精加工中广泛使用。

(1) 装夹方法

使用时,先将工件的一端钻好中心孔,然后将钻有中心孔的一端套入后顶尖,固定床尾。另一端用卡盘将工件夹紧。其注意事项参照两顶尖装夹。

(2) 一夹一顶或两顶尖装夹车削轴类零件消除锥度的方法

一夹一顶或两顶尖装夹车削轴类零件时,如果尾座中心与车床主轴旋转中心不重合,车出的工件外圆是圆锥形,即出现圆柱度误差。为消除圆柱度误差,车削轴类零件时,必须首先调整尾座位置。具体调整方法如下。

用一夹一顶或两顶尖装夹工件,试切削外圆(注意工件余量),用外径千分尺分别测量尾座端和卡爪端的工件外圆,并记下各自读数,进行比较:如果靠近卡爪端直径比尾座端直径大,则尾座应向离开操作者方向调整,如图1-4-16所示;如果靠近尾座端直径比卡爪端直径大,则尾座应向操作者方向移动。尾座的移动量为两端直径之差的1/2,并用百分表控制尾座的移动量,调整尾座后,再进行试切削。这样反复找正,直到消除锥度后再进行车削。

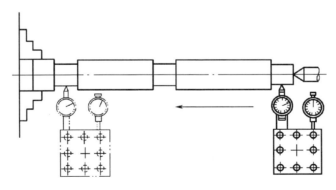

图1-4-16 车削轴类零件消除锥度的方法

若无百分表也可以多次车削,用外径千分尺反复测量尾座端和卡爪端的工件直径进行调整找正。

5. 用中心架、跟刀架装夹工件

工件长度与直径之比大于20∶1的轴称为细长轴。由于细长轴本身刚性差,车削时易产生弯曲变形、振动等问题,影响工件加工精度及表面粗糙度,为此常利用中心架或跟刀架来弥补。

(1) 中心架使用方法

装中心架前必须在毛坯的中间处车一段安装中心架支承爪的沟槽(沟槽表面要光滑),槽的直径应稍大于工件要求的直径,宽度要比支承爪稍宽一些。然后将中心架固定在车床导轨上,打开中心架上体,用划针或百分表检验沟槽表面是否跳动,校正准确后,将中心架上体固定。调整中心架三个支承爪,使各支承爪与工件轻微接触,均匀运转,如图1-4-17所示,如果工件表面粗糙度要求高,可采用辅助套筒或在工件表面上垫以铜皮。

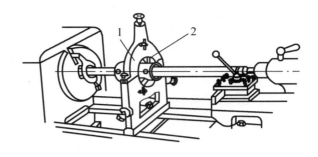

1—上体;2—支承爪。

图1-4-17 用中心架车削细长轴

(2) 跟刀架使用方法

跟刀架固定在大拖板上,跟车刀一起移动,使用时先将工件一端车去一段外圆,然后调节跟刀架上的支承爪,使它接触已车好的工件外圆,支承爪对工件的压力要适当。如图1-4-18所示。

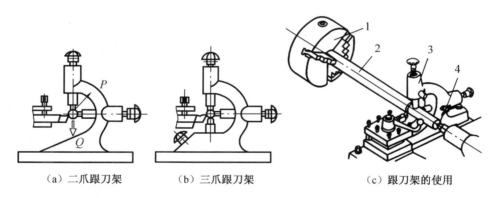

(a) 二爪跟刀架　　(b) 三爪跟刀架　　(c) 跟刀架的使用

1—三爪卡盘;2—工件;3—跟刀架;4—顶尖。

图1-4-18 跟刀架及其使用

第二节　切削用量的选择

一、切削用量三大要素的概念

1. 切削速度 v

切削速度表示车刀在每分钟内车削工件表面的直线长度,单位为 m/min。它的计算公式为

$$v = 3.14Dn \times 10^{-3}$$

式中　D——工件直径,mm;

n——主轴每分钟转速,r/min。

2. 进给量 s

进给量表示工件每转一转,车刀沿进给方向在工件上移动的距离,单位为 mm/r。进给量又分为纵向进给量和横向进给量。沿床身导轨方向的进给量是纵向进给量;垂直于床身导轨方向的进给量是横向进给量。

3. 背吃刀量 a_p

背吃刀量表示工件待加工表面和已加工表面之间的垂直距离,也就是车刀切入工件的深度,单位为 mm。它的计算公式为

$$a_p = 0.5(D - d)$$

式中　D——工件待加工表面直径,mm;
　　　d——工件已加工表面直径,mm。

二、选择切削用量的一般原则

1. 背吃刀量 a_p 的选择原则

背吃刀量(也称切削深度)根据加工余量确定。其一般选择原则为:尽可能用一次走刀切除全部加工余量,只有在下列情况下才分多次走刀。

(1)粗加工后还要进行半精加工和精加工时,需为下道工序留出必要的余量,但此余量以一次切除为原则。如外圆粗车后留半精车余量 1~2 mm,半精车留精车余量 0.05~0.8 mm。

(2)粗加工时,加工余量过大,一次切除会使切削力太大,使得机床因功率不足而闷车或因超过了刀具的强度而打刀等。为避免这些不正常现象的发生,可分多次走刀。如一般外圆车削余量大于 6 mm 时,可考虑分两次来切除全部余量。

(3)在断续切削的情况下,为了避免打刀,可分多次走刀,以减小冲击力。

(4)工艺系统刚性不足或加工余量分布不均而引起振动时,可将加工余量分几次切削。要注意,在切削铸、锻件时,工件表面凹凸不平,且有硬皮,为保护刀刃不受冲击且不与硬皮接触摩擦,第一次走刀的背吃刀量应使切削刃在金属里层切削。

2. 进给量 s 的选择原则

(1)粗加工时对表面粗糙度的要求不严格,进给量的选择主要受切削力的限制。在刀杆和工件的刚度及刀片和机床走刀机构强度允许的情况下,应选择大的进给量。当断续切削时,为减小冲击,要适当减小进给量。

(2)半精加工和精加工时,因背吃刀量较小,产生的切削力不大,进给量的选择主要受表面粗糙度的限制。

(3)为提高生产率,常把刀刃磨出过渡刃、修光刃,此时可选用较大的进给量以高速切削进行半精加工。

3. 切削速度的选择原则

在背吃刀量和进给量确定之后,可在保证刀具耐用度的前提下,确定合理的切削速度。

(1)粗加工时,切削速度受刀具耐用度和机床功率的限制。当切削功率超过机床许用功率时,可适当降低切削速度。

(2)精加工时,背吃刀量和进给量一般都较小,切削力不大,机床功率足够。这时,切削速度主要受刀具耐用度和尺寸精度的限制,在保证合理的刀具耐用度的条件下,可选取较

高的切削速度。为保证某些工件的尺寸精度（如车精密丝杠），需要在降低切削温度的条件下切削加工，应选取较低的切削速度。

（3）断续切削时，为减小冲击，应选取较低的切削速度。

（4）加工大件、细长或薄壁工件时，为操作安全和保证加工精度，应选取较低的切削速度。

第三节　车削外圆和端面

一、刻度盘原理及使用

在车削工件时，要正确地掌握切削深度，可以利用中拖板上的刻度盘。

中拖板上的刻度盘是紧固在中拖板丝杠上的，当中拖板手柄带着刻度盘转一周时，中拖板丝杠也转一周，这时丝杠上的螺母也移动了一个导程，螺母带动刀架沿横向移动一个导程，所以刀具沿横向移动的数值可以按下式计算：

$$每格的距离 = 导程/刻度盘格数$$

车床一般将每格的距离标注在刻度盘上面，例如 1 格 = 0.05 mm 或 1 格 = 0.02 mm。

应用刻度盘时必须注意以下几点：

（1）使用中拖板刻度盘时，由于工件是旋转的，工件被切下部分正好是切削深度的 2 倍，因此计算时要特别注意。例如，中拖板每格的距离标注 1 格 = 0.02 mm，工件外圆车削减小 1 mm，中拖板转动格数 = 100/(0.02×2) = 25 格。

（2）大拖板、小拖板是平行移动的，移动距离即是每格标注的尺寸。

（3）由于丝杠与螺母之间存在间隙，因此会产生"空行程"（即刻度盘转动而刀具并未移动）。使用时，应缓慢地把刻线转到需要的格数（图 1-4-19（a））；如果不小心多转过几格，不能简单地退回几格（图 1-4-19（b）），应该向相反的方向退回全部的空行程，再转至所需要的格数（图 1-4-19（c））。

（a）缓慢转到所需要的格数

（b）简单地退回几格

（c）全部退回，再转至所需要的格数

图 1-4-19　正确的使用刻度盘

二、车削外圆

外圆一般分粗车和精车两个步骤，粗车要求刀具坚固耐用，车削时可选用较大的切削深度和进给量，切削速度选用中等或者中等偏低的数值；精车时要求刀具要锋利，车削时切削速度可稍快一些，但进给量、吃刀深度要小，同时测量要及时、仔细、准确。

1. 外圆车削步骤
（1）开动车床,使工件旋转。
（2）用手摇动大、中拖板手柄或中、小拖板手柄,使车刀刀尖与工件外圆表面轻轻接触,如图1-4-20所示。

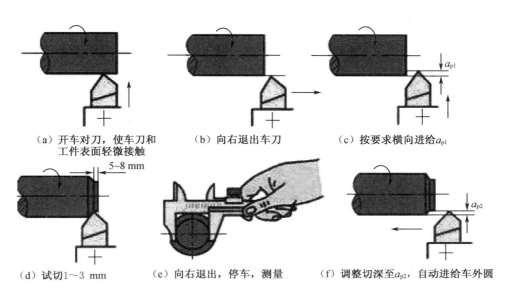

图1-4-20 车削外圆的步骤

（3）摇动大拖板手柄,沿纵向向右退刀。
（4）大拖板手柄不动,摇动中拖板手柄,刀具沿横向进刀。
（5）摇动大拖板手柄或自动进给,沿纵向进刀车削外圆,车削5~8 mm。
（6）中拖板手柄不动,将大拖板退回端面外侧。
（7）停车。测量工件直径是否符合尺寸要求,同时记下中拖板刻度盘格数。
（8）如果尺寸不符,可利用中拖板刻度盘原理,调整切削深度,采用手动或自动纵向进给,重复步骤4至步骤7,将外圆粗车至需要长度。
（9）精车时,外圆一般可留0.5 mm左右的加工余量,采用上述车削方法将外圆车削至标准尺寸。

2. 车外圆时的质量分析
（1）尺寸不正确
原因是车削时粗心大意,看错尺寸;刻度盘计算或操作失误;测量时不仔细,不准确。
（2）表面粗糙度不合要求
原因是车刀刃磨角度不对;刀具安装不正确、刀具磨损、切削用量选择不当;车床各部分间隙过大。

三、车端面及阶台

圆柱体两端的平面叫作端面,直径不同的两个圆柱体相连接的面叫作阶台或台阶。端面及阶台一般用来轴向定位轴上零件。因此,端面及阶台必须垂直于圆柱体轴心线。

(1) 端面的车削方法

车端面时,刀具的主刀刃与端面要有一定的夹角,如图 1-4-21 所示。工件伸出卡盘外部分应尽可能短些,车削时用中拖板横向走刀,走刀次数根据加工余量而定,可采用自外向中心走刀。

(2) 阶台的车削方法

阶台一般都是直角,应采用 90°偏刀来完成,如图 1-4-22 所示。车削阶台时轴向尺寸一般以车削工件端面时大拖板刻度盘上的刻度为基础,以大拖板刻度盘转过的刻度数控制,其精度较低,故选用钢尺、深度尺等测量长度尺,如图 1-4-23 所示,再转动小拖板刀具沿纵向进刀,车削修正长度尺寸误差。阶台车削工艺次序应该是先车大直径,后车小直径。

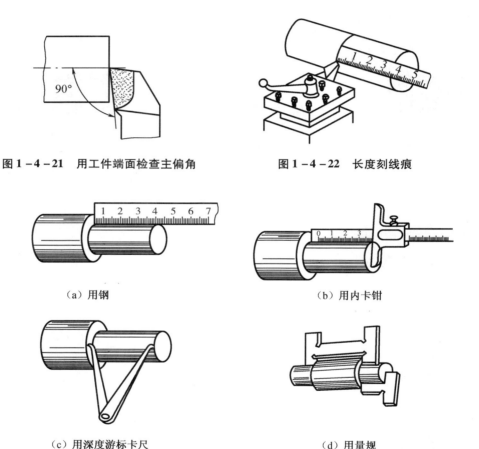

图 1-4-21 用工件端面检查主偏角 图 1-4-22 长度刻线痕

(a) 用钢尺 (b) 用内卡钳

(c) 用深度游标卡尺 (d) 用量规

图 1-4-23 测量阶台的长度

(3) 车端面和阶台的质量分析

①端面不平,产生凸凹现象。原因是车刀刃磨或安装不正确,吃刀深度大,车床有间隙,拖板移动造成。

②端面中心留有"小凸台"。原因是刀尖没有对准工件中心。

③阶台长度不正确,或不垂直、不清晰。原因是操作粗心,测量失误,启动走刀控制不当,刀尖不锋利,车刀刃磨或安装不正确,如图 1-4-24 所示。

④表面粗糙度差。原因是车刀不锋利,手动走刀摇动不均匀或太快,自动走刀切削用量选择不当。

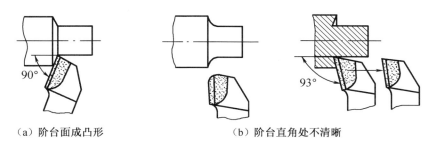

(a) 阶台面成凸形　　　　(b) 阶台直角处不清晰

图 1-4-24　车阶台常见缺陷

第四节　切断和车削外沟槽

工件车好后从棒料(原材料)上切下来,或者将棒料按长度要求切成段,这种方法叫作切断或割断。

1. 切断的方法及原则

(1)车刀刃磨安装一定要正确,主刀刃要对准中心,太高切不到中心,切断刀易于磨损,低了容易"崩刀"。

(2)切断时工件一定要夹紧,并尽量靠近卡爪。

(3)切断时的切削速度不能太快,并要有充分的冷却液。

2. 外沟槽的车削

车削宽度不大的外沟槽,可用刀头宽度等于槽宽的车刀一次直进车出。车削较宽的沟槽可以分几次车削完成,但必须在槽的两侧和底部留出余量,然后进行精车。外沟槽的尺寸可用钢尺、游标卡尺量规等测量。

五、车削过程中安全注意事项

(1)开车前应检查各手柄是否在正确位置,以防撞车或打坏齿轮。

(2)旋转的工件、卡盘、丝杆、光杆、齿轮等不能用手摸或用棉纱擦,以免手指卷入。

(3)变换手柄位置要在停车后进行。

(4)工件、刀具等一定装夹正确、牢固。

(5)车削脆性金属时应戴防护眼镜。

(6)清除铁屑时不能用手,一定要用专用铁钩。

第五章　车削圆锥体

如果要使两个零件精密配合,并能多次装拆而不影响原来的精度,一般采用圆锥表面配合。例如车床主轴圆锥孔与前顶尖套筒锥面的配合,床尾套筒的圆锥孔与后顶尖圆锥面的配合(图 1-5-1)、麻花钻与锥套的配合、船舶尾轴和螺旋桨的连接、机舱管路系统中截止阀阀盘与阀座的配合等。

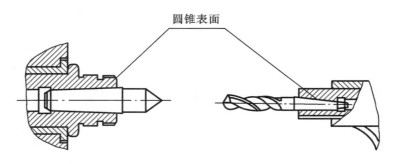

图 1-5-1　圆锥面零件的配合实例

圆锥表面与圆柱表面的区别是:圆柱表面的轴心线与母线平行,而圆锥表面的轴心线与母线相交成一个角度,因此车削圆锥表面时,必须使车刀移动轨迹与轴心线成一个角度才行。

第一节　圆锥体各部分名称及种类

一、圆锥体各部分名称

圆锥体的各部分名称及代号如图 1-5-2 所示。

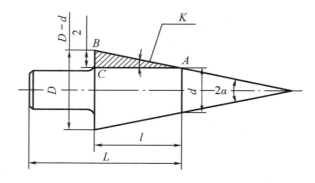

图 1-5-2　圆锥体各部分名称及代号

图 1-5-2 中:

D——圆锥的大端直径,mm;

d——圆锥的小端直径,mm;
l——锥体部分长度,mm;
α——圆锥的斜角,即圆锥体母线与轴心线之间的夹角,(°);
2α——圆锥的锥角,(°);
L——工件的总长,mm;
K——圆锥体的锥度,即圆锥体大小端直径之差与长度之比,$K=(D-d)/L$;
M——圆锥体的斜角,即圆锥体大小端直径之差的一半与长度之比,$M=(D-d)/(2L)$。

二、圆锥的种类

圆锥标准化能降低生产成本,且使用方便,常用的工具、刀具上的圆锥各部分尺寸均是按照规定的号码来制造的,使用时只要号数相同就能互换。标准圆锥已在国际上通用,不论哪个国家生产的零件,只要符合标准圆锥,都能达到互换性要求。

常用标准圆锥有以下几种。

1. 莫氏圆锥

莫氏圆锥是机器制造业中,应用得最广泛的一种,如车床上的主轴圆锥孔、床尾锥孔、顶尖、钻头锥柄、铰刀锥柄等都采用莫氏圆锥。

莫氏圆锥已列入国家标准(GB/T 157—2001),分为 0 号、1 号、2 号、3 号、4 号、5 号、6 号七种,最小的是 0 号,最大的是 6 号。号码不同,圆锥的尺寸和斜角、锥度也不相同,每号莫氏圆锥标准规定各参数值,应用时可查阅有关规格。

2. 公制圆锥

公制圆锥共有 4 号、6 号、50 号、80 号、100 号、120 号、140 号、160 号、180 号和 200 号共 11 种号码,公制圆锥的号数表示圆锥的大端直径(毫米),锥度为 1:20,斜角为 1°26′。其他各部分尺寸可根据表查出,如 100 号公制圆锥,它的大端直径是 100 mm,斜角为 1°26′,锥度是 1:20。

3. 标准锥度

标准锥度是国家规定的各种专用的标准锥度,常用标准锥度的应用场合及锥度尺寸可查阅有关的常用标准锥度表格。

第二节 圆锥面的车削

由于圆锥表面有各种不同的形状,车床上的设备也不相同,根据不同类型圆锥体,可以采用不同的车削方法。

一、转动小拖板车削圆锥

1. 转动小拖板车削锥体方法

转动小拖板车削锥体即车削时把小拖板按零件的要求转动一定的角度,然后转动小拖板进刀车削,使车刀的运动轨迹与所要加工的圆锥母线平行,即可加工出圆锥体,如图 1-5-3 所示。但这个角度不可能在初次转动时就转得十分精确,加工时常会产生一定的锥度误差,因此车削时根据不同的精度要求,可采用校表法、配研法、万能角尺来检验角度的正确性,反复测量锥体斜角,多次微调小拖板转动的角度车削锥体,直至精度达到要求。

2. 转动小拖板车削锥体特点

车削长度较短、锥度较大的圆锥体或圆锥孔(图1-5-4)时,通常采用转动小拖板的方法,这种方法操作简单,并能保证一定的加工精度,适用于单件、小批量生产,是一种应用广泛的加工方法。缺点是不能车削较长的圆锥体且不能采用自动走刀。

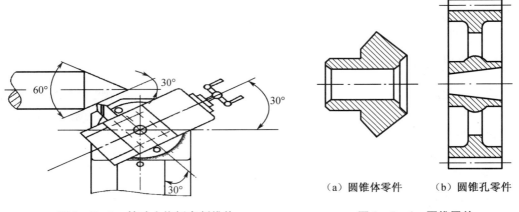

图1-5-3 转动小拖板车削锥体　　　　　　图1-5-4 圆锥零件

(a) 圆锥体零件　　(b) 圆锥孔零件

3. 转动小拖板角度

转动小拖板角度时,必须注意图纸上所标注的角度,因为圆锥母线与工件中心线所夹的角度(圆锥的斜角α)是小拖板应转过的角度。如果图纸上所注的角度不是圆锥的斜角α,则必须进行换算,求出斜角。斜角计算公式为

$$\tan\alpha = \frac{D-d}{2l}$$

计算出来的函数值查三角函数表得出斜角α,如果斜角小于10°,则可以用近似公式直接计算出斜角α。

$$\alpha \approx 28.7° \times \frac{D-d}{l}$$

二、偏移尾座车削圆锥体

1. 偏移尾座车削圆锥方法

车削时,应先取好工件的总长度,并在两端分别钻好中心孔,然后根据计算出来的床尾偏移量,将床尾上层横向移动一个距离S,使工件轴心线和车床主轴轴心线成一个角度α′,其大小等于锥体的斜角α,如图1-5-5所示。转动大拖板或打开自动进刀车削锥体,同样床尾不容易第一次偏移即达到锥度精度要求,反复测量锥体斜角,多次微调偏移床尾车削锥体,直至精度达到要求。偏移床尾车削圆锥体,一定要采用两顶尖之间的装夹车削方法进行。

(1) 床尾偏移量的计算公式

$$S = \frac{D-d}{2l} \times L$$

(2) 床尾的偏移方向

床尾的偏移方向由工件的锥体方向决定。当工件的小端靠近床尾处,床尾应向里移动(靠近操作者方向);反之,床尾应向外移动(远离操作者方向),如图1-5-6所示。

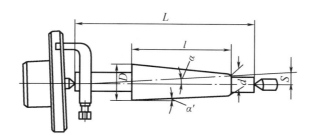

图 1-5-5 偏移床尾车削圆锥体

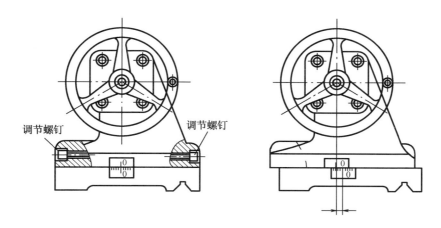

图 1-5-6 利用床尾刻度偏移

2. 偏移床尾车削锥体特点

对于较长而锥度较小的圆锥体,可以采用偏移床尾座的方法,此方法可以自动走刀,缺点是不能车削内锥体及锥度较大的工件。

第三节　圆锥面的度量和质量分析

由于小拖板的转动刻度值一般只精确到半度,床尾偏移量也只能精确到0.5 mm,所以初次转动小拖板或偏移床尾时,不可能十分精确,工件可能产生锥度误差,影响质量,对一些精度要求高,需要互相配合的内外圆锥,在车削过程中,还需要经过多次调整、校正才能得到,因此锥度的测量和检验在粗车时就应该开始进行。圆锥体的尺寸测量(如大小端直径和长度)一般可选用游标卡尺或千分尺等。

一、锥度的测量和检验方法

1. 用万能角度尺测量

万能角度尺测量精度有5′和2′两种,根据工件角度的大小,选用不同的测量装置。测量角度为0°~50°的工件时,可选用如图1-5-7(a)所示的测量装置;测量角度为50°~140°的工件时,可卸下角尺用直尺代替,如图1-5-7(b)所示;如卸下直尺装上角尺,可测量角度为140°~230°的工件,如图1-5-7(c)、图1-5-7(d)所示;如将角尺和直尺都卸下,还可以测量角度为230°~320°的工件。

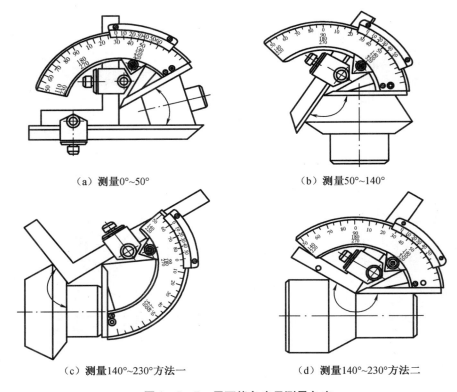

(a) 测量0°~50°   (b) 测量50°~140°

(c) 测量140°~230°方法一   (d) 测量140°~230°方法二

图1-5-7　用万能角度尺测量角度

使用万能角度尺注意事项：
(1)首先按零件标明的角度，调整好角度尺的测量范围；
(2)修去工件上的毛刺，保持工件、量具的表面清洁；
(3)角度尺的尺面应通过工件中心对称面，量具的基面与工件测量基面要吻合，并用透光法检查。

2. 用角度样板测量

用角度样板测量工件的角度，适用于成批和大量的生产，这样能减少辅助时间，图1-5-8是用样板测量圆锥齿轮坯角度的方法。

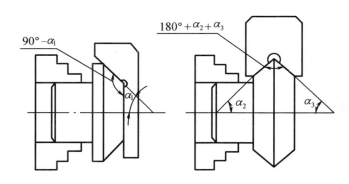

图1-5-8　用样板测量圆锥齿轮坯的角度

3. 综合测量

综合测量可选用标准圆锥塞规和套规进行,也可以自制圆锥塞规和套规,如图 1-5-9 所示。

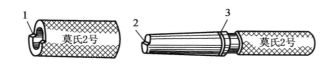

(a) 标准圆锥塞规和套规

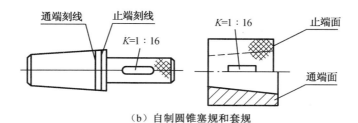

(b) 自制圆锥塞规和套规

1—套规圆锥长度公差范围;2—塞规圆锥长度公差范围;3—通端与止端刻线。

图 1-5-9　圆锥塞规和套规

(1) 用塞规测量锥孔

圆锥塞规除了有一个精确圆锥外表面,在大端直径锥面上还刻有两条圆周线,分别表示通端和止端。这两条刻线也就是圆锥长度的公差范围。

测量时,先在塞规的圆锥表面上,沿着轴线均匀地涂上两条显示剂(红丹粉或蓝油),然后将塞规塞入圆锥孔,倒顺(来回)旋转 1/2 转左右,取出塞规,观察塞规锥面上的显示剂与圆锥孔的接触摩擦情况。如果涂在塞规锥体上的显示剂摩擦痕迹很均匀,说明锥孔的锥度正确;如果塞规大端处的显示剂有摩擦痕迹,而小端处的显示剂没有摩擦痕迹,则说明锥孔的锥度过小,必须适当增大小拖板的转动角度;如果锥体的小端处的显示剂有摩擦痕迹,而大端处的显示剂没有摩擦痕迹,则说明锥孔的锥度过大,必须适当减小小拖板的传动角。

塞规上的两条刻线是孔径尺寸的公差范围,如果锥孔的大端平面在两条刻线之间,说明符合要求;如果超过刻线,则锥孔尺寸大;如果刻线没有进入锥孔,则锥孔尺寸小,如图 1-5-10 所示。

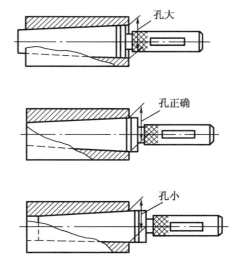

图 1-5-10　用圆锥塞规检验锥孔

(2) 用套规测量锥体

套规除有一个精确的内圆锥孔外,在套规的端面上有一个阶台,这个阶台就是圆锥体的长度公差范围,其测量方法与用塞规测量锥孔相同,只不过显示剂应该涂在被检验的工件圆锥表面上,测量情况如图 1-5-11 所示。

(3)控制横向进给尺寸的方法

当锥度正确,长度还差一段距离时,可采用下列公式计算横向进给量。

$$t = a \cdot \tan \alpha$$

式中　t——横向进给尺寸,mm;
　　　α——圆锥的斜角,(°);
　　　a——套规端面或塞规刻线与工件端面之间的距离,mm。

二、车圆锥体的质量分析

1. 锥度不准确

原因是计算上的误差,小拖板转动角度和床尾偏移量偏移不精确,或者是车刀、拖板、床尾没有固定好,在车削中移动而造成的,或者是因为工件的表面粗糙度太差,量规或工件上有毛刺或没有擦干净,造成检验和测量的误差。

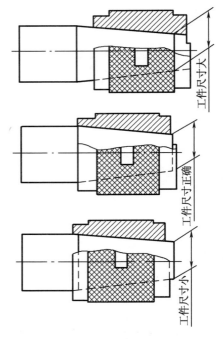

图 1-5-11　用圆锥套规检验锥体

2. 锥度准确而尺寸不准确

原因是粗心大意,测量不及时、不仔细,进刀量控制不好,尤其是最后一刀没有掌握好进刀量而造成误差。

3. 圆锥母线不直

圆锥母线不直是指锥面不是直线,锥面上产生凸凹或者是中间低、两头高的现象。主要原因是车刀安装没有对准中心。

4. 表面粗糙度不合要求

配合锥面一般精度要求较高,表面粗糙度差,往往会造成废品,因此一定要注意。造成表面粗糙度差的原因是切削用量选择不当,车刀磨损或刃磨角度不对。没有进行表面抛光或者抛光余量不够。用小拖板车削锥面时,手动走刀不均匀,另外机床的间隙大,工件的刚性差也会影响工件的表面粗糙度。

第六章　内孔车削

内孔车削是车削加工中经常应用的工艺,即套类零件的加工,其应用范围很广。如各种轴承、衬套及船舶上的各种活塞环、阀座、法兰等都少不了车内孔。它们的共同特点是:主要表面为同轴度要求较高的内、外旋转表面,并有内端面、内阶台及内沟槽等,如图1-6-1所示。

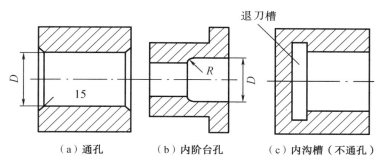

图1-6-1　套类零件的内孔类型

第一节　钻　　孔

一、麻花钻

钻孔的常用刀具是标准麻花钻(麻花钻的角度及刃磨详见钳工钻孔部分介绍)。

1. 麻花钻的选用

选用麻花钻时,应仔细核对钻头规格、尺寸,使其符合图纸要求。检查麻花钻切削部分角度是否正确、锋利。一般情况下,钻头的工作部分只要略长于孔深即可,钻头过长,刚性差;钻头过短,排屑困难。

2. 钻头的安装

(1) 小于12 mm的直柄钻头,用钻夹头直接装夹,然后将钻夹头锥柄装入车床床尾套筒锥孔中。

(2) 锥柄钻头可直接装在尾座套筒内。锥柄钻头的锥柄按标准制造。莫氏锥度制造的,钻头直径小,莫氏锥度号数也小。如果尾座套筒锥度为莫氏4号,钻头锥柄为莫氏2号,使用时,应在莫氏2号的钻头锥柄上分别装上莫氏3号、4号锥套,再将4号锥柄装入尾座锥孔中。拆卸锥套时,用楔铁从锥套后端腰形槽中插入,轻轻敲击楔铁,钻头就会被挤出。

二、钻孔时的切削用量

(1) 背吃刀量 $a_p = d_0/2$,其中 d_0 为钻头直径。

(2) 切削速度 v 是指钻头主切削刃外缘处的线速度。用高速钢钻头钻钢料时,切削速度一般为 0.3~0.6 m/min,钻铸铁时应稍低些。在相同的切削速度下钻头直径越小,转速应越高。

(3)进给量 s 在车床上钻孔时,工件每转一转,钻头和工件间的轴向相对移动,称为每转进给量单位为 mm/r。钻孔时,一般是用手慢慢转动车床尾座手轮进给,进给量太大会使钻头折断。用 φ10 mm 的钻头钻钢料时,一般选进给量 0.06~0.25 mm/r;钻铸铁时一般选进给量 0.1~0.3 mm/r。

钻孔时,为了防止钻头发热,应充分使用切削液降温,防止钻头退火。

三、钻孔方法

(1)钻孔前先把工件端面车平,端面中心不许留有凸头,以利于钻头正确定心。

(2)找正尾座,使钻头中心对准工件旋转中心,否则可能会扩大钻孔直径和折断钻头。

(3)用细长麻花钻钻孔时,为了防止钻头产生晃动,可以在刀架上夹一挡铁(图 1-6-2)支顶钻头头部,帮助钻头定中心。但挡铁不能把钻头支顶过中心,否则会将钻头折断,当钻头已正确定心后,挡铁即可退出。

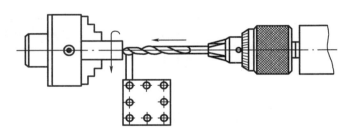

图 1-6-2 防止钻头晃动用挡铁支顶

(4)先用中心钻钻出中心孔,再用钻头钻孔。因钻头有横刃,用钻头直接钻孔定心不好,孔易钻偏斜,先用中心钻钻出中心孔,便于钻孔时钻头定心,钻出的孔同轴度较好,是目前常采用的方法。

(5)钻孔深度控制可以用游标卡尺测量或用尾座套筒进给手轮刻度盘上的刻度控制钻孔深度。

(6)钻孔后需要直接绞孔的工件,应留加工余量。

四、钻孔注意事项

(1)起钻时进给量要小,待钻头头部全部进入工件后,才能正常钻削。

(2)钻钢件时,应加冷却液,防止因钻头发热而退火。

(3)钻小孔或钻较深的孔时,由于铁屑不易排出,必须经常退出钻头排屑,否则会因铁屑堵塞而使钻头"咬死"或折断。

(4)钻小孔时,主轴转速应选择快一些,钻头直径越大,转速应相应的减慢。

(5)当钻头将要钻通工件时,由于钻头横刃首先钻出,因此轴向阻力大减,这时进给速度必须减慢,否则钻头容易被工件卡死,造成锥柄在床尾套筒内打滑而损坏锥柄和锥孔。

五、钻孔时产生废品的原因及预防

钻孔产生废品的原因及预防方法见表 1-6-1。

表 1-6-1　钻孔时产生废品的原因及预防方法

废品现象	产生原因	预防方法
孔歪斜	1. 工件端面不平或与轴线不垂直； 2. 床尾偏移； 3. 钻头刚度不够，初钻时进给量过大； 4. 钻头顶角不对称； 5. 工件内部有缩孔、砂眼等	1. 钻孔前车平端面，中心不能留有凸头； 2. 调整床尾与主轴同轴； 3. 选用较短钻头或用中心钻先钻导向孔，采用高速慢给，或用挡铁支顶，防止钻头摆动； 4. 正确刃磨钻头； 5. 降低转速，减小进给量
孔直径过大	1. 钻头直径选错； 2. 钻头主切削刃不对称； 3. 钻头未对准工件中心； 4. 钻头摆动	1. 看清图样，检查直径； 2. 仔细刃磨，使用主切削刃对称，横刃中心通过钻头轴心线； 3. 检查钻头是否弯曲，钻头、钻套是否安装正确； 4. 初钻时用挡铁支顶，防止摆动

第二节　内孔车削

一、车削内孔刀具

在车床上加工圆柱孔，一般都把钻孔作为粗加工工序，钻孔的表面粗糙度和精度较低，若孔径较大或孔的精度要求较高，必须通过车削内孔来完成，车削内孔也称为镗孔。镗孔时，由于刀具要进入孔内，刀杆尺寸受到孔径和孔深的限制，一般做得细而长，使刀杆的刚性和强度受到影响，车削时，因径向力的关系，常使刀杆向外，产生"让刀"现象，导致所车削的孔成"喇叭口"形。

1. 常用的车削内孔刀具类型（图 1-6-3）

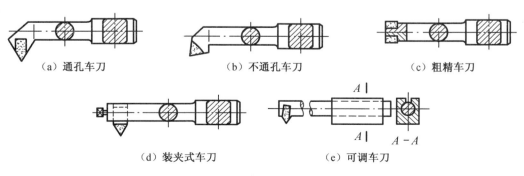

图 1-6-3　常用的车削内孔刀具

(1) 通孔车刀用来车削通孔。

(2) 不通孔车刀主要用来车削不通孔或内阶台。

(3) 粗精车刀的刀具前端焊有两块硬质合金刀片,分别用于粗车、精车,一般粗车时用外侧刀刃,精车时用里侧刀刃,这样有利于提高产品质量和延长刀具的使用寿命。

(4) 装夹式内孔车刀的刀片焊在小刀排上,用螺钉紧固在刀杆的方孔里,使用时能根据工件的加工要求装拆调换,有利于节约刀头。加工不通孔工件时,刀尖应在刀杆的最前端,固定螺钉应装在刀杆上方。

(5) 刀杆可调式车刀根据加工需要,可调整刀杆的伸出长度,它适用于加工各种不同深度的孔。

2. 镗孔刀的选择

(1) 尽可能选用截面尺寸较大的刀杆,以增加其刚性和强度。

(2) 刀杆伸出长度尽可能短些,只要刀杆工作部分长度略长于孔深即可,以增加其刚性和强度。

(3) 镗孔刀的几何角度基本上与外圆车刀相似,但方向相反,镗孔刀的后角应稍大一些。

(4) 加工不通孔时,应选择负刃倾角,使切屑向孔口排出。

3. 内孔车刀的安装

(1) 内孔车刀安装时,刀尖应对准工件中心,刀杆与轴心线要平行,否则车削时刀杆会与孔壁产生摩擦、相碰,破坏孔径表面。为了保证车孔顺利进行,刀具装夹以后,在车孔前,应将刀具在孔内试走一遍,以检验其安装是否正确。

(2) 内孔车刀安装应装在刀架的外侧面。

二、车削内孔方法

1. 通孔车削方法

通孔车削方法基本上与车外圆相同,也分为粗车和精车,纵向走刀 3～5 mm 后,横向不动,纵向退出,停车测量孔径,直至符合孔径尺寸精度要求为止。但车削时要注意,它的进刀和退刀方向与车外圆相反。

2. 车内阶台及不通孔

(1) 车刀的安装

车削内阶台时,车刀除了刀尖应对准工件中心,刀杆尽可能伸出短些外,车刀的主刀刃和平面应形成 3°～5° 的夹角,以保证阶台垂直,并且要求车刀横向有足够的退刀余地,如图 1-6-4 所示。

(2) 车内阶台方法

① 车削直径较小的内阶台孔时,由于孔小,观察、测量不方便,一般采用先粗车和精车小孔,再粗车和精车大孔的方法。

② 车削直径较大的内阶台孔时,一般采用先粗车小孔与大孔,再精车小孔与大孔的方法,以保证其同心度。

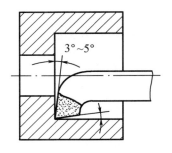

图 1-6-4 车削内阶台

三、车削内孔特点

(1) 由于内孔是在工件内部进行的,不易观察切削情况,当孔小而深时,孔内难以看见,车削难以控制。

(2) 由于刀杆尺寸受孔径和孔深的限制,影响刀杆的刚性。加工小而深的细长孔时,因刀杆细、刚性差,容易产生"让刀"现象。

(3) 孔内切屑不易排出,切削液较难注入切削部位。

(4) 当加工孔壁较薄时,加工中工件容易产生变形。

(5) 圆柱孔的测量,比外圆测量困难。

四、孔径的测量

孔径的测量一是指测量孔径的大小,二是指测量孔的长度,通常采用钢尺、游标卡尺、内径千分尺及塞规来进行测量。

1. 用游标卡尺测量

用游标卡尺测量时,应使卡爪做适量摆动,摆动的最大值即是孔径的实际尺寸;用游标卡尺还可以测量孔的深度,如图1-6-5所示。

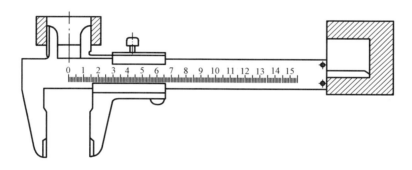

图1-6-5 用游标卡尺测量孔径和孔的深度

2. 用内径千分尺测量

内径千分尺不仅可测量内径还可测量槽宽,有普通式和杠杆式两种。

(1) 普通式内径千分尺

如图1-6-6所示,两个卡爪分别与固定管套、活动管套相连,管套上的刻线尺寸标注数字跟外径千分尺相反。卡爪用于测量内径,测量范围为5~30 mm,或25~50 mm。读数方法与外径尺相同,但读数字时的方向恰恰相反。

(2) 杠杆式内径千分尺

如图1-6-7所示,它可用于测量大孔径,其测量范围为50~63 mm。若要测量更大的孔径,可以加上接长杆,接长杆能一根一根地串联起来,测量的最大范围可达4 000 mm。杠杆式内径千分尺无测力装置,测量压力大小由手的感觉来控制。

3. 用塞规测量

塞规一般由通端(过端)1、手柄2和止端3组成,如图1-6-8所示。

通端按孔的最小极限尺寸制成,测量时,通端应进入孔内;止端按孔的最大极限尺寸制成,测量时,止端不允许进入孔内,说明孔的尺寸合格(图 1-6-9)。如果通端不能进入孔内,说明孔径太小;如果止端进入孔内,说明孔径已车大,都属不合格。

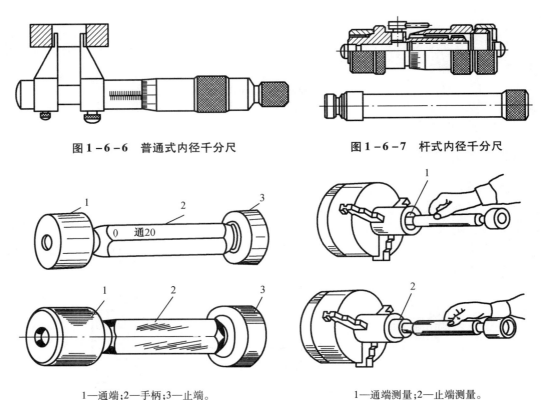

图 1-6-6 普通式内径千分尺

图 1-6-7 杆式内径千分尺

1—通端;2—手柄;3—止端。

图 1-6-8 塞规

1—通端测量;2—止端测量。

图 1-6-9 用塞规测量孔径

4. 测量孔的长度

孔的长度又叫作孔深,粗车时,一般采用在刀杆上刻线痕作为记号的方法车内孔,或安放限位铜片,以控制孔深,如图 1-6-10 所示。还可以利用大拖板、小拖板刻度盘刻线来控制孔深。精车时,为了保证尺寸准确,还需要用游标卡尺反复测量。

五、测量孔径注意事项

(1)用塞规测量孔径时,应保持孔壁清洁,否则会影响测量质量。

(2)用塞规测量工件时,不能倾斜,更不能硬塞或用力敲击,以免损坏塞规及工件,造成视觉误差。

(3)当孔径温度较高时,不要用塞规去测量,以防工件冷缩把塞规"咬死"在孔内。

(4)在孔内取出塞规时,要注意安全,防止手被车刀碰伤。

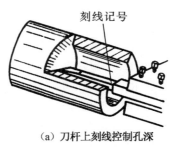

(a)刀杆上刻线控制孔深

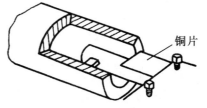

(b)安放限位铜片控制孔深

图 1-6-10 控制孔深的方法

第三节　车削内孔质量分析

一、尺寸精度达不到要求

(1) 孔径大于要求尺寸

原因是镗孔刀安装不正确,刀尖不锋利,工件跳动,横向进刀量过大,测量不及时。

(2) 孔径小于要求尺寸

原因是刀杆细造成"让刀"现象,塞规磨损或选择不当,绞刀磨损及车削温度过高或横向进刀量过小。

二、几何精度达不到要求

(1) 内孔呈多边形

原因是车床齿轮咬合过紧,接触不良,车床各部间隙过大造成的,薄壁工件装夹变形也会使内孔呈多边形。

(2) 内孔有锥度

原因是主轴中心线与床身导轨不平行,切削量过大或刀杆太细造成"让刀"现象。

(3) 表面粗糙度达不到要求

原因是刀刃不锋利,角度不正确,切削用量选择不当,冷却液不充分。

第七章　三角形螺纹车削

在机械产品中,很多零件都有螺纹,螺纹既可用于零件的连接、紧固,又可以用以传动,应用十分广泛。船舶上的主机、辅机连杆螺栓,以及气缸盖螺栓、阀杆、气门杆等零件上都具有螺纹。

螺纹的形成起始于螺旋线。车削时,工件做等速旋转,车刀刀尖车削工件外圆做匀速纵向移动,这时工件的表面就会车出一条螺旋线,如图1-7-1所示。

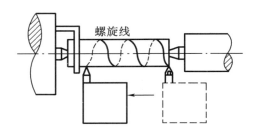

图 1-7-1　用车刀车削三角形螺纹

当车刀反复做纵向移动,同时不断增加吃刀深度时,螺旋线就变成了螺旋槽,当车至规定尺寸后,就形成螺纹。

第一节　三角形外螺纹的车削

一、三角形螺纹的尺寸计算(普通螺纹,牙型角为60°)

如图1-7-2所示,螺纹大径 $d = D$(螺纹大径的基本尺寸与公称直径相同);

中径　　$d_2 = D_2 = d - 0.649\ 5P$;

牙型高度　$h_1 = 0.541\ 3P$;

螺纹小径　$d_1 = D_1 = d - 1.082\ 5P$。

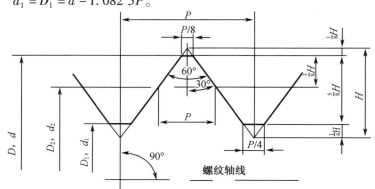

图 1-7-2　三角形螺纹的基本牙型图

二、三角形螺纹车刀的刃磨

刃磨三角形螺纹车刀(图1-7-3)应注意：

(1)根据粗精车的要求,合理地刃磨出前、后角。粗车时前角大、后角小,精车时则相反。

(2)车刀的左右刀刃必须是直线,无崩刃。

(3)刀头不歪斜,牙型半角相等。

(4)内螺纹车刀刀尖角平分线必须与刀杆垂直。

(5)内螺纹车刀后角应适当大些,一般磨有两个后角。

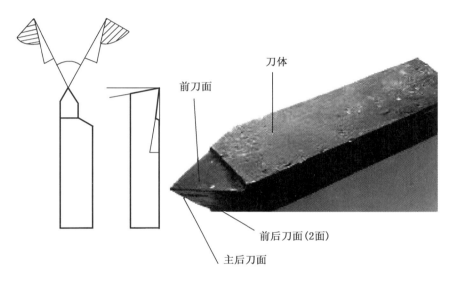

图1-7-3　三角形螺纹车刀

三、外螺纹车刀的装夹

(1)刀尖必须对准工件中心。

(2)车刀刀尖角的对称中心线必须与工件轴线垂直。刃磨和装夹螺纹车刀可用样板来进行,样板如图1-7-4、图1-7-5所示。装夹螺纹车刀,如图1-7-6所示。公制螺纹刀尖角60°,英制螺纹刀尖角55°,后角一般为8°~12°。

(3)刀头伸出不要过长,一般为20~25 mm,约为刀杆厚度的1.5倍。

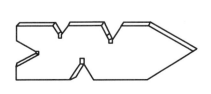

图1-7-4　三角形螺纹样板

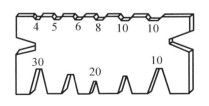

图1-7-5　梯形螺纹样板

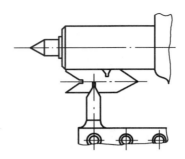

图 1-7-6 外螺纹对刀方法

四、车削螺纹步骤

(1) 根据图纸规格车削好螺纹外径(注:螺纹外径不等于螺纹公称直径,应略小,具体数值可查手册),在所需螺纹长度处车一条标记线作为退刀线,螺纹头部倒角,安装好螺纹车刀,调整好主轴转速。

(2) 调整车床。根据车床上的铭牌表找到所需要的导程,根据导程所在位置,变动配换齿轮及所需手柄位置,以及丝杆进给方向,最后将车床中、小拖板间隙松紧调适当。

(3) 开动车床。合上开合螺母,开空车将主轴正反旋转数次,检查丝杆与开合螺母的工件状态是否正常。如发现开合螺母有跳动或有自动抬闸现象必须消除,简单办法是用垂块压在开合螺母上。

(4) 车削螺纹。
① 开动车床,使螺纹车刀的刀尖轻轻接触工件表面。
② 在中拖板刻度盘上记下刀尖接触工件表面时的格数(或用粉笔画一短线),便于掌握进刀深度。最终螺纹车削好时进刀深度等于螺纹牙型高度。螺纹车削好时进刀深度可近似等于 $0.65 \times$ 螺距 P,再换算出最终螺纹车削好时中拖板应进给的刻度数,如 M16 螺纹,螺距 $P = 2$ mm,螺纹牙型高度为 $2 \times 0.65 = 1.3$ mm,中拖板最终进给的刻度数为 $1.3/0.02 \approx 65$ 格(中拖板每格 0.02 mm)。
③ 车刀移向工件端部,按下开合螺母。
④ 开正车,这时工件表面就会车出一条螺旋线。
⑤ 当刀尖车至退刀标记线时,应迅速退刀(中拖板向外摇,使刀尖离开工件表面)。
⑥ 停车,再开倒车,将大拖板退回工件端部。
⑦ 停车,检查螺距是否正确。
⑧ 再次进刀,重复车削数次,直至螺纹深度车至要求尺寸。

车削螺纹应多次进给车削完成,每一次车削吃刀深度 t 分配须合理。例如,螺距 $= 2$ mm,吃刀深度 $= 0.65 \times 2 = 1.3$ mm。第一次进给吃刀深度 $t_1 = 0.5$ mm,第二次进给 $t_2 = 0.35$ mm,第三次进给 $t_3 = 0.20$ mm,第四次进给 $t_4 = 0.15$ mm,第五次进给 $t_5 = 0.08$ mm,第六次进给 $t_6 = 0.02$ mm。

三、螺纹的车削方法

螺纹的车削特点是拖板纵向移动较快,因此操作时,既要大胆,又要细心,要求思想集中,动作迅速协调,否则会出现打坏刀具或报废工件等现象。常用车削螺纹的方法有直进法和左右切削法两种。

1. 直进法

直进法就是上述车削螺纹的步骤,如图1-7-7(a)所示。

直进法操作简单,能保证螺纹牙型清晰,但由于车刀的两侧刀刃都参加切削,切削力增大,排屑困难,容易产生"扎刀"现象,刀尖容易磨损,螺纹表面粗糙度差,适用螺距较小或脆性材料的工件。

2. 左右切削法

左右切削法就是当中拖板每次进刀时,同时将小拖板向左或向右移动一小段距离,使车刀的一侧刀刃参加切削,如图1-7-7(b)所示。粗车时,为了操作方便小拖板可以向一个方向移动;精车时,为了使螺纹两侧表面都较光洁,必须使小拖板分别向左、向右移动,修光两侧表面及牙底。

这种操作方法比直进法稍难,小拖板移动量要适当,否则会将螺纹牙槽车宽,牙顶车尖,甚至会将螺纹车乱扣。左右切削法是单侧刀刃参加切削,排屑比较顺利,车刀的受力情况得到了改善,车刀不容易磨损,也不容易引起"扎刀"现象,加工出的螺纹表面粗糙度较高。

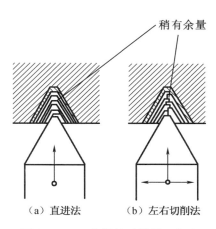

图1-7-7 车螺纹时的进刀方法

四、左旋螺纹车削与管螺纹车削

1. 左旋螺纹车削

(1)正确刃磨左旋螺纹车刀,使右侧刀刃后角(进刀方向)稍大于左侧刀刃后角,左刀刃比右刀刃短一些,牙型半角仍相等;

(2)拨动三星齿轮手柄,变换丝杆旋转方向,使丝杆反转,卡盘正转;

(3)车刀由退刀槽处进给,从床头向床尾方向进给车削螺纹。

2. 管螺纹车削

管螺纹和三角形螺纹牙型基本相同,它是一种特殊的英制细牙螺纹。圆柱管螺纹的车削方法与三角形外螺纹的车削方法类似,而圆锥管螺纹需解决锥度问题,一种方法是采用"手赶"的方法车削,即在大拖板自动走刀的同时,中拖板手动退刀,从而车出圆锥管螺纹;另一种方法是用车锥度的方法将外圆车好锥度,然后再车螺纹。

五、车螺纹时的注意事项

(1)注意和消除拖板的"空行程"。

(2)避免"乱扣"。当第一条螺旋线车好以后,第二次进刀后车削,刀尖不在原来的螺旋线(螺旋槽)中,而是偏左或偏右,甚至车在牙顶中间,将螺纹车乱的现象叫作"乱扣",预防乱扣的方法是始终采用倒顺(正反)车法车削,大拖板始终不能手动旋转。

(3)若车削途中刀具损坏需重新换刀或者无意提起开合螺母时,应注意及时对刀。对刀方法:对刀前首先要安装好螺纹车刀,然后按下开合螺母,开正车(注意应该是空走刀)停车,移动中、小拖板使刀尖准确落入原来的螺旋槽中(注意不能移动大拖板,也不能提起开合螺母),同时根据刀尖所在螺旋槽中的位置重新做中拖板进刀的记号,再将车刀退出,开倒车,将车刀退至螺纹头部,根据重做记号,再进刀……对刀时一定要注意是正车对刀。

(4)借刀就是螺纹车削一定深度后,将小拖板向前或向后移动一点距离,再进行车削。借刀时注意小拖板移动距离不能过大,以免将牙槽车宽造成"乱扣"。

(5)用两顶针装夹方法车螺纹时,当工件卸下后再重新车削时,应该先对刀后车削以避免"乱扣"。

六、车削螺纹时的注意事项

(1)车螺纹前先检查好所有手柄是否处于车螺纹位置,防止盲目开车;
(2)车螺纹时要思想集中,动作迅速,反应灵敏;
(3)用高速钢车刀车螺纹时,车头转速不能太快,以免刀具磨损;
(4)要防止车刀或者是刀架、拖板与卡盘、床尾相撞;
(5)旋螺母时,应将车刀退离工件,防止车刀将手划破,不要开车旋紧或者退出螺母;
(6)旋转的螺纹不能用手摸或用棉纱擦。

七、车外螺纹时的质量分析。

车削螺纹时产生废品的原因及预防方法见表1-7-1。

表1-7-1 车削螺纹时产生废品的原因及预防方法

废品种类	产生原因	预防方法
尺寸不正确	1. 车外螺纹前的直径不对; 2. 车内螺纹前的孔径不对; 3. 车刀刀尖磨损; 4. 螺纹车刀切深过大或过小	1. 根据计算尺寸车削外圆与内孔; 2. 经常检查车刀并及时修磨; 3. 车削时严格掌握螺纹切入深度
螺纹不正确	1. 挂轮在计算或搭配时错误; 2. 进给箱手柄位置放错; 3. 车床丝杆和主轴窜动; 4. 开合螺母塞铁松动	1. 车削螺纹时先车出很浅的螺旋线检查螺距是否正确; 2. 调整好开合螺母塞铁,必要时在手柄上挂上重物; 3. 调整好车床主轴和丝杆的轴向窜动量
牙型不正确	1. 车刀安装不正确,产生半角误差; 2. 车刀刀尖角刃磨不正确; 3. 车刀磨损	1. 用样板对刀; 2. 正确刃磨和测量刀尖角; 3. 合理选择切削用量和及时修磨车刀
螺纹表面不光洁	1. 切削用量选择不当; 2. 切屑流出方向不对; 3. 产生积屑瘤拉毛螺纹侧面; 4. 刀杆刚性不够产生振动	1. 高速钢车刀车螺纹的切削速度不能太大,切削厚度应小于0.06 m,并加切削液; 2. 硬质合金车刀高速车螺纹时,最后一刀的切削厚度要大于0.1 m,切屑要垂直于轴心线方向排出; 3. 刀杆不能伸出过长,并选粗壮刀杆
扎刀和顶弯工件	1. 车刀径向前角太大; 2. 工件刚性差,而切削用量选择太大	1. 减小车刀径向前角,调整中滑板丝杆螺母间间隙; 2. 合理选择切削用量,增加工件装夹刚性

第二节 三角形内螺纹的车削

三角形内螺纹一般与外螺纹配合使用,常见的有通孔、不通孔和阶台型三种,如图 1-7-8 所示。

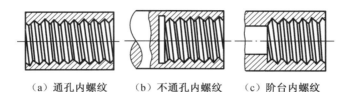

(a) 通孔内螺纹　　(b) 不通孔内螺纹　　(c) 阶台内螺纹

图 1-7-8　各种内螺纹工件形状

一、内螺纹车刀的刃磨与安装

内螺纹车刀刃磨和安装时,刀尖角平分线必须与刀杆垂直,否则会出现刀杆碰伤工件内孔表面和牙型倾斜现象,如图 1-7-9 所示。

此外,内螺纹车刀还必须对中心,对样板,如图 1-7-10 所示,刀尖如高于中心车刀后角增大,容易产生振动或扎刀现象,低于中心,后角减小,刀具后刀面会与工件发生摩擦使切削产生阻力。

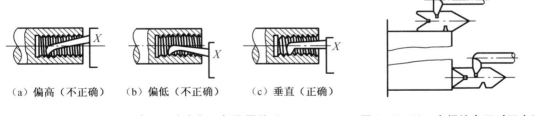

(a) 偏高(不正确)　　(b) 偏低(不正确)　　(c) 垂直(正确)

图 1-7-9　车刀刀尖角与刀杆位置关系　　　图 1-7-10　内螺纹车刀对刀方法

二、三角形内螺纹的孔径计算

由于图纸上标注的是外螺纹尺寸,内螺纹的孔径除可查表外还可以计算。
公制螺纹计算公式如下:
$$d_k = 螺纹外径 - 螺距 \quad (P<1)$$
$$d_k = 螺纹外径 - (1 \sim 1.1) \times 螺距 \quad (P>1)$$

三、内螺纹的车削方法及注意事项

车削内螺纹前,应先根据螺纹规格要求车好端面、孔径,调整好车床、主轴转速,安装好内螺纹车刀,车螺纹方法基本上与外螺纹相同,但进刀和退刀方向与外螺纹相反。

车削不通孔螺纹时,应该先将退刀槽车好,并根据槽宽选择合适的不通孔内螺纹刀。车削前根据内螺纹长度在刀杆上做出标记线(以刀尖算起),也可以利用大拖板刻度值来控制螺纹长度。车削时,根据标记线位置,迅速地退刀和开倒车,退早了,螺纹长度不够,旋不到底;退迟了,刀杆会与底孔平面相撞,造成断刀、工件车坏的现象。所以,车削不通孔螺纹时,思想一定要高度集中,主轴转速可放慢一些。

四、螺纹的测量和检查

用螺纹环规(图1-7-11),综合检查三角形外螺纹的直径、螺距、粗糙度以及尺寸精度进行综合测量。若通端能旋入螺纹而止端不能旋入螺纹即为合格。

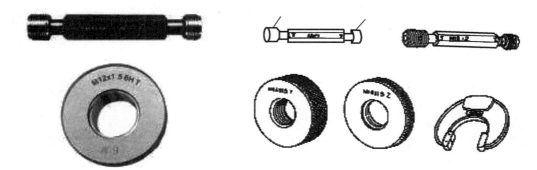

图1-7-11　螺纹环规

第八章　表面抛光及滚花

第一节　表面抛光

车削后的工件表面,如果尺寸精度和表面粗糙度没有达到预期要求,或者工件的边缘上有毛刺等现象,可以用锉刀和砂布进行修整,这种方法就叫作表面抛光。表面抛光时,直径上应当留有一定的加工余量。

一、用锉刀抛光

锉刀的种类很多,车工常用的锉刀是细平锉(细锉)和特细锉(油光锉)。在车床上使用锉刀时,为了保证安全,应该左手握柄,右手扶住锉刀前端,如图 1-8-1 所示。

锉削前,应该用钢丝刷或铜丝刷将嵌在锉刀齿缝中的铁屑刷干净,以免铁屑损伤工件表面。可以用粉笔在锉刀齿面上均匀地涂上一层白粉。锉削时,锉刀在工件表面上的移动要有顺序、缓慢而平稳、压力要均匀一致,否则会将工件锉扁或锉成竹节形。锉削时根据情况,一般选择 0.05～0.1 mm 的加工余量。车头转速可略快些,一般为 400~700 r/min,为保证精度应测多处点的直径。

二、用砂布抛光

当工件表面经过锉刀抛光后,表面粗糙度仍未达到要求,可以用砂布继续抛光。常用的砂布规格有 00 号、0 号、1 号、1.5 号、2 号五种,号数越小,颗粒越细,00 号是细砂布,2 号是粗砂布。

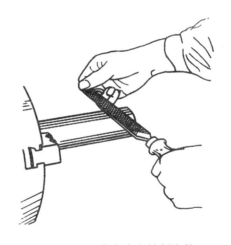

图 1-8-1　在车床上锉削姿势

用砂布抛光有两种方法,一种是将砂布垫在锉刀下面进行抛光,另一种是用手直接捏住砂布进行抛光。用砂布抛光时工件转速应稍快,砂布在工件上应缓慢地向一个方向移动,不要来回盲目快速移动,否则会影响表面美观。最后细抛光时,可在砂布上加上一点机油,提高光亮度。

三、抛光安全注意事项

(1)不使用无木柄锉刀,并且要左手握柄。
(2)锉削时除应平稳缓慢外,还要防止锉刀碰撞卡爪或鸡心夹头。
(3)外圆抛光时,不能将砂布缠在工件上或两手拿砂布,以免手指卷入砂布中。
(4)内孔抛光时,严禁用手指拿砂布进入孔内抛光,应该将砂布缠在棒上伸进孔内。
(5)抛光时,可将自动走刀手柄放在空挡上。

第二节　表面滚花

有些工具和机械零件，为了使用方便，表面美观，增加握手部分的摩擦力，常常在零件表面滚压出不同的花纹，这些花纹一般是用滚花刀在车床上滚压而成的。

一、滚花刀

滚花刀有单轮、双轮和六轮三种，如图 1-8-2 所示。滚花刀的花纹有直花纹和斜花纹两种，并有粗细纹之分。单轮滚花刀通常是滚直花纹和斜花纹；双轮滚花刀由一个左旋和右旋的滚花刀组成一组，滚出的花纹即是网纹；六轮滚花刀是将网纹节距不等的三组滚花刀，装在同一特制的刀杆上，使用时根据需要选择一组。

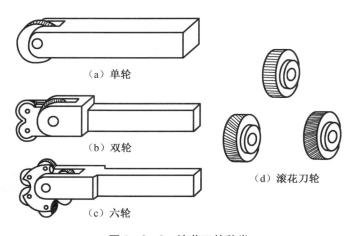

图 1-8-2　滚花刀的种类

二、滚花的方法

滚花是利用滚花刀挤压工件，使其表面产生塑性变形，而形成花纹。所以滚花时产生的径向挤压力是很大的。滚花前，应根据工件材料的性质，把滚花部分的直径车得略小于工件要求的尺寸（小 0.25～0.5 mm），然后把滚花刀紧固在刀架上，使滚花刀表面和工件表面平行接触，滚花刀中心和工件中心等高。滚花刀接触工件时，必须要用较大的压力进刀，使工件表面挤压出较深的花纹，否则容易产生乱纹现象。这样来回滚压 1～2 次，直到花纹凸出为止，如图 1-8-3 所示。滚花时可采用手动进刀，也可采取自动走刀。为了减少开始时的径向压力，可先把滚花刀宽度的一半（倾斜 4°～5°）与工件表面接触，或把滚花刀装得

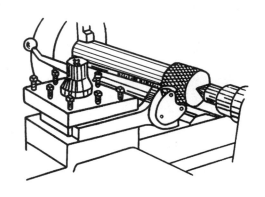

图 1-8-3　滚花方法

略向右偏一些,使滚花刀与工件表面有一个很小的夹角(类似车刀的偏角),这样比较容易切入,且不容易乱纹。

三、滚花注意事项

(1)滚花时工件必须装夹牢固,如材料伸出长,一定要用后顶尖顶住。

(2)滚花时车头转速不宜快,一般转速为 200~300 r/min。当转速快、摩擦系数高时,滚花刀与工件表面会产生滑动而乱纹。

(3)滚花一开始接触时,如发现乱纹现象,应停止移动,换一处重新开始,将花纹滚正确。

(4)滚压过程中,必须要有充分的润滑油,不可用手或刷子触摸滚轮及工件。

(5)为保证花纹美观清晰,滚花前应清洗滚花刀中的切屑。

(6)滚花刀装夹时,刀杆头部要能活动。

第九章 数控车床编程与操作

第一节 数控机床的组成与种类

数控机床(numerical control machine tools)是数字控制机床的简称,它将数字控制技术应用于机床,把机械加工过程中的各种控制信息用代码化的数字表示,通过信息载体输入数控装置,经运算处理由数控装置发出各种控制信号,控制机床的动作,按图纸要求的形状和尺寸,自动地将零件加工出来。数控机床较好地解决了复杂、精密、小批量、多品种的零件加工问题,是一种柔性的、高效能的自动化机床,代表了现代机床控制技术的发展方向,是一种典型的机电一体化产品。

一、数控机床的组成与零件加工过程

1. 数控机床加工零件的过程

数控机床加工零件的过程如图 1-9-1 所示。

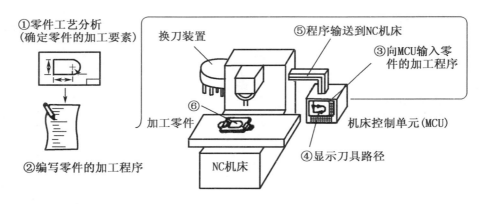

图 1-9-1 数控机床加工零件过程

(1)数控机床工作时,必须先根据要加工零件的图样与工艺方案,用规定的格式编写零件加工程序,并存储在程序载体上;

(2)把程序载体上的程序通过输入输出设备输入到数控装置中;

(3)数控装置将输入的程序经过运算处理后,向机床各个坐标的伺服单元发出信号;

(4)伺服单元根据数控装置发出的信号,通过伺服执行机构(如直流伺服电动机、交流伺服电动机),经传动装置(如滚珠丝杠螺母副等),驱动机床各运动部件,使机床按规定的动作顺序、速度和位移量进行工作,从而制造出符合图样要求的零件。

2. 数控机床组成

数控机床一般由输入输出设备、数控装置、PLC、伺服系统、电气控制装置与辅助装置、检测装置及机床主体等组成,如图 1-9-2 所示。

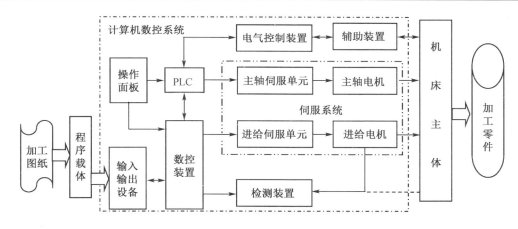

图 1-9-2 数控机床的组成

二、数控机床加工特点与适用范围

1. 数控机床加工特点

(1) 加工精度高,质量稳定

数控机床运动分辨率远高于普通机床。另外,数控机床具有位置检测装置,可将移动部件实际位移量或丝杠、伺服电动机的转角反馈到数控系统,并进行补偿。因此,可获得比机床本身精度还高的加工精度。数控机床加工零件的质量由机床保证,无人为操作误差的影响,所以同一批零件的尺寸一致性好,质量稳定。

(2) 适应性强

能完成普通机床难以完成或根本不能加工的复杂零件加工。例如,采用二轴联动或二轴以上联动的数控机床,可加工母线为曲线的旋转体曲面零件、凸轮零件和各种复杂空间曲面类零件。

(3) 工序集中,一机多用,生产效率高

数控机床的主轴转速和进给量范围比普通机床的范围大,良好的结构刚性允许数控机床采用大的切削用量,从而有效地节省了机动时间。对某些复杂零件的加工,如果采用带有自动换刀装置的数控加工中心,可实现在一次装夹下进行多工序的连续加工,减少了半成品的周转时间,生产率的提高更为明显。

(4) 有利于自动化生产和管理

数控机床是机械加工自动化的基本设备,以数控机床为基础建立起来的 FMC、FMS、CIMS 等综合自动化系统使机械制造的集成化、智能化和自动化得以实现。

(5) 监控功能强,具有故障诊断的能力

CNC 系统不仅控制机床的运动,而且可对机床进行全面监控。例如,可对一些引起故障的因素提前报警,进行故障诊断等,极大地提高了检修的效率。

(6) 减轻工人劳动强度,改善劳动条件

略。

2. 数控机床适用范围

(1) 生产批量小的零件。

(2)需要进行多次改型设计的零件。

(3)加工精度要求高、结构形状复杂的零件,如箱体类、曲线类、曲面类零件。

(4)需要精确复制和尺寸一致性要求高的零件。

(5)价值昂贵的零件。这种零件虽然生产量不大,但是如果加工中因出现差错而报废,将产生巨大的经济损失。

三、数控机床种类

1. 按加工方式分类

按照机床加工方式的不同,可以把数控机床分为以下几类。

(1)普通数控机床

这类机床的工艺性能和通用机床相似,所不同的是它能加工复杂形状的零件,属于此类的数控机床有数控车床、钻床、铣床、锉床和磨床等,如图1-9-3所示。

（a）数控车床

（b）立式数控铣床

图1-9-3 普通数控机床

(2)加工中心

如图1-9-4所示,加工中心是在普通数控机床的基础上增加了自动换刀装置及刀库,并带有自动分度回转工作台及其他辅助功能,从而使工件在一次装夹后,可以连续、自动完成多个平面或多个角度位置的铣、车、钻、扩、铰、镗、攻丝、铣削等工序的加工,工序高度集中。

加工中心能自动改变机床主轴转速、进给量和刀具相对于工件的运动轨迹。有的加工中心带有双工作台,一个工作台上的工件在加工的同时,另一个工件可在处于装卸位置的工作台上进行装卸,然后交换加工(装卸)位置,因而节省总加工时间。

图1-9-4 立式加工中心

2. 按伺服系统的控制方式分类

根据有无检测反馈元件及其检测装置,数控机床的伺服系统可分为开环控制系统、闭环控制系统和半闭环控制系统。

(1)开环控制系统

图1-9-5为开环控制系统框图,这种控制系统不带位置测量元件。数控装置根据指

令信号发出指令脉冲,使伺服驱动元件转过一定的角度,并通过传动部件,使执行机构(如工作台)移动或转动。它的特点是系统简单,调试维修方便,工作稳定,成本较低。由于开环控制系统的精度主要取决于伺服元件和机床传动元件的精度、刚度与动态特性,因此控制精度较低。它多用于经济型数控机床,以及对旧机床的改造。

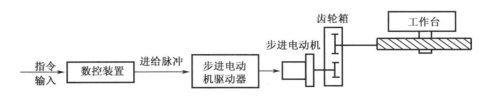

图1-9-5　开环控制系统框图

(2)闭环控制系统

图1-9-6为闭环控制系统框图。闭环控制系统是一种自动控制系统,其中包含功率放大和反馈,使输出变量的值响应输入变量的值。在闭环控制系统中,位置测量元件装在数控机床的工作台上,测出工作台的实际位移量后,反馈到数控装置的比较器中与指令信号进行比较,并用比较后的差值进行控制。闭环控制系统的优点是精度高、速度快。它主要用在精度要求较高的数控镗铣床、数控超精车床、数控超精镗床等机床上。

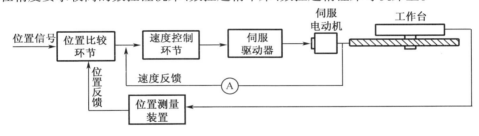

图1-9-6　闭环控制系统框图

(3)半闭环控制系统

图1-9-7为半闭环控制系统框图。半闭环控制系统介于开环和闭环之间,这种控制系统不是直接测量工作台的位移量,而是通过角位移测量元件测量伺服机构中电动机或丝杠的转角,来间接测量工作台的位移。这种系统中由于滚珠丝杠螺母副和工作台均在反馈环路之外,其传动误差等影响工作台的位置精度,所以加工精度没有闭环控制系统高。

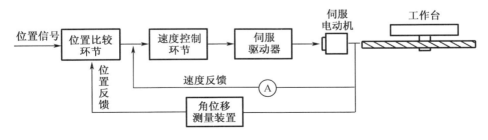

图1-9-7　半闭环控制系统框图

但由于角位移测量元件比直线位移测量元件结构简单,只要采用高分辨率的测量元件,也能获得较好的精度和速度。且由于半闭环控制系统调试比闭环控制系统方便,稳定性好,成本也低,目前,大多数数控机床采用半闭环控制系统。

3. 按控制坐标轴的数量分类

按计算机数控装置能同时联动控制的坐标轴数量分为两坐标联动数控机床、三坐标联动数控机床和多坐标联动数控机床,如图1-9-8所示。有一些早期的数控机床尽管具有三个坐标轴,但能够同时进行联动控制的可能只是其中两个坐标轴,即两坐标联动的三坐标机床。像这类机床就不能获得空间直线、空间螺旋线等复杂加工轨迹。要想加工复杂的曲面,只能采用在某平面内进行联动控制,第三轴做单独周期性进给的"两维半"加工方式,如图1-9-8(c)所示。

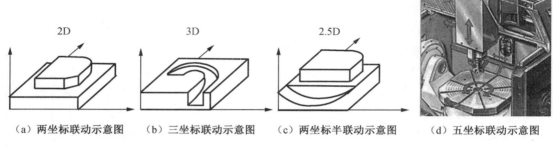

(a) 两坐标联动示意图　　(b) 三坐标联动示意图　　(c) 两坐标半联动示意图　　(d) 五坐标联动示意图

图1-9-8　按控制坐标轴的数量分类

第二节　数控车床坐标系

一、数控车床坐标系

数控车床的坐标系如图1-9-9所示。

数控车床的坐标系中规定:Z轴方向为主轴轴线方向,刀具远离工件的方向为Z轴正方向;X轴方向为在工件直径方向上平行于车床横向导轨,刀具远离工件方向为X轴正方向。

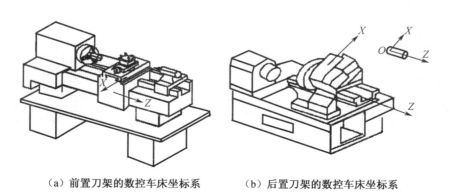

(a) 前置刀架的数控车床坐标系　　(b) 后置刀架的数控车床坐标系

图1-9-9　数控车床的坐标系

二、数控车床坐标系原点与机床参考点

数控车床坐标系原点也称机械原点,是一个固定点,其位置由制造厂家确定。数控车床坐标系原点一般位于卡盘前端面与主轴轴线的交点上或卡盘后端面与主轴轴线的交点上。

数控车床的机床参考点一般位于 X 轴和 Z 轴正向最大位置上,如图 1-9-10 所示,通常机床通过返回参考点的操作来找到机械原点,所以开机后加工前,首先要进行返回参考点的操作。

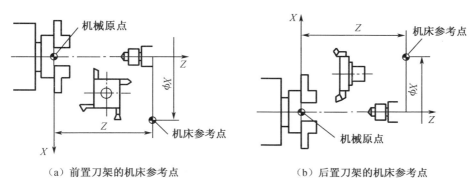

(a) 前置刀架的机床参考点　　　　　(b) 后置刀架的机床参考点

图 1-9-10　数控车床的机床参考点

3. 工件坐标系和工件坐标系原点

工件坐标系是编程人员在编程时使用的,为方便计算出工件的坐标值而建立的坐标系。工件坐标系的方向必须与数控车床坐标系的方向彼此平行,方向一致。工件坐标系原点一般位于零件右端面或左端面与轴线的交点上,如图 1-9-11 所示。

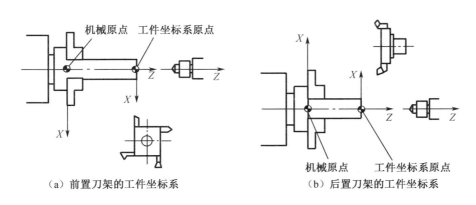

(a) 前置刀架的工件坐标系　　　　　(b) 后置刀架的工件坐标系

图 1-9-11　数控车床的工件坐标系

第三节　数控车床程序的结构与指令类型

数控机床加工零件,首先要编写零件加工程序,简称编程。数控编程就是加工零件的

加工顺序、刀具运动轨迹的尺寸数据、工艺参数(主运动和进给运动速度、切削深度等),以及辅助操作(换刀、主轴正反转、冷却液开关、刀具夹紧和松开等)加工信息,用规定的指令代码,按一定格式编写成加工程序。

一、数控编程的方式

数控编程主要有手工编程和自动编程。

1. 手工编程

手工编程主要由人工来完成数控机床程序编制各个阶段的工作。当加工零件形状简单和程序较短时,可采用手工编程的方法。手工编程目前仍是广泛采用的编程方法,但手工编程既烦琐、费时,又复杂,而且容易出错。

2. 自动编程

自动编程是借助数控语言编程系统或图形编程系统由计算机来自动生成零件加工程序的过程,它适合于零件形状复杂、不便于手工编写的数控程序。编程人员只需根据加工对象及工艺要求,借助数控编程软件对加工过程与要求进行描述,由编程软件自动计算出加工运动轨迹,并输出零件数控加工程序。自动编程能及时检查程序是否有错误并进行修改,得到正确的程序,最后通过网络或 RS-232 接口输入机床。

目前应用广泛的是语言自动编程和图形交互式编程软件,如 Master CAM、Pro/E、UG 和 CAXA 等软件。

二、数控车床程序的结构

一个数控加工程序是由遵循一定结构、格式规则的若干程序段组成的,每个程序段由若干指令字(程序字)构成,如图 1-9-12 所示。

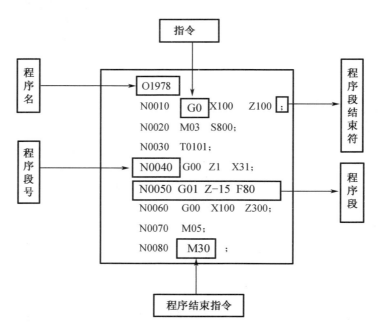

图 1-9-12　程序结构

1. 程序名

为了识别各程序所加的编号,称为程序名。图 1-9-12 中,"O1978"即为该程序的程序名。程序名一般是以规定的地址符即英文字母开头,后面紧跟若干位数字组成,数字的最多位数在数控系统说明书中有规定。如 FANUC 系统以字母"O"开头,数控车削系统后跟 4 位数字构成程序名,SIMENS 数控车削系统以字母"SC"开头,后跟 4 位数字;广数系统以字母"O"开头,后跟 4 位数字构成程序名;华中数控系统采用"%"开头。

2. 指令

指令由一个英文字母后跟若干位数字组成。如图 1-9-12 所示,G00、X100 等都是指令。

如"G00"为准备功能 G 指令,表示快速定位(即刀具以机床设定的最快速度,定位到目标点);如"X100"指令,X 为地址符(代表 X 轴),X100 表示 X 轴坐标值为 100。

3. 程序段

按顺序排列的各项指令称为程序段。程序内容中的每一行都为程序段。如图 1-9-12 所示,N0050 G01 Z-15 F80 为一程序段,表示刀具以 80 mm/min 的进给速度直线进给至 Z-15 坐标点。

4. 程序段号(或称顺序号)

为了识别各程序段所加的编号,称为程序段号。如图 1-9-12 所示,N0040、N0050 等都为该程序的程序段号。程序段号一般由系统自动生成。

5. 程序段结束符

程序段结束符编程时由数控系统自动生成,一般用";"或"*"符号表示程序段结束。其符号取决于数控系统(有的系统用 LF、CR 等符号表示)。

6. 程序结束指令

程序结束指令 M30 表示程序结束,主轴、进给停止,冷却液关,控制系统复位,光标自动返回程序开头处。M02 表示程序结束,与 M30 的区别为自动运行结束后光标停在程序结束处。程序结束指令一般独占最后一行。

三、数控车床编程指令类型

不同的数控系统,由于所适用的程序代码、编程格式的不同,导致同一零件的加工程序在不同的系统中是不能通用的。为了统一标准,国际上一些组织都推出了自己的标准,目前国际上比较通用的数控代码标准有 ISO(国际标准化组织)、EIA(美国电子工业协会)两种。我国原机械工业部也制定了相关的标准《数控机床标准 G 代码》(JB 3208—83),它与国际上使用的 ISO 1056-1975E 标准基本一致。但是在具体执行时,不同厂家生产的数控系统,其代码含义并不完全相同。因此,编程时还应按照具体机床的编程手册中的有关规定进行,这样所编出的程序才能被该机床的数控系统所接受。

1. 准备功能 G 指令

准备功能 G 指令也叫作 G 功能或 G 指令,是用来指令机床动作方式的功能。G 指令主要用于规定刀具和工件的相对运动轨迹(即插补功能)、机床坐标系、坐标平面、刀具补偿等多种加工操作。G 指令由地址 G 和后面的两位数字组成,从 G00~G99 共 100 种代码。高档数控系统有的已扩展到三位数字(如 G107、G112),有的则带有小数点(如 G02.2、G02.3)。不同的数控系统,某些 G 指令的功能不同,编程时需要参考机床制造厂的编程说明书。

G代码按功能类别分为模态G代码和非模态G代码。

(1)模态G代码

组内某G代码(如表1-9-1中01组中G01)一旦被指定,功能一直保持到出现同组其他任一代码(如G02或G00)时才失效,否则继续保持有效,所以在编下一程序段时,若需使用同样的G代码则可省略不写,这样可以简化编程。

(2)非模态G代码

该G代码只在本程序段中有效,程序段结束即被注销无效。

00组的G代码为非模态G代码,其余组G代码为模态G代码。

常用的准备功能G指令见表1-9-1。

表1-9-1 常用的准备功能G指令

G指令	组	功能
G00	01	快速定位
G01		直线插补(切削进给)
G02		顺时针圆弧插补
G03		逆时针圆弧插补
G04	00	暂停
G17	16	XY平面选择
G18		XZ平面选择
G18		YZ平面选择
G20	06	英寸输入
G21		毫米输入
G27	00	返回参考点检查
G28		返回参考位置
G30		返回第2、3、4参考点
G31		跳转功能
G32	01	单行程螺纹切削
G34		变螺距螺纹切削
G40	07	刀尖半径补偿取消
G41		刀尖半径左补偿
G42		刀尖半径右补偿
G50	00	工件坐标系设定或最大主轴转速设定
G52		局部坐标系设定
G53		机床坐标系设定

表 1-9-1(续)

G 指令	组	功能
G54	14	选择坐标系 1
G55		选择坐标系 2
G56		选择坐标系 3
G57		选择坐标系 4
G58		选择坐标系 5
G59		选择坐标系 6
G65	00	宏程序调用
G66	12	宏程序模态调用
G67		宏程序模态调用取消
G70	00	精加工复合循环
G71		粗车外圆复合循环
G72		粗车端面复合循环
G73		固定形状粗加工复合循环
G74		端面深孔复合钻削
G75		外径/内径钻孔
G76		螺纹切削复合循环
G90	01	外径/内径车削循环
G92		螺纹切削循环
G94		端面车削循环
G96	02	恒线速切削
G97		恒线速切削取消
G98	05	每分钟进给
G99		每转进给

2. 辅助功能 M 指令

辅助功能 M 指令主要用于控制机床各种辅助功能的开关动作,如主轴正转、停止,冷却液开、关。M 指令由地址字 M 和其后的两位数字组成,从 M00~M99 共有 100 种代码。

(1)程序暂停指令 M00

当数控系统执行到 M00 指令时,暂停程序的自动运行,机床进给、主轴停止;冷却液关闭,按操作面板上的"循环启动"按钮,数控系统自动运行后续程序。应用 M00 指令,可以方便操作者进行刀具和工件的测量、工件调头、手动变速等操作。

(2)选择暂停指令 M01

M01 与 M00 功能相同。只是 M01 功能是否执行由机床操作面板上的"选择暂停"开关控制。当选择暂停开关处于"ON"状态,程序执行到 M01 指令时,程序暂停。若"选择暂停"开关处于"OFF"状态,则 M01 在程序中不起作用,即程序执行到 M01 指令时,程序不暂停。

(3)程序结束指令 M02

M02 为程序结束指令,一般放在主程序的最后一个程序段中。

当数控系统执行到 M02 指令时,机床主轴、进给、冷却液全部停止,加工结束,此时光标位于最后一个程序段,若要重新执行该程序,需重新调用该程序,或将光标移至程序起始位置,再按操作面板上的"循环启动"键。

(4)程序结束并返回到程序头指令 M30

M30 与 M02 功能基本相同,只是执行到 M30 时程序结束,光标返回程序起始位置。使用 M30 结束程序后,若要重新执行该程序,只需再次按操作面板上的"循环启动"键。

(5)主轴控制指令 M03、M04、M05

M03:主轴按程序中 S 设定的转速逆时针旋转(从 Z 轴正向朝 Z 轴负向看),即主轴正转,如 M03 S1000,即主轴以 1 000 r/min 正转。

M04:主轴按程序中 S 设定的转速顺时针旋转(从 Z 轴正向朝 Z 轴负向看),即主轴反转,如 M04 S1000,即主轴以 1 000 r/min 反转。

M05:主轴停止旋转。

(6)冷却液开 M08、冷却液关 M09

M08:指令打开冷却液。

M09:指令关闭冷却液。

3. 进给功能 F 指令

F 指令指定刀具相对于工件的合成进给速度。指令格式:F****,即 F 后跟进给速度值。进给速度 F 的单位取决于 G98(每分钟进给量 mm/min)或 G99(主轴每转一转刀具的进给量,即每转进给量 mm/r)。

4. 主轴转速 S 指令

S 指令用来指定主轴转速或切削线速度,单位为 r/min 或 m/min。可使用 G96 恒线速切削和 G97 恒转速切削指令配合 S 指令指定主轴转速。例如,G96 S100 表示控制主轴转速,使切削点的线速度始终保持在 100 m/min,此时,一般应限定主轴最高转速,如 G50 S1800。再如 G97 S1000 表示取消 G96,即主轴为恒转速切削,其转速为 1 000 r/min,一般数控车床默认恒转速方式。

5. 刀具功能 T 指令

T 指令为换刀并调用刀具补偿值。执行 T 指令,刀架转动,选用指定的刀具并调用刀具补偿值。T 指令后跟 4 位数字,前两位为刀具号,后两位为刀具补偿号。一般情况下编程时常取刀具号与补偿号的数字相同,例如 T0101 表示选用 1 号刀具,调用 1 号刀具补偿值。FANUC 0i 系统 T 指令后跟 4 位数或前导 0 省略后跟 2 位数均可,如 T0101 和 T11 可通用,都表示选用 1 号刀具,调用 1 号刀具补偿值。SIEMENS 802D 系统一般换刀 T 指令前加 M06,如 M06 T02 即调用 2 号刀及 2 号刀具补偿值,前导 0 可省略,即 M6 T2。

第四节 数控车床编程

一、数控车床编程基本指令

1. 进给速度单位设定指令(每分钟进给 G98、每转进给 G99)

(1)指令格式:G98/G99 G01 X____ Z____ F____

(2)指令功能:

①G98 表示每分钟进给,即进给速度 F 后数值单位为 mm/min。

②G99 表示每转进给,即进给速度 F 后数值单位为 mm/r。

(3)指令说明:

①G98 为模态 G 代码,开机时默认 G98 有效,若编程进给速度 F 值单位采用 mm/min,程序中 G98 可不写。

②G99、G98 为同组模态 G 代码,只能一个有效。若程序段为 G99 方式,如系统执行程序段 G99 G01 X50 Z-30 F0.1 时,把进给速度 F 值(mm/r)与当前主轴转速(r/min)的乘积作为指令进给速度控制实际的切削进给速度,主轴转速变化时,实际的切削进给速度随之变化。使用 G99 方式,可以在工件表面形成均匀的切削纹路。

2. 快速定位指令(G00)

(1)指令格式:G00 X(U)____ Z(W)____

(2)指令功能:X 轴、Z 轴同时从起点(当前点)以各自最快速度运动到终点(目标点)。

(3)指令说明:

①G00 实际运动轨迹根据具体控制系统的设计情况而定,可以是多样的。如图 1-9-13 所示,从 A 到 B 点可以有 4 种轨迹。

②G00 指令为模态 G 代码。其中 X(U)、Z(W)为目标点坐标,G00 指令后不需指定进给速度 F 指令,其运动速度由机床厂家预先设置好。G00 一般用于刀具快速趋近工件或快速退刀。如图 1-9-14 所示,刀具从换刀点(刀具起点)A 快进到切削起点 B 准备车外圆。

绝对坐标方式编程:G00 X20 Z2

相对坐标方式编程:G00 U-80 W-98

混合坐标方式编程:G00 U-80 Z2

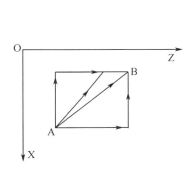

图 1-9-13 G00 指令刀具运动方式

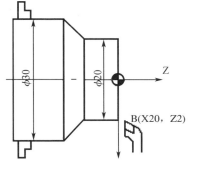

图 1-9-14 G00 指令使用实例

3. 直线插补指令(G01)

(1)指令格式:G01 X(U)____ Z(W)____ F____

(2)指令功能:刀具从起点(当前点)按程序段中F值设定的进给速度,直线进给运动到X(U)____ Z(W)____坐标点(目标点)。

(3)指令说明:

①G01、F都是模态代码,其中X(U)、Z(W)是目标点坐标。

②在G01程序段必须有F指令,F指令值执行后,此指令值一直保持,直至有新的F指令值。其实际的切削进给速度为机床进给倍率与F指令值的乘积,后续其他G指令使用的F指令功能相同时,不再详述。

4. 倒角功能

倒角功能是在工件两轮廓间插入直线倒角或圆弧倒角。

(1)广数 GSK980TD 系统直线倒角指令格式:

G01 X(U)____ Z(W)____ L____

(2)广数 GSK980TD 系统圆弧倒角指令格式:

G01 X(U)____ Z(W)____ D____

(3)FANUC Oi - MATE - TC 系统倒角指令格式:

G01 X(U)____ Z(W)____ C____ (直线倒角)

G01 X(U)____ Z(W)____ R____ (圆弧倒角)

(4)SIMENS 802D 系统倒角指令格式:

G01 X(U)____ Z(W)____ CHR =____ (直线倒角,CHR 值为倒角的直角边长)

G01 X(U)____ Z(W)____ CHF =____ (直线倒角,CHF 值为倒角的斜边长度)

G01 X(U)____ Z(W)____ RND =____ (圆弧倒角,RND 值为倒圆半径)

指令说明:如图 1-9-15 所示,式中 X、Z 值是两相邻轮廓线的交点绝对坐标值,即假想拐角交点(G点)的坐标值;U、W 值是假想拐角交点(G点)相对于起始直线轨迹的始点(E点)的增量坐标值;L 值(FANUC Oi - MATE - TC 系统为 C 值)是假想拐角交点(G点)相对于倒角始点(F点)的距离;D 值(FANUC Oi - MATE - TC 系统为 R 值)是倒角圆弧的半径。

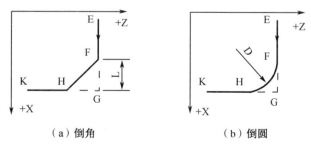

图 1-9-15 倒角功能

5. 编程实例

如图 1-9-16 所示,设零件各表面已完成粗加工,编写零件外圆轮廓的精加工程序。

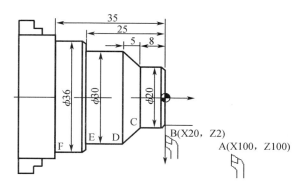

图 1-9-16 编程实例零件图

注:未注倒角 1×45°

编写如图 1-9-16 所示工件精加工程序,应用 G00(快速定位)、G01(直线插补)指令,以及倒角功能,刀具按 F 值设定的进给速度沿工件轮廓轨迹进给切削,完成工件精加工。零件加工程序见表 1-9-2。

表 1-9-2 零件加工程序

程序内容	说明
O8888	程序名
N10 G00 X100 Z100	快速定位至 A 点(换刀点)
N20 M03 S1000 T0101	主轴正转,转速 1 000 r/min,换 1 号刀具和调用 1 号刀具补偿值
N30 G00 X22 Z0	快速定位至 B 点(切削起点)
N40 G01 X-0.5 F60 M08	车削端面,进给速度 60 mm/min,冷却液开,Z 坐标不变,可省略
N50 G99 G01 X20 L1 F0.1	每转进给,进给速度 0.1 mm/r,倒角
N60 G99 G01 Z-8 F0.1	直线插补至 C 点,注:G01、G99、F0.1 为模态指令,持续有效可省略,该程序段可写为 N60 Z-8
N60 X30 Z-13	直线插补至 D 点
N70 G98 Z-25 F80	直线插补至 E 点,每分钟进给,进给速度 80 mm/min
N80 X36 L1	倒角
N90 Z-35	直线插补至 F 点
N100 G00 X100 Z100	退刀至 X100 Z100 坐标点
N110 M05	主轴停
N120 M30	程序结束

二、内径/外径粗车循环指令(G71)、精车循环指令(G70)

1. 内径/外径粗车循环指令(G71)

以广数 GSK980TD 系统说明。内径/外径粗车循环指令(G71)也称轴向粗车循环指令,有两种粗车加工循环:类型Ⅰ和类型Ⅱ。

(1)指令格式

G71 U(Δd) R(e) F____ S____ T____
G71 p(ns) Q(nf) U(Δu) W(Δw) K0/1

N(ns) G00/G01 X(U)…   N(ns) G00/G01 X(U) Z(W)…
…………………………}类型Ⅰ   …………………………}类型Ⅱ
N(nf)…………………………   N(nf)…………………………

(2)指令功能

系统根据精车轨迹、精车余量、进刀量、退刀量等数据自动计算粗车路线,沿与Z轴平行的方向切削,通过多次进刀→切削→退刀→再进刀的切削循环完成零件的粗加工。G71的起点和终点相同。本代码适用于非成型毛坯(圆棒料)的成型粗车。

(3)指令说明

①程序段中各参数含义。

Δd:粗车时X向的切削量(即切削深度或称背吃刀量),半径值,无符号。

e:X轴方向的每次退刀量,退刀方向与进刀方向相反,半径值,无符号。

ns:精车程序的第一个程序段号。

nf:精车程序的最后一个程序段号。

Δu:X向(径向)的精加工余量。

Δw:Z向(轴向)的精加工余量。

K:当K不输入或者K不为1时,系统不检查工件轮廓轨迹的单调性;当K等于1时,系统检查描述工件轮廓轨迹的单调性,即工件轮廓X轴坐标单调,为类型Ⅰ;工件轮廓X轴坐标非单调,为类型Ⅱ,G71指令中加K1。

S、T、F:可在第一个G71指令或第二个G71指令中,为粗车循环时的主轴转速、刀具功能、进给速度。在G71粗车循环中,ns~nf间程序段的S、T、F功能无效。执行G70精车程序段时,ns~nf间程序段的S、T、F功能有效。

②G71循环动作过程(图1-9-17)。

a.从起点A点快速移动到A'点,X轴移动Δu,Z轴移动Δw。

b.从A'点X轴移动Δd(进刀)。

c.Z轴切削进给到粗车轮廓。

d.退刀e(沿45°方向退刀),退刀方向与各轴进刀方向相反。

e.Z轴以快速移动速度退至D点。

f.如果X轴再次进刀(Δd+e)后,进刀的终点仍在A'点到B'点之间(未到达或超出B'点),X轴再次进刀(Δd+e),然后执行;如果X轴再次进刀(Δd+e)后,移动的终点到达B'或超出了B'点,X轴进刀至B'点,然后执行。

g.沿粗车轮廓从B'点切削进给至C'点。

h.从C'点快速移动到A点,G71循环执行结束,程序跳转到nf程序段的下一个程序

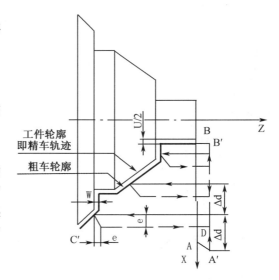

图1-9-17 G71循环动作过程

段执行。

③类型Ⅰ、类型Ⅱ。

a. 类型Ⅰ适用粗车工件轮廓 X 轴坐标单调(单调递增或单调递减)的工件,如图 1-9-18 所示工件,类型Ⅱ适用粗车工件轮廓 X 轴坐标不单调的工件,但沿 Z 轴的外形轮廓必须单调递增或单调递减,如图 1-9-18 所示工件轮廓不能加工。

b. 精车程序的第一个程序段(ns)只能是 G00 或 G01 指令。类型Ⅰ:精车程序的第一个程序段(ns)只能指定 X(U)一个坐标;类型Ⅱ:精车程序的第一个程序段(ns)必须指定 X(U)和 Z(W)两个坐标,当 Z 轴不移动时也必须指定 W0,且 G71 指令中加 K1。

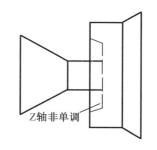

图 1-9-18　Z 轴非单调的工件

c. 对于类型Ⅱ,精车余量只能指定 X 方向,如果指定了 Z 方向,则会使整个加工轨迹发生偏移,如果指定最好指定为 0,即 W0。

④ns~nf 程序段中,只能有 G 功能:G00、G01、G02、G03、G04、G05、G96、G97、G98、G99、G40、G41、G42 指令,不能有子程序调用代码(如 M98/M99)。G96、G97、G98、G99、G40、G41、G42 指令在执行 G71 指令中无效,执行 G70 精加工循环时有效。

⑤G71 指令可以进行内孔粗车循环,但此时的径向精车余量 Δu 取负值。

⑥FANUC 0i-MATE-TC 系统,G71 指令只能粗加工 X 和 Z 轴尺寸都是单调递增或单调递减工件,即无类型Ⅱ。

2. 精车循环指令(G70)

(1)指令格式

G70 p(ns) Q(nf)

(2)指令功能

刀具从起点位置沿着 ns~nf 程序段给出的工件精加工轨迹(工件轮廓轨迹)进行精加工。在 G71、G72、G73 进行粗加工后,用 G70 指令进行精车,单次完成精加工余量的切削。G70 循环结束时,刀具返回到起点并执行 G70 程序段后的下一程序段。

(3)指令说明

①程序段中参数含义。

ns:精车程序的第一个程序段号。

nf:精车程序的最后一个程序段号。

②G70 指令不能单独使用,须应用在 G71、G72、G73 指令之后。

③ns、nf 程序段中指定的 F、S、T 在精车时才有效,只有当 ns、nf 程序段中不指定 F、S、T 时,粗车循环中指定的 F、S、T 才有效。

④当 G70 循环加工结束时,刀具返回到起点并读下一个程序段。所以在使用 G70 指令时应注意其快速退刀的路线,以防刀具与工件碰撞。

3. 编程实例

应用复合循环指令 G71 编写如图 1-9-19 所示的工件加工程序。

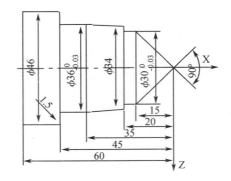

图 1-9-19　编程实例零件图

(1) 分析

应用粗车复合循环指令(G71)粗车外圆,编写精加工轨迹程序段,再应用 G70 指令沿工件轮廓轨迹进给,精车工件外圆。

(2) 加工程序

O6000

G00 X100 Z100

M03 S500 T0101

G00 X48 Z2　　　　　　　　　(快移至 G71 循环起点)

G71 U1.5 R1 F100

G71 P70 Q150 U0.5 W0.1　(工件 X 轴单调,只能出现 X 坐标,不能出现 Z 坐标)

N70 G00 X0G01 Z0 F60

X30 Z-15

Z-20

X34X36 Z-35　　　　　　　　(精车轨迹的程序段)

Z-45

X46 D1.5

N150 Z-60

M03 S1000　　　　　　　　　(精车转速)

G70 P70 Q150　　　　　　　(刀具沿工件轮廓进给精车)

G00 X100 Z100

M05

M30

三、圆弧插补指令与主轴速度控制指令

1. 圆弧插补指令(G02、G03)

(1) 用圆弧半径指定圆心位置

指令格式:G02/G03 X(U)____ Z(W)____ R____ F____

(2) 用 I、K 指定圆心位置

指令格式:G02/G03 X(U)____ Z(W)____ I____ K____ F____

指令功能:G02 表示刀具从圆弧起点到终点顺时针圆弧插补;G03 表示刀具从圆弧起点

到终点逆时针圆弧插补。

(3)指令说明

①圆弧顺逆方向判别:数控车床是两坐标的机床,只有 X 轴、Z 轴,应按右手定则的方法将 Y 轴也考虑进来,观察者沿与圆弧所在平面(XZ 平面)垂直的坐标轴的负方向(-Y)看去,顺时针圆弧方向为 G02,逆时针圆弧方向为 G03。如图 1-9-20 所示,即前置刀架数控车床,顺时针圆弧插补为 G03,逆时针圆弧插补为 G02;后置刀架数控车床,逆时针圆弧插补为 G03,顺时针圆弧插补为 G02。

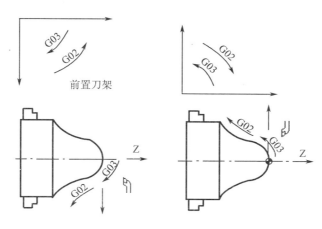

图 1-9-20　圆弧顺逆判别

②用绝对坐标值编程时,用 X、Z 表示圆弧终点在工件坐标系中的坐标值。用增量坐标值编程时,用 U、W 表示圆弧终点相对于圆弧起点的增量值。

③用圆弧半径指定圆心位置时,R 为圆弧半径,编程时规定:圆心角小于或等于 180°的圆弧 R 值为正值,圆心角大于 180°的圆弧 R 值为负值。R 值不能描述整圆(会出现无数个),只能使用 I、K 值编程,此时圆弧终点和起点 X、Z 值相同。

④圆心坐标 I、K 为圆弧中心相对圆弧起点分别在 X、Z 轴方向的增量坐标值,I、K 带有正负号,I 为半径差值,如图 1-9-21 所示。

⑤SIMENS 802D 系统用圆弧半径指定圆心位置,指令格式:G02/G03 X(U)＿＿ Z(W)＿＿ CR=＿＿ F＿＿

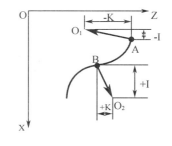

图 1-9-21　圆弧插补指令 I、K 值

2. 主轴速度控制指令(恒线速控制 G96、恒转速控制 G97)

(1)指令格式

G96/G97 M03 S＿＿

(2)指令功能

①G96 表示主轴恒线速控制,即主轴转速 S 值单位为 mm/min。

②G97 表示主轴恒转速控制,即主轴转速 S 值单位为 r/min。

③指令说明:

①G96、G97 为同组模态 G 代码,只能一个有效。开机时默认 G97 有效,若编程采用主轴恒转速控制,程序中 G97 可不写。

②采用主轴恒线速控制 G96 方式时,主轴转速随着 X 轴绝对坐标值的绝对值而变化,X 轴绝对坐标值的绝对值增大,主轴转速降低,反之,主轴转速提高,使得切削线速度保持恒定为 S 代码值。使用恒线速控制功能切削工件,可使得直径变化较大的工件表面光洁度保持一致,所以主轴恒线速控制一般应用于直径变化较大的工件,或有球形结构的工件及有较大圆弧轮廓的工件。

③采用主轴恒线速控制 G96 方式时,一般采用 G50 S ____ 限制主轴最高转速,因为按线速度和 X 轴坐标计算的主轴转速若高于 G50 S ____ 设置的限制主轴最高转速限制值时,实际主轴转速为主轴最高转速限制值即 G50 S ____ 设置的值。其程序段格式:

G96 M03 S100(主轴逆时针转即正转,恒线速控制方式,线速度为 100 mm/min);

G50 S1500(限制主轴最高转速值为 1 500 r/min)。

注意:若不写 G50　S ____,此时主轴转速限制值为当前主轴挡位的最高转速。

广数 980TD 系统及 FANUC Oi-MATE-TC 系统该程序段应分两行写,SIEMENS 802D 系统格式为 G96 S ____ LIMS = ____

3. 编程举例

编写如图 1-9-22 所示工件加工程序。

(1)分析

应用粗车复合循环指令(G71)粗车外圆,编写精加工轨迹程序段,圆弧轮廓采用顺时针圆弧插补指令(G02)、逆时针圆弧插补指令(G03)编程,为使工件表面粗糙度一致,采用主轴恒线速控制指令(G96)编程,再应用 G70 指令沿工件轮廓轨迹进给,精车工件外圆。

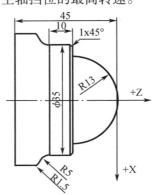

图 1-9-22　项目任务工件图

(2)加工程序

O1111

G00 X100 Z100　　　　　　　(回换刀点)

M03 S500 T0101

G00 X50 Z2　　　　　　　　　(刀具移至 G71 粗车循环起点)

G71 U1.5 R1　　　　　　　　(粗车外圆)

G71 P60 Q130 U0.5 W0.1 F120

N60 G01 X0 F200　　　　　　(工件 X 轴单调,精加工第一程序段只能出现 X)

Z0

G03 X26 Z-13 R13 F80　　　(前置刀架 G03 顺时针圆弧插补)

G01 X35 L1　　　　　　　　　(倒角)

Z-23

G02 X45 Z-33 I5 D1.5 F80　　(前置刀架 G02 逆时针圆弧插补,并倒 R1.5 角)

N130 G01 Z-45

G96 M03 S100　　　　　　　(恒线速切削,切削点线速度 100 mm/min)

```
G50 S1500                    （限定主轴最高转速 1 500 r/min）
G70 P60 Q130
G00 X100 Z100
G97 M03 S400 T0202           （恒转速切削,换 2 号刀,即切断刀,刀宽 3 mm）
G00 X50 Z48                  （快速定位到切断起点）
G01 X0 F30                   （切断）
U58 F200                     （退刀,增量坐标编程）
G00 X100 Z100
M05
M30
```

四、螺纹切削循环指令

1. 螺纹切削循环指令格式

```
G92 X(U)____ Z(W)____ F____           （公制圆柱螺纹循环切削）
G92 X(U)____ Z(W)____ R____ F____     （公制圆锥螺纹循环切削）
G92 X(U)____ Z(W)____ I____           （英制圆柱螺纹循环切削）
G92 X(U)____ Z(W)____ R____ F____     （英制圆锥螺纹循环切削）
```

2. 指令功能

从切削起点开始,沿径向（X 轴）进刀,圆柱螺纹切削循环为沿轴向（Z 轴）切削；圆锥螺纹切削循环为沿轴向、径向同时（X 轴、Z 轴同时）切削,实现圆柱螺纹或圆锥螺纹切削循环。

3. 指令说明

（1）循环动作过程（图 1-9-23）

①X 轴从起点 A 快速移动到切削起点 B。

②从切削起点螺纹插补到切削终点 C。

③X 轴快速退刀返回到 D 点。

④Z 轴快速移动返回到起点 A。

（2）参数含义

①X(U)、Z(W) 为螺纹终点坐标,其中 U、W 为螺纹终点相对螺纹起点的增量坐标。

②F 为螺纹导程。

③I 为螺纹每英寸牙数。

④R 为车削锥螺纹时切削起点（B 点）与切削终点（C 点）X 轴绝对坐标的差值（图 1-9-23）,半径值,有正负,当车削圆锥螺纹起点 X 轴坐标大于终点 X 轴坐标时,R 为正值,反之为负值。如图 1-9-23 所示,R 为负值。

（3）注意事项

螺纹切削应注意在两端设置升速进刀段 δ_1 和降速退刀段 δ_2。如图 1-9-23 所示,δ_1 应不小于 2 倍导程,δ_2 应不小于（1~1.5）倍导程。

（4）螺纹顶径控制

螺纹切削时,由于刀具的挤压使得最后加工出来的顶径

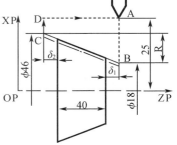

图 1-9-23 G92 循环动作

处塑性膨胀,所以,在螺纹切削前外圆加工中,一般将外圆柱直径车小0.2~0.3 mm,内圆柱直径车大0.2~0.3 mm。

(5) 相关计算

螺纹牙型高度 $h = 0.649\,5P$,P 为螺距(不是导程)。

(6) 分层切深(以直径计)

一般第一刀取 $0.5P$,后取前一刀的 0.7 倍递减。

单刀最大切深不大于 1.2 mm,最小不小于 0.1 mm。常见螺纹切削的进给次数与吃刀量见表 1-9-3。

表 1-9-3　常见螺纹切削的进给次数与吃刀量　　　　　　　　单位:mm

螺距		1.0	1.5	2	2.5	3	3.5
牙深(半径值)		0.649	0.974	1.299	1.624	1.949	2.273
切削次数及吃刀量(直径值)	1次	0.7	0.8	0.9	1.0	1.2	1.5
	2次	0.4	0.6	0.6	0.7	0.7	0.7
	3次	0.2	0.4	0.6	0.6	0.6	0.6
	4次		0.16	0.4	0.4	0.4	0.6
	5次			0.1	0.4	0.4	0.4
	6次				0.15	0.4	0.4
	7次					0.2	0.2
	8次						0.15

4. 编程实例

编写如图 1-9-24 所示工件的螺纹加工程序。

(1) 分析

本项目工件的螺纹应用螺纹切削循环指令(G92)编程加工,一般螺纹切削前的外圆加工要将直径车小 0.2~0.3 mm,要设定好螺纹车削的起点、终点坐标,以及螺纹切削的进给次数与吃刀量。

(2) 加工程序

O0012

G0 X100 Z100

M3 S700 T0101

G00 X13 Z2

G01 X19.8 Z-1.5 F60　　(倒 1.5×45°角)

G01 Z-16　　　　　　　(车削螺纹外圆直径,车小 0.2 mm,补偿车削螺纹顶径塑性膨胀)

G00 X100 Z100　　　　 (回换刀点)

M03 S500 T0202　　　　(主轴转,换 2 号螺纹刀)

G00 X22 Z5　　　　　　(快速定位至螺纹切削起点,螺纹升速段 5 mm)

G92 X19.1 Z-14 F2　　　(螺纹第一次循环切削,切深 0.9 mm)

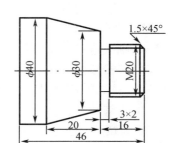

图 1-9-24　编程实例零件图

X18.5　　　　　　　　（G92、F 模态指令,Z 坐标不变,都可省略）
X17.9　　　　　　　　（螺纹第二次循环切削,切深 0.6 mm）
X17.5
X17.4
G00 X100 Z100
M30

五、尺寸精度控制措施

数控机床是高精度的精密设备,能够满足高的尺寸精度要求,但在加工时必须有一些调整措施和手段做保障。

1. 影响数控加工尺寸精度的因素

（1）对刀误差

对刀时得到的刀具与工件之间的相对位置关系只有在静态下得到,对刀时刀具和工件只是轻微的接触,而在加工时则不然,刀具与工件之间因切削抗力作用,必然会产生相对位移,从而影响尺寸精度。这个位移量与工件、机床、刀具等各方面的刚性都有关联,其影响是很显著的。

（2）刀具磨损误差

刀具在加工中会有一定的磨损,虽然这个量是比较小的,但对于要求高的零件来说有可能直接导致尺寸超差,尤其是刀具质量不好,而这把刀具加工的量又比较大的时候,这时刀具初始加工和后期加工就会有尺寸差异。

2. 修改刀补值调整零件加工精度

出于以上分析,数控加工时如能获得动态加工的刀具偏置值(简称刀偏值或称刀具补偿值),并且刀偏值的获得尽量接近于刀具最后加工时的磨损状态,这样就能够获得更符合实际情况的刀偏。在生产中采用以下加工步骤,可获得较好的尺寸精度。

（1）对刀

建立刀偏。此时只要细心完成操作即可,不必追求太精确,后面采取补偿措施。

（2）粗加工

粗加工,留精加工余量。考虑到前面对刀及加工过程中的动态误差,此时可取稍大余量。

（3）暂停并检验

让机床主轴停,暂停程序的执行,同时通过检测工件的关键尺寸来分析误差。在程序中要编制 M05 指令停主轴,再用 M00（或 M01）指令实现程序的暂停。

（4）修改刀补值

根据检验发现的误差,往消除误差的方向调整刀补。刀补调整一般应把尺寸向公差中值调整。如尺寸:$40^{0}_{-0.04}$,编程粗加工尺寸 41,暂停并检验尺寸若为 41.04,此时应在刀具补偿值显示页面中输入 U-0.06,即将刀具补偿寄存器中的 X 值减小 0.06。

（5）调用新刀补精加工

调用修改后的新刀补值,执行程序的精加工程序段并最终获得所需要的尺寸精度。精加工时按"循环启动"便可开始,但要注意,为了使新刀偏值起作用,此处应该再调用刀补指令,以启用新刀偏值,使调整真正起作用。

注意：修改刀补值调整零件加工精度方法会造成数控车削的轴类零件每段轴误差一致，只适用零件结构简单、误差方向一致的零件。

3. 修改坐标值调整零件加工精度

零件粗加工完成后暂停，检测零件尺寸，再根据误差修改程序中的坐标值，最后精加工零件。

4. 编程实例

编写如图1-9-25所示工件加工程序，并能修调尺寸精度。

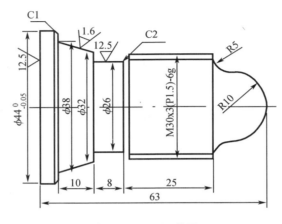

图1-9-25 工件图

（1）分析

本项目为编程综合训练，工件包含圆弧、双线螺纹、宽槽、锥体、倒角等结构，编制精度修调程序并修改刀具补偿值，确保零件尺寸精度。

（2）加工工艺

工件加工工艺见表1-9-4。

表1-9-4 工件加工工艺

工步号	工步内容	刀具号	刀具名称	刀具规格	主轴转速/(r·min^{-1})	进给速度/(mm·min^{-1})	切削深度/mm
1	粗车外轮廓	T01	93°外圆刀	93°	500	120	1.5
2	精车外轮廓	T01	93°外圆刀	93°	1 100	80	0.25
3	切槽	T02	切槽刀	刀宽3 mm	300	30	
4	车螺纹	T03	三角螺纹刀	60°	500		

（3）加工程序

O8888

G00 X100 Z100

M03 S500 T0101

G00 X48 Z2　　　　　（快速定位至G71循环起点）

G71 U1.5 R1	
G71 P100 Q200 U0.5 W0.1 F120	
N100 G00 X0	(工件X轴单调,只能出现X坐标,不只能出现Z坐标)
G01 Z0 F80	
G03 X20 Z-10 R10	
G02 X29.8 Z-15 R5	
G01 Z-48	(精加工程序段)
X32	
X38 Z-58	
X44 L1	
N200 Z-63	
G00 X100 Z200	(刀具快退,便于暂停后检测工件,调整尺寸精度)
M05	(主轴停)
M00	(暂停,检测工件尺寸,在刀具补偿值显示页面中输入"U××",即将刀具补偿寄存器中的X值修改。注意:往消除误差的方向调整刀补,应把尺寸往中差调整,之后按"循环启动"键继续执行)
T0101	(调用新刀具补偿值,使调整真正起作用,该组程序段用于精度调整)
M03 S1100	(重新设定精加工主轴转速,1 100 r/min)
G70 P100 Q200	(沿工件轮廓精加工)
G00 X100 Z100	(回换刀点)
S300 T0202	(主轴转,调用切槽刀)
G00 X34 Z-43	(快速定位至G75切槽循环起点)
G75 R0.2	(切槽)
G75 X26 Z-48 P1000 Q2000 F30	
G01 X30 Z-41 F30	
X26 Z-43	(切倒角C2)
G00 X100	
Z100	(回换刀点,注意先退X轴,再退Z轴,避免撞刀)
T0303 S500	
G00 X32 Z-10	(快速定位至螺纹切削循环起点,螺纹升速段5 mm)
G92 X29 Z-44 F3	(切第一线螺纹)
X28.3	
X28.05	
G00 X32 Z-8.5	(快速定位至切第二线螺纹起点。注意:Z轴偏移螺距1.5 mm)
G92 X29 Z-46 F3	(切第二线螺纹)
X28.3	
X28.05	
G00 X100 Z100	
M30	

第五节　数控车床操作

一、手动操作

数控车床的操作是通过操作面板上的键盘操作实现的,操作方式主要有手动操作方式、程序编辑方式、自动加工方式。本章以广数 GSK980TD 车床数控系统为例进行叙述,其操作面板如图 1-9-26 所示。

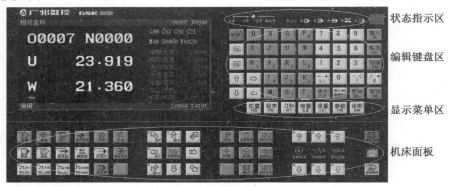

图 1-9-26　GSK980TD 系统操作面板

GSK980TD 系统数控车床具有集成式的操作面板,分为状态指示、编辑键盘、显示菜单、机床面板四大区域。

1. MDI 方式(录入方式)

按【录入方式】键 ,进入录入操作方式,可进行参数的设置:指令的输入以及指令的执行。

选择录入操作方式,进入程序状态页面,输入程序段 M03 S600,使主轴正转 600 r/min,操作步骤如下。

(1)按【录入方式】键 。

(2)按 PRG 键,按 键或多次按 PRG 进入程序状态页面,如图 1-9-27 所示。

图 1-9-27　程序状态页面

(3)键入"M03 S600"。输入后被显示出来。如发现输入错误,可按 ⬅ 键移动光标至错误字符处,按 取消 键或 删除 键删除,输入正确的字符,也可按 RESET 键,清除所有内容,重新输入程序段。

(4)按 输入 IN 键,将程序录入系统中。

(5)按【循环起动】键 ,则开始执行所输入的程序,即主轴旋转 600 r/min。在执行过程中可按 进给保持 键、RESET 键、急停按钮 ,停止程序段执行。

注:在 MDI 方式下,可修调主轴倍率、快速倍率、进给倍率。

2.手动方式

按 手动 键进入手动操作方式,手动操作方式下可进行手动进给、主轴控制、倍率修调、换刀等操作。

(1)手动返回程序起点

①按【程序回零】键 程序零点 ,此时屏幕右下角显示"程序回零"。

②选择相应的移动轴,按 @X 键以及 @Z 键,机床沿着程序起点方向移动。回到程序起点后,坐标轴停止移动,返回程序起点指示灯亮。

注:程序回零后,自动消除刀具偏置。

(2)手动进给

①按【手动方式】键 手动 ,进入手动操作方式,这时屏幕右下角显示"手动方式"。

②按 @X 键,刀具向 X 轴正向移动,按 ⬇ 键,刀具向 X 轴负向移动,松开按键轴运动停止。同理,按 @Z 或 ➡ 键,刀具在 Z 轴正向或负向移动,可以根据加工零件的需要,按 X 轴或 Z 轴进给键,移动刀具。

③进给速度倍率修调,用于调整实际进给速度。手动操作方式,调整手动进给速度;自动运行中:

$$实际进给速度 = 程序中 F 值 × 进给倍率$$

增加:按一次进给倍率增加键 ⬅ ➡ (向上箭头),进给倍率从当前倍率起以下面的顺序增加一挡。

$$0\% \to 10\% \to 20\% \to 30\% \to 40\% \to 50\% \to \cdots \to 150\%$$

手动进给速度由机床厂家设定好,如手动进给速度设定为 1 200 mm/min,按一次进给倍率增加键,手动进给速度增加 10%。

减少:按一次进给倍率减少键(向下箭头),进给倍率从当前倍率起以下面的顺序递减一挡。

$$150\% \to 140\% \to 130\% \to 120\% \to 110\% \to \cdots \to 0\%$$

(3)手动快速进给

①按【手动方式】键 手动 。

②按【快速进给】键 快速进给 ,进入手动快速移动方式,位于面板上部指示灯亮。

③按 X 轴或 Z 轴进给键,快速进给。

④快速进给倍率修调,用于调整手动快速进给速度。

增加:按一次快速进给倍率增加键（向上箭头）,快速进给倍率从当前倍率起以下面的顺序增加一挡。

$$0\% \to 25\% \to 50\% \to 75\% \to 100\%$$

减少:按一次快速进给倍率减少键（向下箭头）,快速进给倍率从当前倍率起以下面的顺序递减一挡。

$$100\% \to 75\% \to 50\% \to 25\% \to 0\%$$

3. 手轮（也称手脉,即手摇脉冲发生器）进给

(1) 按下【手脉】键,进入手轮方式。

(2) 按【进给增量选择】键,如按键,此时相应的屏幕右下角显示"手轮增量 0.01",即表示手轮转 1 格刀具移动 0.01 mm。手轮刻度与机床进给增量关系见表 1-9-5。

表 1-9-5　手轮刻度与进给增量关系

进给增量	×1	×10	×100	×1 000
手轮每格的进给量/mm	0.001	0.01	0.1	1

(3) 按 X 轴进给键或 Z 轴进给键,逆时针旋转手轮,刀具向所选轴的负方向运动（即进刀）,顺时针旋转手轮,刀具向所选方向轴的正方向运动（即退刀）。

4. 手动换刀

按下【手动方式】键或【手轮】键,进入手动方式或手轮方式,按下【手动换刀】键,手动按顺序依次换刀。

5. 主轴控制

(1) 按下【手动方式】键或【手轮】键,进入手动方式或手轮方式。

(2) 按【主轴旋转】键或,使主轴逆时针转（正转）或顺时针转（反转）,按键,使主轴停止转动。

(3) 主轴倍率修调,其作用是用于调整主轴实际转速,主轴实际转速 = 主轴设定转速 × 主轴倍率。

增加:按一次主轴倍率增加键（向上箭头）,主轴倍率从当前倍率起以下面的顺序增加一挡。

$$50\% \to 60\% \to 70\% \to 80\% \to 90\% \to 100\% \to 110\% \to 120\%$$

减少:按一次主轴倍率减少键（向下箭头）,主轴倍率从当前倍率起以下面的顺序递减一挡。

$$120\% \to 110\% \to 100\% \to 90\% \to 80\% \to 70\% \to 60\% \to 50\%$$

注:相应倍率变化在屏幕左下角显示。

6. 操作举例

手动车削如图 1-9-28 所示工件。

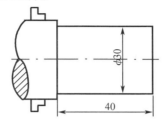

图 1-9-28　项目任务加工工件图

（1）分析

首先进入 MDI 方式（录入方式）输入主轴旋转指令使主轴旋转；其次按手动方式手动进给使刀具快速靠近工件；再按手脉方式选择进给方向，摇手轮进刀车削端面、外圆。

（2）手动车削方法

①主轴旋转

按【录入方式】键 ——→按【程序】键，进入程序状态页面——键入"M03 S600"按【输入】键再按【循环起动】键。

②手动快速进给

按【手动方式】键 ——→按【快速进给】键 ——→按 X 轴或 Z 轴进给键使刀具远离工件。

③手动换刀

按【手动换刀】键 ，换 1 号刀（外圆刀）。

④手动快速进给刀具靠近工件

略。

⑤手轮进给

按【手脉】键 ——→按【进给增量选择】键 选择进给倍率，按 X 轴进给键 或 Z 轴进给键 。逆时针旋转手轮 进刀，顺时针旋转手轮 退刀，车削工件端面、外圆。

二、编辑与管理数控加工程序

1. 程序内容输入及自动执行

（1）程序内容输入

①按【编辑方式】键，进入编辑操作方式，这时屏幕右下角显示"编辑方式"。

②按【程序】键，再按 键或多次按【程序】键，进入程序内容显示页面，如图 1-9-29 所示。

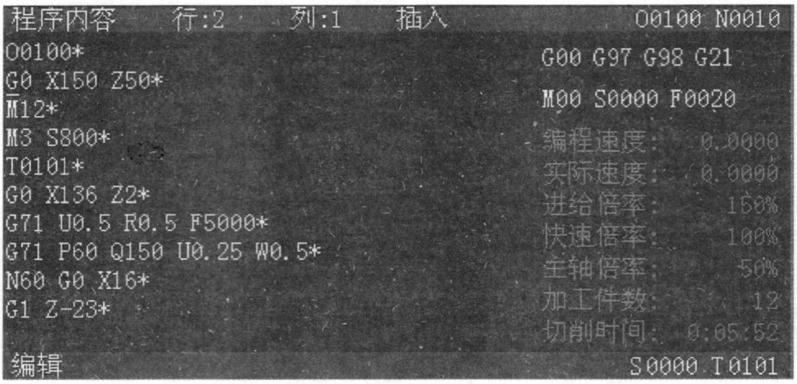

图 1-9-29 程序内容显示页面

③输入地址键 O,然后输入程序号,如 O0100,按 [EOB换行] 键,自动产生了一个名为 O0100 的程序。

④输入程序,一个程序段输入完毕,按 [EOB换行] 键结束并换行。

注:复合键如 [P/Q] 键,反复按此复合键,实现交替输入。

(2) 程序自动执行

程序输入完毕,检查确认无误,按【自动方式】键 [自动] 及【循环启动】键 [ ],自动执行程序。

注:执行程序之前,要按【向上翻页】键 [ ] 或【复位】键 [RESET],将光标移至程序头执行程序。对于 FANUC 系统无须此操作。

2. 字符的插入、修改、删除

当程序输入有误,可应用字符的插入、修改、删除修改程序。

(1) 字符的插入

①选择编辑方式,进入程序内容页面。

②按【插入修改】键 [插入修改],进入插入状态页面,如图 1-9-30 所示。

图 1-9-30 插入状态页面

③按光标移动键,将光标移至需插入的字符处,输入插入的字符。

(2)字符的删除
①选择编辑方式,进入程序内容页面。
②按【取消】键 CAN,删除光标处的前一字符;按【删除】键 DEL,删除光标所在处的字符。
(3)字符的修改
①插入修改法:删除修改的字符,再插入要修改的字符。
②直接修改法:
a. 选择编辑方式。
b. 按【插入修改】键 修改,进入修改状态页面,如图1-9-31所示。

图1-9-31 修改状态页面

c. 按光标移动键,将光标移至需修改的字符处,输入修改的字符,即将原字符替换。
3. 程序的删除
(1)单个程序的删除
①选择编辑方式,进入程序内容页面。
②输入程序名,如O1000。
③按 DEL 键,O1000程序被删除。
(2)全部程序的删除
①选择编辑方式,进入程序内容页面。
②依次输入字母O、符号键 、数字键999。
③按 DEL 键,全部程序被删除。
4. 程序的选择
(1)检索法
①选择编辑方式,进入程序内容页面。
②输入程序名,如O1000。
③按 键或 EOB 键,在程序内容页面上显示出程序。若该程序不存在,按 EOB 键,系统新建一个程序。

(2)光标确认法

①按【自动方式】键 自动。

注:机床必须处于非运行状态。

②按【程序】键 PRG,进入程序目录页面,如图1-9-32所示。

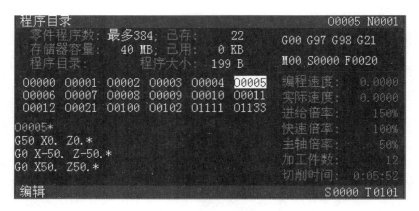

图1-9-32 程序目录页面

③按光标移动键将光标移动到待选择的程序名上(光标移动的同时,程序内容也随之改变)。

④按 EOB 键,再按两次 PRG 键,程序将显示在程序内容页面中。

5. U盘操作

(1)U盘识别

①按【编辑方式】键 编辑,进入编辑操作方式。

②按【程序】键 PRG,再按 键或多次按 PRG 键,进入文件目录页面,如图1-9-33所示。

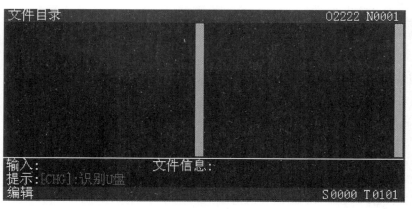

图1-9-33 文件目录页面

③将U盘插入控制面板右上角USB接口,按【转换】键 CHG,识别U盘文件。

页面左边显示系统盘目录文件,右边显示 U 盘目录文件,若检测不到 U 盘,右边显示栏不显示内容。

④按 [转换CHG] 键,光标可在系统盘与 U 盘之间切换,按【光标移动】键 ⇧ 或 ⇩,可移动光标选择程序文件。

(2)文件夹的展开和返回

按【右方向】键 ⇨,展开光标所在文件夹,按【左方向】键 ⇦,返回当前文件夹的上一层目录。

(3)文件复制

按 [转换CHG] 键,切换至 U 盘,按方向键,将光标移至要复制的文件上(扩展名为".CNC"的文件),按 [输出OUT] 键,将 U 盘中所选择的文件复制到 CNC 系统盘。将 CNC 系统盘中的文件复制到 U 盘,方法相同。

(4)打开 U 盘程序文件

①按 [转换CHG] 键,光标移至 U 盘。
②按方向键选择打开的程序文件。
③按 [换行EOB] 键打开文件,再按 [程序PRG] 键将页面切换至【程序内容】页面,即可编辑或执行 U 盘中的数控程序。

注:不能在文件目录下打开 CNC 系统盘程序文件,只能在编辑方式下进行文件打开操作。

6. 操作举例

(1)输入下列程序(表 1-9-6)

表 1-9-6　输入程序

O1234	Z-23
G00 X100 Z100	G02 X45 Z-33 I5 D1.5 F80
M03 S500 T0101	G01 Z-45
G00 X50 Z2	G96 M03 S100
G71 U1.5 R1	G50 S1500
G71 P60 Q120 U0.5 W0.1 F120	G70 P60 Q120
G01 X0 F200	G97 M03 S400
Z0	G00 X100 Z100
G03 X26 Z-13 R13 F80	M30
G01 X35 L1	

(2)修改程序

①M03 S500 T0101 程序段改为 M03 S400 T0101;
②N60 G01 X0 F200 程序段改为 N60 G01 X0.5 F250;
③M03 S100 程序段前加 G96,程序段为 G96 M03 S100;
④在 G00 X100 Z100 与 M30 程序段之间加上一程序段 M05。

(3)删除程序

删除 O1234 程序。

分析:通过控制面板输入程序,编辑修改程序,删除程序操作熟悉数控加工程序编辑。要善于利用一些快捷手段定位程序要修改处。

(4)操作方法

①输入程序

按【编辑方式】键 [编辑] ——按【程序】键 [PRG],再按 [目] 键或多次按 [PRG] 键,进入程序内容页面——输入 O1234,按 [换行 EOB] 键——输入程序,一个程序段输入完毕,按 [换行 EOB] 键结束并换行。

②修改程序

按【翻页】键 [翻页] 或【光标移动键】键 [↓],光标移至删除修改的字符,再插入要修改的字符。

③删除 O1234 程序

按【编辑方式】键 [编辑] ——输入 O1234 ——按 [删除 DEL] 键,O1234 程序被删除。

三、对刀操作与自动加工

1. 机床回零

机床坐标系的原点称为机床零点(或参考点),一般位于 X 轴和 Z 轴正向最大行程处。机床回零即是刀具回机床零点的操作。机床回零用于将所有刀具刀补值清零。

机床回零操作步骤如下。

(1)按 [机床回零] 键,进入机床回零操作方式,显示页面的最下行显示"机械回零"字样,页面如图 1-9-34 所示。

图 1-9-34 机床回零页面

(2)按各轴进给方向键,即可回 X、Z 轴机床零点。

注:机床回零操作后,系统取消刀具长度补偿。

机床回零操作后,原工件坐标系被重置,需要重新对刀设置工件坐标系。

2. 手动对刀操作

数控加工是按既定程序进行的,编写程序是用编程坐标系(或称工件坐标系),而在加工时,系统计算分析刀具运动是按机床坐标系进行的,所以系统先将编程坐标处理为机床坐标,再进行运算控制。在加工时,工件装夹的位置不同,编程坐标系处于机床坐标系中的位置也不同,但是两者方向是一致的,都满足坐标系设置的基本原则,装夹完成后,他们只存在一个固定的偏差值,所以在加工前,用对刀方法获取这个偏差值,并输入机床给数控系统调用。

(1) 试切对刀

① 对基准刀

a. 主轴旋转

按 [MDI] 键,将页面切换至【程序状态】页面,如图 1-9-35 所示,输入主轴旋转指令,如 M03 S700 ——按 [IN] 键——按 [ ] 键,主轴旋转。

图 1-9-35 程序状态页面

b. 试切端面

按 [手动] 键——按进给键刀具移至安全换刀位置——按 [换刀] 键换基准刀(一般 1 号刀)——按进给键刀具靠近工件端面——按【手脉方式】键 [手],并选适当的进给倍率——刀具切削端面,X 向退出 Z 向不动。

c. 输入 G50 Z0

按 [MDI] 键——输入 G50 Z0——按 [IN] 键——按 [ ] 键。

d. 输入 Z 向刀偏值

按 [刀补] 键,进入刀具偏置磨损页面,如图 1-9-36 所示,按光标移动键选择序号 01——输入 Z0——按 [IN] 键。

e. 车削外圆、测量工件直径

手动车削外圆,X 方向不动,Z 方向退出,按 [主轴停止] 键,停转主轴——测量工件直径。

f. 输入 G50 X(测量的工件直径值)

![刀具偏置磨损页面]

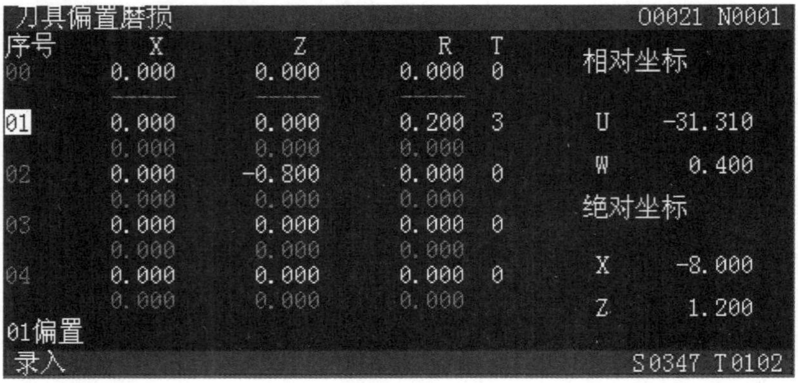

图 1-9-36　刀具偏置磨损页面

按 PRG 键,将页面切换至【程序状态】页面,按 MDI 键——输入 G50 X(测量的工件直径值)——按 IN 键——按 启动循环 键。

g. 输入 X 向刀偏值

按 OFT 键,进入刀具偏置磨损页面,按光标移动键选择序号 01 ——输入 X(测量的工件直径值)——按 IN 键。

②对非基准刀

a. 2 号刀尖轻触工件端面

按进给键刀具移至安全换刀位置——按 换刀 键换 2 号刀——按 退刀针转 键主轴正转——按进给键将 2 号刀尖轻触工件端面,如图 1-9-37 所示。

b. 输入 Z 向刀偏值

按 OFT 键,进入刀具偏置磨损页面,按【光标移动】键 ↓ 选择序号 02 ——输入 Z0 ——按 IN 键。

c. 切削外圆

切削外圆,X 向不动,Z 向退出——按 主轴停止 键主轴停——测量工件直径。注:若 2 号切断刀可轻触工件外圆,Z 向退出,不必测量工件直径,如图 1-9-38 所示。

图 1-9-37　切断刀轻触工件端面

图 1-9-38　切断刀轻触工件外圆

d. 输入 X 向刀偏值

输入 X(工件直径值)——按 [输入 IN] 键。

(2)定点对刀

①基准刀设置

a. 所有刀具刀补值清零方法:(i)执行机床回零,回到机床零点自动清除刀偏值;(ii)在 T0100 状态下执行一个移动代码,如 G00 U0 W0 T0100。

b. 按进给键刀具移至安全换刀位置,换基准刀,用手动方式车端面,Z 轴不动,X 轴退出,如图 1-9-39 所示。

c. 按录入键,按程序键,选择程序状态页面,使主轴旋转,输入"G50 W-10(数值可任意)F80",车外圆,刀回基准点位置(即端面与外圆交线处),如图 1-9-40 所示。

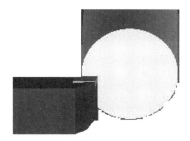 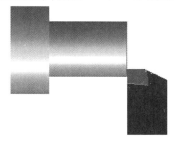

图 1-9-39 车端面退刀　　图 1-9-40 车外圆回基准点

d. 按位置键,选择相对坐标页面,按 W 键,闪烁后按取消键,W 显示为 0。按 U 键,闪烁后按取消键,U 显示为 0,如图 1-9-41 所示。

图 1-9-41 相对坐标页面 U、W 清零

e. 按刀补键,把光标移到 01 号位置,按 X 再按输入键,按 Z 再按输入键,即 X、Z 清零。

②非基准刀设置

a. 移动刀具到安全换刀位置,换 2 号刀,并移动到对刀点(即端面与外圆交线,会有一定误差,若精度要求高,可在加工中精度修调)。

b. 按刀补键,按光标移动键,把光标移到 02 号位置。

c. 按地址键 U,再按输入键,X 向刀具偏置被设置到相应的偏置号中。按地址键 W,再按输入键,W 向刀具偏置被设置到相应的偏置号中。

重复以上步骤,可对其他刀具进行对刀。

3. 刀具偏置值的设置与修改

按 [刀补OFT] 键进入刀具偏置磨损页面,如图 1-9-42 所示,页面参数如下。
X:X 轴刀具偏置;Z:Z 轴刀具偏置;R:刀尖圆弧半径;T:假想刀尖号。

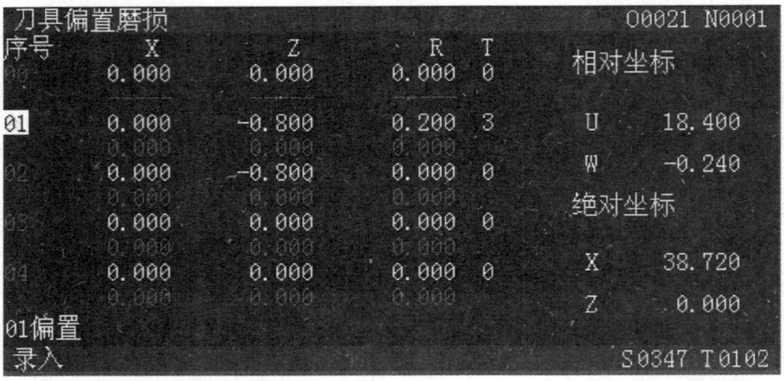

图 1-9-42 刀具偏置磨损页面

(1) 刀具偏置值的修改
①按光标移动键,将光标移到要变更的刀具偏置号的位置。
②要改变 X 轴的刀具偏置值,输入 U(增量值);对于 Z 轴,输入 W(增量值)。
③按 [输入IN] 键,把当前的刀具偏置值与输入的增量值相加,作为新的刀具偏置值。

刀具偏置值的修改一般应用于工件尺寸精度修调,如工件尺寸:$50_{-0.04}^{0}$,表示编程粗加工尺寸 51,暂停并检验尺寸为 51.06,此时应在刀具补偿值显示页面中输入 U-0.08(往消除误差的方向调整刀补,一般应把尺寸往中差调整),即将刀具补偿寄存器中的 X 值减小 0.08。

(2) 刀尖圆弧半径及假想刀尖号的设置
①按光标移动键,将光标移到要变更的刀具偏置号的位置。
②输入 R(刀尖半径值)、T(假想刀尖号)。
③按 [输入IN] 键,被系统接受。

注:只有设置 R、T 值在程序中的刀尖半径补偿指令(G41、G42)才能生效。
广数 GSK980TD 车床数控系统前置刀架数控车床假想刀尖号 3,后置刀架数控车床假想刀尖号 2。

(3) 刀具磨损值的设置
当由于刀具磨损等原因引起加工尺寸不准许修改刀补值时,可在刀具磨损量中设置或修改,按光标移动键将光标移至刀具磨损设置行,即刀偏值序号如 01 号的下一行。刀具磨损值的设置方法与刀具偏置值的修改方法相同,用 U(X 轴)、W(Z)进行磨损量输入。

4. 自动操作
(1) 自动运行的启动
①程序编辑好检查无误,按 [自动] 键选择自动操作方式。
②按 [ ] 键自动运行程序。

注：广数 GSK980TD 车床数控系统程序运行是从光标所在行开始的，应按 ▦ 键使光标位于程序头。

（2）自动运行的停止

① 自动运行中按 ▦ 键，机床运行停止状态为：

a. 机床进给减速停止；

b. 模态功能、状态被保存；

c. 按 ▦ 键，程序继续执行。

② 自动运行中按 ▦ 键，机床进给停止，自动运行结束。

③ 按急停按钮 ▦ 机床急停。机床危险或紧急情况下按急停按钮，数控系统进入急停状态，机床进给立即停止，所有输出（如主轴转动、冷却液）全部关闭。松开急停按钮解除急停报警，数控系统进入复位状态。

（3）单段运行

首次执行程序时，为防止编程错误出现意外，可选择单段运行。

单段运行方法：按 ▦ 键，选择单段运行功能，执行完当前程序段后，CNC 停止运行，按 ▦ 键执行下一程序段，如此反复直至程序运行完毕。

（4）程序空运行效验

按 2 次 ▦ 键进入图形显示页面，按 ▦ 键进入自动操作方式，按 ▦、▦、▦ 键，进入辅助功能锁、机床锁即空运行状态。按 ▦ 键，再按 ▦ 键自动空运行程序并开始作图，可通过显示刀具运动轨迹，检验程序的正确性，页面显示如图 1-9-43 所示。

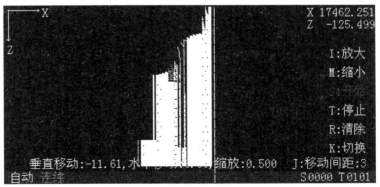

图 1-9-43　空运行程序页面

四、数控车工中级零件的编程与加工

任务：完成图 1-9-44 所示数控车工中级零件的编程与加工。

工件材料：45 钢；

毛坯：$\phi 36 \times 82$；

考核时间：150 min。

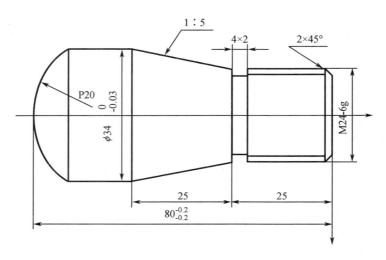

图 1-9-44　综合训练工件图

1. 制定工艺(图1-9-7)

表 1-9-7　工艺制定

职业	数控车工	考核等级	中级	姓名		得分	
数控车床工艺简卡				机床编号			
				准考证号			
工序名称及加工程序号	工艺简图（标明定位、装夹位置）（标明程序原点和对刀点位置）			工步序号及内容		选用刀具	
工序名称：车削工件左端30长轴　程序号：O0001				1. 粗车左外轮廓		T01	
				2. 精车左外轮廓		T01	
工序名称：车削工件右端50长轴　程序号：O0002				3. 调头装夹 ϕ34 外圆，用铜皮垫			
				4. 车右端面		T01	
				5. 粗车右外轮廓		T01	
				6. 精车右外轮廓		T01	
				7. 切槽		T02	
				8. 车削螺纹		T03	
监考人			检验员			考评人	

2. 刀具选择和工艺参数(表1-9-8)

表1-9-8 刀具选择和工艺参数

工步号	工步内容	刀具号	刀具名称	刀具规格	主轴转速/ $(r \cdot min^{-1})$	进给速度/ $(mm \cdot min^{-1})$	切削深度/mm
1	粗车左外轮廓	T01	93°硬质合金外圆刀	93°	500	120	1.5
2	精车左外轮廓	T01	93°硬质合金外圆刀	93°	100 m/min 线速	80	0.25
3	车右端面	T01	93°硬质合金外圆刀	93°	600	40	
4	粗车右外轮廓	T01	93°硬质合金外圆刀	93°	500	120	1.5
5	精车右外轮廓	T01	93°硬质合金外圆刀	93°	1 000	80	0.25
6	切槽	T02	硬质合金切槽刀	刀宽3 mm	400	30	
7	车削螺纹	T03	60°硬质合金三角螺纹刀	60°	500	3 000	

3. 圆弧切点坐标

X34,Z-9.46。

4. 加工程序(图1-9-9)

表1-9-9 加工工序

O0001(加工左端程序)	N10 G00 X20
G00 X100 Z100	G01 Z0 F200
M03 S500 T0101	G01 X23.75 Z-2 F80
G00 X38 Z2	Z-25
G71 U1.5 R1	X34 Z50
G71 P10 Q20 U0.5 W0.1 F120	N20 X36
N10 G00 X0	G00 X100 Z100
G01 Z0 F200	M05
G03 X34 Z-9.46 R20 F80	M00
Z-31	G00 X100 Z100 T0101
N20 X36	M03 S1000
G00 X100 Z100	G00 X36 Z2
M05	G70 P10 Q20
M00	G00 X100 Z100
G00 X100 Z100 T0101	M03 S400 T0202
G96 M03 S120	G00 X26 Z-24
G50 S1500	G75 R0.5 F30
G00 X38 Z2	G75 X20 Z-25 P1000 Q1000
G70 P10 Q20	G00 X100 Z100

表 1-9-9(续)

O0001(加工左端程序)	N10 G00 X20
G00 X100 Z100	M03 S400 T0303
M05	G00 X26 Z5
M30	G92 X22.8 Z-22 F3
调头装夹,手动车端面总长余量 0.3 mm	X22.1
O0002	X21.5
G00 X100 Z100	X21.1
M03 S600 T0101	X20.7
G00 X38 Z0	X20.3
G01 X-0.5 F40	X20.1
G00 X38 Z2	G00 X100 Z100
G71 U1.5 R1	M05
G71 P10 Q20 U0.5 W0.1 F120	M30

5. 程序输入

在编辑操作方式下,按 PRG 键,进入程序内容页面,输入程序名,按 EOB 键,建立新程序,按编写的程序逐字符输入,可完成程序的编辑。

若应用模拟操作软件编辑好程序,可应用 U 盘操作功能将编辑好的程序输入机床。

6. 程序空运行效验

按 2 次 SET 键进入图形显示页面,按 自动 键进入自动操作方式,按 辅助锁、机床锁、编辑 键,进入辅助功能锁、机床锁即空运行状态。按 S 键,再按 T 键自动空运行程序并开始作图,可通过显示刀具运动轨迹,检验程序的正确性,页面显示如图 1-9-45 所示。分析程序中的错误并修改零件程序,直至无误为止。

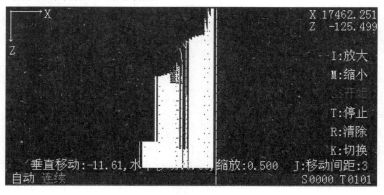

图 1-9-45 空运行程序页面

7. 对刀

(1)手动移动刀具至安全位置(换刀不会撞工件位置),在录入操作方式下,程序状态页面输入 T0100 U0 W0,按"输入""循环启动"键执行,换刀并取消刀具偏置。

(2)主轴旋转。

(3)手动、手脉移动刀具车削端面,X 向退,如图 1-9-46 所示。

(4)在录入操作方式下,程序状态页面输入 G50 Z0,按"输入""循环启动"键执行。

(5)按"刀补"键,切换至刀具偏置磨损页面,在序号 01 号输入 Z0。

(6)手动、手脉移动刀具车削外圆,Z 向退,如图 1-9-47 所示。

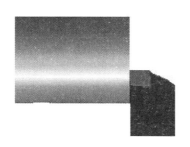 

图 1-9-46　车削端面　　　　图 1-9-47　车削外圆

(7)停止主轴旋转,测量工件直径。

(8)在录入操作方式下,程序状态页面输入 G50 X(直径值),按"输入""循环启动"键执行。

(9)按"刀补"键,切换至刀具偏置页面,在序号 01 号输入 X(直径值)。

2 号刀对刀方法如下:

(1)手动移动刀具至安全位置(换刀不会撞工件位置),换 2 号刀,启动主轴。

(2)2 号刀尖轻触工件端面,如图 1-9-48 所示。

(3)按"刀补"键,切换至刀具偏置页面,在序号 02 号输入 Z0。

(4)2 号切断刀轻接触工件外圆,Z 向退出,如图 1-9-49 所示。

 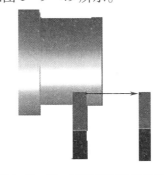

图 1-9-48　切断刀轻触工件端面　　　　图 1-9-49　切断刀轻触工件外圆

(5)在序号 02 号输入 X(直径值)。

3 号刀对刀方法同 2 号刀。

8. 自动加工

在自动操作方式下,按"循环启动"键自动加工。程序暂停可测量工件尺寸,如有误差,可修改刀具偏置值,使零件尺寸在公差范围内。

第二篇　钳工基础工艺

第一章　钳工概述

　　钳工是机械制造中最古老的金属加工技术,因常在钳工台(图2-1-1)上用虎钳(图2-1-2)夹持工件操作而得名。19世纪以后,各种机床的发展和普及,虽然逐步使大部分钳工作业实现了机械化和自动化,但在机械制造过程中钳工仍是广泛应用的基本技术。

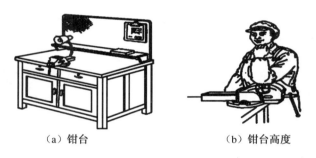

(a) 钳台　　　　　　　　(b) 钳台高度

图 2-1-1　钳工台及高度

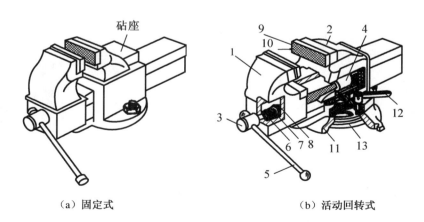

(a) 固定式　　　　　　　　(b) 活动回转式

1—活动钳体;2—固定钳体;3—丝杆;4—丝杆螺母;5—手柄;6—弹簧;7—挡圈;
8—销子;9—钳口;10—钳口固定螺钉;11—钳座;12—转动手柄;13—夹紧盘。

图 2-1-2　台虎钳

钳工加工操作灵活,工具和设备价格低廉,携带方便。在不适于机械加工的场合,尤其是在机械设备的维修工作中,钳工加工可获得满意的效果。技术熟练的钳工可以加工出比现代化机床加工的零件还要精密和光洁的零件,还可以加工出连现代化机床也无法加工的形状非常复杂的零件,如高精度量具、样板等。因此,钳工工作具有广泛的适应性和灵活多样性,在许多方面是机械加工所不能取代的。当然,钳工生产效率低,劳动强度大,加工质量不稳定,也是不容忽视的缺点。

钳工在生产中所承担的任务主要有以下几项。

(1)划线

对加工前的零件进行划线。

(2)零件加工

对采用机械方法不太适宜或不能解决的零件,以及各种工、夹、量具和各种专用设备等的制造,要通过钳工工作来完成。

(3)装配

将机械加工好的零件按机械的各项技术精度要求进行组件、部件装配和总装配,使之成为一台完整的机械。

(4)设备维修

对机械设备在使用过程中出现损坏、产生故障或长期使用后失去使用精度的零件要通过钳工进行维护和修理。

(5)创新技术

为了提高劳动生产率和产品质量,不断进行技术革新,改进工具和工艺,也是钳工的重要任务。

随着机械生产的日益发展,钳工的技术也日益复杂,于是产生了专业性的分工,有普通钳工(简称钳工)、装配钳工和修理钳工等。无论哪一种钳工,都必须掌握各项基本操作,应通过学习掌握钳工的基本理论知识和常用的操作技能,如划线、錾削、锉削、钻孔、攻丝与套丝、刮削、研磨、弯曲、锉配合等。

钳工要加强基本技能练习,严格要求,规范操作,多练多思,勤劳创新。基本操作技能是进行产品生产的基础,也是钳工专业技能的基础,因此必须熟练掌握,才能在今后工作中逐步做到得心应手,运用自如。钳工基本操作项目较多,各项技能的学习掌握又具有一定的相互依赖关系,因此要求我们必须循序渐进,由易到难,由简单到复杂,学习并掌握各项操作。基本操作是技术知识、技能技巧和力量的结合,不能偏废任何一个方面。要自觉遵守纪律,要有吃苦耐劳的精神,严格按照每个工种的操作要求进行操作。只有这样,才能很好地完成基础训练。

钳工操作的安全注意事项主要有以下几项:

(1)钳工工作地点应保持整齐清洁、各类船舶机械配件、备件应有条不紊地放在规定地点并固定好。

(2)放在钳台上的工具、量具、工件应整齐有序,便于取用。

(3)量具应保管好,不可与工件等物品混放在一起,以免损坏量具,影响测量精度。

(4)使用钻床、砂轮机,思想要集中,严格遵守钻床、砂轮机的使用规则,未经许可,不得动用。

(5)工作完毕后应对工作场地做好清洁整理工作。

(6)用虎钳夹持工件时只可用手力,不允许用其他任何方法在手柄上加力,以免损坏虎钳丝杆和螺母。虎钳应保持清洁,活动部分常加润滑油。

(7)在教室及船舶上均不得擅自使用不熟悉的工具及设备。

(8)船舶机舱中,许多重要位置均放有检修机械设备和专用工具,一般情况下不得随意挪用,急需使用时,用后应立即放回原处,并固定好。

(9)使用起重设备时,应注意安全,有人在下方区域时不得进行起吊工作。

(10)使用电器设备时,应严格按照操作规程使用,以防触电。

第二章 划线

在毛坯或工件上,用划线工具划出待加工部位的轮廓线或作为基准的点、线的过程,称为划线。

划线一般可分为平面划线和立体划线两种。只需在工件的一个表面上划线,即能明确表示加工界线,这种划线称为平面划线;需要在工件几个互成不同角度(一般是互相垂直)的表面上划线,才能明确表示加工界线的划线过程,称为立体划线。

划线不但使零件在加工时有明显的标志做依据,还可通过划线检查加工毛坯件是否可用,以免造成时间的浪费。另外,通过划线借料可以弥补缺陷。

划线是一种复杂、细致的工作,在划线前首先要看懂图纸,做好对工件涂料、划线工具准备等工作,并要熟练使用划线工具和测量工具,划线时要认真仔细,划好线后应反复检查,以免由于划线错误使工件变成废品。

第一节 划线前准备

一、工具的准备

根据工件加工的各项技术要求选择好工具,并做好检查、校验和修理。划线常用的工具有划针、划规、划线盘、钢直尺、高度游标尺、90°角尺、样冲、千斤顶、V形铁等。

1. 划针

划针是一种 φ3~5 mm、长 200~300 mm 的钢针,尖端经淬火硬化后磨成 15°~25°的尖角,有的划针在尖端部位焊有硬质合金,其耐磨性更好。

划针有直头划针和弯头划针两种,如图 2-2-1 所示。划线时划针尖端要紧贴钢尺的底边向外和向划线方向倾斜 15°左右以保证划线的正确性,如图 2-2-2 所示。弯头划针一般用于立体划线或直划针划不到的地方,如图 2-2-3 所示。

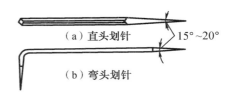

图 2-2-1 划针

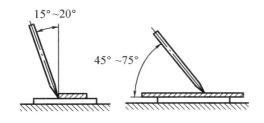

图 2-2-2 直头划针使用法

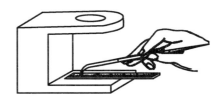

图 2-2-3 弯头划针使用法

2. 样冲

工件上划好加工线后,可能在加工过程中被抹去以至无法辨认和检查,如在划线的线条上打上冲眼,就可避免上述问题。样冲(尖头冲)是用工具钢制成的,其尖端和顶部经淬火硬化处理。冲尖的角度根据使用的场合而定,用于标志钻孔中心时,尖头成60°,用于划线做加工标志时,尖角为40°左右。

冲眼时先将样冲倾斜使尖端对准线的正中,然后再将样冲立直冲眼,如图2-2-4所示。

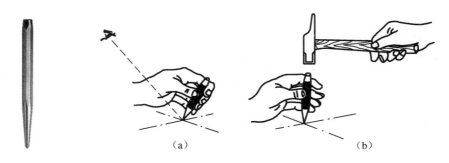

图2-2-4 样冲的使用方法

冲眼位置要准确,中心不可偏离线条(图2-2-5);在曲线上冲眼距离要小些,如直径小于20 mm的圆周线上应有4个冲眼,而直径大于20 mm的圆周线上应有8个以上的冲眼;在直线上冲眼距离可大些,但在短直线上至少应有三个冲眼;在线条的转折、交叉处则必须有冲眼,冲眼的深浅要掌握适当,在薄板上或光滑表面上冲眼要浅,粗糙表面上要深些,软金属则可不打冲眼。

图2-2-5 样冲点

3. 划规

划规也叫圆规,用来划圆周线、弧线、等分线段、等分角度及量取尺寸等。

划规由工具钢制成,划规顶尖部分经淬火硬化处理,也有在划规顶尖部位焊上硬质合金以提高划规顶尖部的硬度保持其尖锐和锋利。

为了能量取和划出较小的尺寸,所以要求划规两脚等长,且两脚相并合时脚尖能紧密贴合。两脚开合要松紧适当。图2-2-6为三种常用的划规。

用划规量取尺寸时应沿着钢尺重复量取数字,以减少误差(图2-2-7)。

使用划规划圆时,作为旋转中心的一脚应加以较大的压力,另一脚则以较轻的压力在工件表面上划出圆或圆弧,这样可使中心不致滑动(图2-2-8)。划规两脚尖要在同一平面上,否则尖脚间距离就不是所划圆的半径,因此中心眼不能冲得太深。

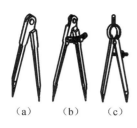
图2-2-6 划规

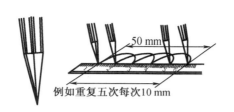
图2-2-7 用划规量取尺寸

图2-2-8 划规划圆

4. 90°角尺

90°角尺(图2-2-9)除用来做工件90°的垂直检查外,在划线时常用作划平行线和垂直线的导向工具,在立体划线中还可用来找正工件平面在划线平台上的垂直位置,如图2-2-10所示。

图2-2-9 角尺

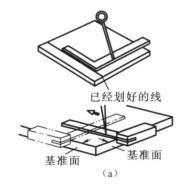
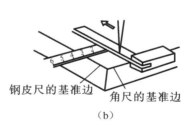
图2-2-10 角尺的应用

5. 钢尺

钢尺主要用来度量长度,也可检验工件表面的平面度,还可与划针配合划直线用。

6. 划线平台

划线平台(又称划线平板),如图2-2-11所示。

划线平台由铸铁制成并经过时效处理,平台工

图2-2-11 划线平台

作面经过精刨、精磨或刮削加工,作为划线时的基准平面,划线平台一般搁置在木架上,放置时应使平台工作表面处于水平状态。

平台工作表面应经常保持清洁,工具和工件在平台上都要轻拿轻放,不应损伤其工作表面,用后要擦干净,并涂上机油防锈。

7. 划针盘

划针盘(划线盘)有两种形式,即普通划针盘和可微调式划针盘(图 2-2-12)。划针盘来划平行线和水平线,以及在划线平台上对工件进行校正,以保证工件在平台上获得正确的划线位置。

使用注意事项:

(1)划针伸出的长度应尽可能短些,以免工作时产生震动。

(2)划针与工件表面之间的角度保持在 40°~60° 为宜(沿划线方向),以减小划线阻力和防止划线时划针产生震动而影响划线的质量。

(3)每划完一条线后,应返回划线起点进行校对,并应对照高度尺检查所取尺寸是否正确。

(a)可微调式划针盘　(b)普通划针盘

图 2-2-12　划针盘

(4)划线时对划针用力应均匀适当,不可在同一条线上重复划几次而使线条变粗,从而降低划线精度。

(5)划线盘用完后应将划针尖端朝下,固定放好。

8. 高度游标尺

高度游标尺如图 2-2-13 所示,用于测量零件的高度和精密划线。高度游标卡尺的测量工作,应在平台上进行。当量爪的测量面与基座的底平面位于同一平面时,如在同一平台平面上,主尺与游标的零线相互对准。所以在测量高度时,量爪测量面的高度,就是被测量零件的高度尺寸,它的具体数值,与游标卡尺一样可在主尺(整数部分)和游标(小数部分)上读出。应用高度游标卡尺划线时,调好划线高度,用紧固螺钉把尺框锁紧后,也应在平台上进行先调整再进行划线。

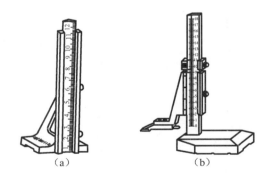

图 2-2-13　高度游标尺

9. 千斤顶

千斤顶是用来支承毛坯或形状不规则的划线工件时在平台上调整高度用的,通常使用时三个为一组,如图 2-2-14 所示。

用千斤顶支承工件时,为确保工件稳定可靠,需注意以下几点:

(1)三个千斤顶的支承点离工件的重心尽可能远,三个支承点所组成的三角形面积尽可能大。

(2)一般在工件较重的部位放两个千斤顶,较轻的部位放一个千斤顶。

(3)工件的支承点尽量不要选择在容易发生滑动的地方。

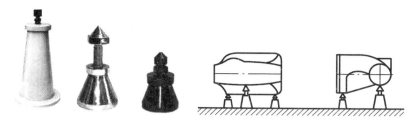

图 2-2-14　千斤顶

(4)必要时,须增加安全措施,如在工件上拴绳子吊住或在工件下面加辅助垫铁,以防止工件不稳或滑动时产生伤害事故。

10. V形铁

V形铁(元宝铁)如图 2-2-15 所示,主要用于水平位置安放圆柱形工件,以便用划针盘划出中心线等。V形铁槽一般呈 90°或 120°角,有良好的对中性,通常使用时两个为一组,且等高的 V 形铁同时使用,以保证划线的准确性。

图 2-2-15　V形铁

二、工件的清理

工件在划线前要经过清理,一般先用钢丝刷除去氧化铁和砂粒,再清除工件毛坯上的毛头和油污,以增强涂料的附着力,使划出的线条明显、清晰、正确。

三、工件划线表面的涂料

工件划线表面清洁后,为使划出的线条清晰,需在划线部位涂上一层薄而均匀的涂料,在涂料干燥后,即可进行划线,涂料的种类很多,应根据工件表面的精度来确定,常用的涂料有石灰水和蓝油。石灰水用于铸件毛坯表面的涂色;蓝油是由质量分数为 2%~4% 的龙胆紫、3%~5% 的虫胶和 91%~95% 的酒精配制而成的,主要用于已加工表面的涂色。

四、工件孔装中心塞块

在有孔的工件上划圆或等分圆周时,必须先求出孔的中心,为此一般要在孔中装上中心塞块,对于不大的孔,通常用铅块打入,较大的孔则可用木料或用可调节塞块(图 2-2-16)。

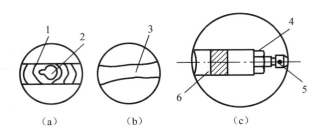

1—木块;2—铝皮或铜皮;3—铅条;4—锁紧螺母;5—伸缩螺钉;6—钢块。

图 2-2-16 孔中心塞块

五、划线基准的选择

划线时,选择工件上的某个点、线或面作为依据,来确定工件的各部分尺寸、几何形式及工件上各要素的相对位置,这个依据称为划线基准。

划线应从划线基准开始。选择划线基准的基本原则是:尽可能使划线基准和设计基准(设计图样上所采用的基准)重合。这样能直接量取划线尺寸,简化尺寸换算过程。

划线基准一般有以下三种类型:

(1) 以两个互相垂直的平面(或直线)为基准(图 2-2-17(a));

(2) 以两条互相垂直的中心线为基准(图 2-2-17(b));

(3) 以互相垂直的一个平面和一条中心线为基准(图 2-2-17(c))。

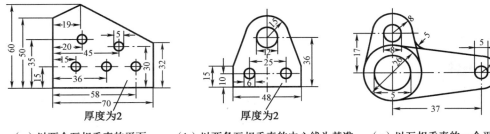

(a) 以两个互相垂直的平面　(b) 以两条互相垂直的中心线为基准　(c) 以互相垂直的一个平面
　　(或直线)为基准　　　　　　　　　　　　　　　　　　　　　　　和一条中心线为基准

图 2-2-17 划线基准的选择(尺寸单位:mm)

划线时,在工件各个方向上都需要选择一个划线基准。其中,平面划线一般选择两个划线基准;立体划线一般要选择三个划线基准。

六、划线前的找正与借料

找正就是利用划线工具,调节支撑工具,使与工件有关的毛坯表面都处于合适的位置。找正时应注意的事项如下。

(1) 当毛坯工件上有不加工表面时,应按不加工表面找正后再划线,这样可使加工表面与不加工表面之间的尺寸均匀。

注意:当工件上有两个以上不加工表面时,应选择重要的或较大的不加工表面作为找正依据,并兼顾其他不加工表面。这样不仅可以使划线后的加工表面与不加工表面之间的尺寸比较均匀,而且可以使误差集中到次要或不明显的部位。

(2)当工件上没有不加工表面时,可对各待加工表面自身位置找正后再划线。这样可以使各待加工表面的加工余量均匀分布,避免加工余量相差悬殊,有的过多,有的过少。

当毛坯的尺寸、形状或位置误差和缺陷难以用找正划线的方法补救时,就需要利用借料的方法来解决。

借料就是通过试划和调整,使各待加工表面余量互相借用,合理分配,从而保证各待加工表面都有足够的加工余量,使误差和缺陷在加后可排除。

第二节　几何划线操作举例

任何复杂的图形都是由直线、曲线、圆及角组成。当用图来表示各种零件的轮廓时,就是用这些线条组合联结而成的。为了能在工件上划出精确的加工线,就必须掌握基本的划线方法。

一、垂直线

方法一:如图2-2-18(a)所示,以 O 点为圆心,取任意长为半径划圆弧与直线 AB 相交于 d、e 点,再分别以 d、e 点为圆心,任意长 R 为半径划圆弧交于 F 点;连接 O、F 点;则 $FO \perp AB$。

方法二:如图2-2-18(b)所示,以 O 点为圆心,取任意长为半径画圆弧与直线 OM 相交于 A 点;再以 A 为圆心,以相同的半径画圆弧,交之前的圆弧于 B 点;连接 A、B 点并延长,并以 B 点为圆心,以相同的半径画圆弧,交 AB 延长线于点 C;连接 O、C 点;则 $OC \perp AB$。

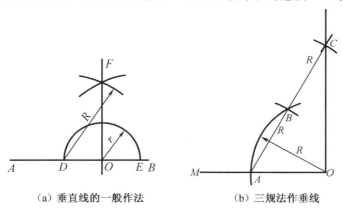

(a) 垂直线的一般作法　　(b) 三规法作垂线

图 2-2-18　垂直线画法

二、平行线

划一直线与已知直线平行。在已知直线 AB 上任意取两点 a 和 b 做圆心(这两点应有一定的距离),以所要求的两线距离为半径划圆弧;再作一直线同时与两圆弧相切,那么此直线 CD 就为所求的已知直线 AB 的平行线,如图2-2-19所示。

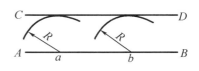

图 2-2-19　平行线画法

三、角的等分

1. 二等分任意角

以该角的顶点 O 为圆心,适当长为半径划圆弧交于角两边 a、b 点;分别以 a、b 为圆心,适当长为半径划弧相交于 C 点;连接 OC 点,OC 就是任意角的等分线,如图 2-2-20 所示。

2. 三等分直角

以角顶点 O 为圆心,适当长为半径划弧,于两直角边相交于 a、b 两点;再用上述同样半径分别以 a、b 点为圆心划弧交于 ab 上的 c、d 点,联结 Oc、Od 则即为所求角的三等分线,如图 2-2-21 所示。

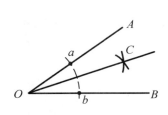 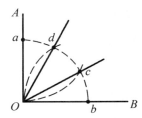

图 2-2-20　二等分任意角　　　图 2-2-21　三等分直角

四、切线的划法

(1)已知半径为 R 的圆弧相切于两条直线,如图 2-2-22 所示。

①以已知半径 R 为距离作已知直线 AB 的平行线 $A'B'$;

②再以已知半径 R 为距离作已知直线 CD 的平行线 $C'D'$;

③以直线 $A'B'$、$C'D'$ 的交点 O 为圆心,以 R 为半径作圆弧即相切于两条直线 AB、CD。

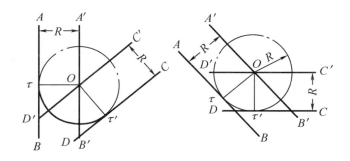

图 2-2-22　两直线与已知半径圆弧相切

(2)已知半径 R 的圆弧与直角边 AB、BC 相切,如图 2-2-23 所示。

①以 B 点为圆心,R 为半径作短弧,相交于直角边 τ、τ' 两点;

②以 τ、τ' 点为圆心,R 为半径作圆交于 O 点;

③以 O 点为圆心,R 为半径划弧与直角边相切。

(3)以已知半径 R 作圆弧相切于两圆 R_1、R_2,如图 2-2-24 所示。

①以 O_1 为圆心,$R+R_1$ 为半径作弧;

②以 O_2 为圆心，$R+R_2$ 为半径作弧且与上弧相交于 O 点；
③以 O 点为中心、R 为半径划圆即为所需求相切圆(图2-2-24)。

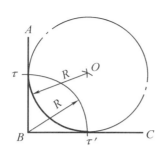

图2-2-23　直角与已知半径圆弧相切

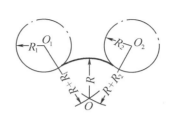

图2-2-24　圆弧相切

五、求圆心

1. 几何作图法求圆心　在圆周上任意取三点 A、B、C；分别作 AB、BC 的垂直平分线并相交于 O 点，O 点便为所求圆心(图2-2-25)。

2. 划规求圆心(又称#字法求圆心)

将划规两脚分开约为半径的开度，分别以圆周上近似对称的4个点为圆心划出4条相交短弧，那么弧的4个交点的对角线的交点即为所求圆的圆心(图2-2-26)。

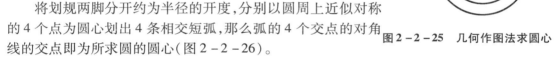

图2-2-25　几何作图法求圆心

3. 划针盘求圆心　把工件放在V形铁上，将划针的高度调到大约为圆的中心位置上划一直线，把工件转180°再划一直线(划针高度不变)，若两线重合即为中心线，若两线不重合则可通过调整划针盘的高度重划两线，直至两线重合为止，即求出中心线。然后在划针高度不变的情况下只要将工件转动一个角度，再划一条线并与先划出的中心线相交于一点，那么相交点即为圆的中心(图2-2-27)。

图2-2-26　#字法求圆心

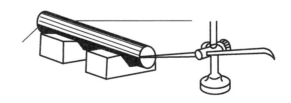

图2-2-27　划针盘求圆心

六、圆周等分法

圆周等分法有几何作图法和查表求弦长法两种。下面仅介绍几何作图法。

1. 三等分圆周划法

作圆直径 AB，以 A 为圆心，圆半径 r 为半径划圆弧交圆周于 C、D 点，那么 D、B、C 三点即为圆的三等分点,如图 2-2-28(a)所示。

2. 四等分圆周划法

通过圆心的垂直中心线与圆周相交的四点即为圆的四等分点,如图 2-2-28(b)所示。

3. 五等分圆周划法

先划出两条互为垂直的圆中心线并与圆相交于 A、B、C、D 点,以 B 为圆心,以圆半径为半径划弧交于圆周 K、L 点;连接 K、L 交 AB 于 E 点;以 E 为圆心,CE 为半径作弧相交 AB 于 F 点;以 C 为圆心,CF 为半径等分圆周于 G、I、J、H、C 点;那么上述圆周上的五点即为圆的五等分点,如图 2-2-28(c)所示。

4. 六等分圆周划法

与三等分圆周划法相似,即以圆的半径为等分线段,这里不再叙述,如图 2-2-28(d)所示。

5. 任意等分圆周划法

作直线 AB,分别以 A、B 点为圆心,AB 长为半径作弧交 C、D 两点;再根据所需圆的等分数来等分线段 AB 并定出分段点 $1,2,\cdots$,分别自 C、D 两点与直线 AB 上的分段点的奇数或偶数相连并延长与圆周相交,则交点 I、J、K、L、H、G、F、E 就是圆周上的等分点,如图 2-2-28(e)所示。

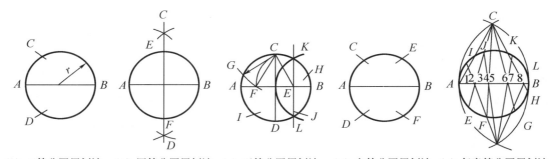

(a) 三等分圆周划法　(b) 四等分圆周划法　(c) 五等分圆周划法　(d) 六等分圆周划法　(e) 任意等分圆周划法

图 2-2-28　等分圆周划法

第三节　划线操作举例

一、平面划线操作实例

平面划线的一般步骤如下:

(1)对照工件实物看清、看懂图样,详细了解工件上需要划线的部位;明确工件及其与划线有关部分在产品上的作用和要求;了解有关的后续加工工艺。

(2)选定划线基准。

(3)初步检查工件的误差情况,并对工件表面进行涂色。

(4)正确安放工件和选用划线工具。

(5)划线。

(6)详细对照图样,检查划线的准确性,以及是否有遗漏的地方。

(7)在划线线条上打样冲眼。

实例1 法兰盘划线

如图2-2-29所示,这是一个法兰盘,表面已经车光,要在它上面划4个螺孔和一个中心大孔。这些孔的位置实际上都是根据垂直中心线而定的,所以划线的基准就是这两条相互垂直的中心线。为了求得准确的中心,通常用硬木牢固地装入孔中,并在近似中心处钉上菱形铁皮,以便用"#"字法找出圆心和便于用划规划线;当划出互为垂直的中心线后再根据图纸要求画出其他的加工线。

实例2 工件图样

平面划线工件如图2-2-30所示。

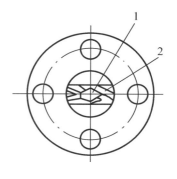

1—菱形铁皮;2—木块。

图2-2-29 法兰盘划线

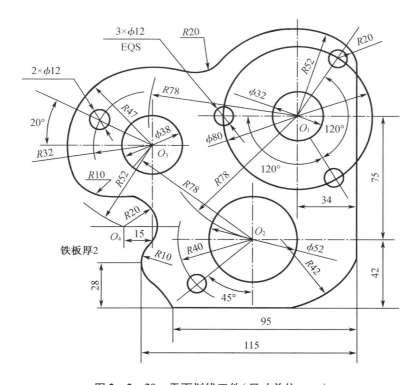

图2-2-30 平面划线工件(尺寸单位:mm)

(1)根据图样各尺寸之间的关系,确定以底边和右侧面这两条相互垂直的线为划线基准,沿板料边缘划两条垂直基准线。

(2)划距底边尺寸为42 mm的水平线。

(3)划距底边尺寸为(42+75) mm的水平线。

(4)划距右侧面尺寸为34 mm的垂直线。

(5)以 O_1 点为圆心,78 mm为半径划弧,并截42 mm水平线得 O_2 点,通过 O_2 点作垂直线。

(6) 分别以 O_1、O_2 点为圆心,以 78 mm 为半径划弧相交得 O_3 点,通过 O_3 点作水平线和垂直线。

(7) 通过 O_2 点作 45°线,并以 40 mm 为半径截得小圆 ϕ12 mm 的圆心。

(8) 通过 O_3 点作与水平成 20°的线,并以 32 mm 为半径截得另一小圆 ϕ12 mm 的圆心。

(9) 划垂直线与 O_3 垂直线的距离为 15 mm,并以 O_3 为圆心,52 mm 为半径划弧截得 O_4 点。

(10) 划距底边尺寸为 28 mm 的水平线。

(11) 按尺寸 95 mm 和 115 mm 划出左下充的斜线。

(12) 划出 ϕ32 mm、ϕ80 mm、ϕ52 mm 和 ϕ38 mm 的圆周线。

(13) 把 ϕ80 mm 的圆周线按图作三等分。

(14) 划出 5 个 ϕ12 mm 的圆周线。

(15) 以 O_1 点为圆心、52 mm 为半径划圆弧,并以 20 mm 为半径作相切圆弧。

(16) 以 O_3 点为圆心、47 mm 为半径划圆弧,并以 20 mm 为半径作相切圆弧。

(17) 以 O_4 点为圆心、20 mm 为半径划圆弧,并以 10 mm 为半径作两处的相切圆弧。

(18) 以 42 mm 为半径作右下方的相切圆弧。

至此全部线条划完。

在划线过程中,圆心确定后应立即打样冲眼,以便用划规划圆弧。水平线和垂直线的划法可根据实际情况选择。

二、立体划线操作实例

平面划线的一般原则如下:

(1) 划线基准应与设计基准重合,以便直接量取划线尺寸,避免因尺寸换算过程复杂而增大划线误差。

(2) 以精度高且加工余量小的型面作为划线基准,以保证主要型面能够顺利进行加工和便于安排其他型面的加工位置。

(3) 当毛坯在尺寸、形状和位置上存在误差与缺陷,且难以用找正划线方法进行补救时,可将所选择的基准位置进行适当的调整(借料),使各待加工表面都有一定的加工余量,并使误差和缺陷在加工后能够得到排除。

实例 1 三路通划线

图 2-2-31 所示为管系中常见的三路通,毛坯为铸造件,它的基本划线过程是在平台上完成的,现将划线的操作过程简述如下。

(1) 做好划线前的各项准备工作。

(2) 分析图纸、找出基准:它是以三个不需加工而又互相贯通的内孔中心,即空间位置互成 90°的三个中心平面为基准。

(3) 第一次支承:用三个千斤顶将三路通支承在平台上,通过划针盘校对和调节千斤顶的高度使三孔中心在同一水平面上,划出通过三孔中心的第一条中心线,如图 2-2-32 和图 2-2-33(a)所示。

(4) 第二次支承:将三路通转换 90°位置(图 2-2-33(b)),通过上述方法使三路通的两个对称端的孔中心点在同一水平面上,用 90°角尺校正使已划出的第一条中心线与直角尺一边在与平台竖直方向上重合,然后划出通过两端孔中心点的第二条中心线(且与第一条中心线相垂直)。同时通过高度尺调节划针盘划出三路通一个端面水平方向的切削加工线。

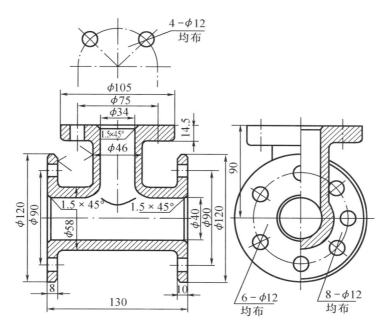

图 2-2-31 三路通(尺寸单位:mm)

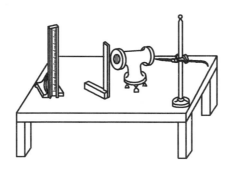

图 2-2-32 三路通划线的示意图

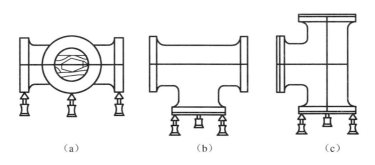

(a)   (b)   (c)

图 2-2-33 三路通划线的过程图

(5) 第三次支承:再将三路通转动90°(图2-2-33(c)),用上述同样方法调整好千斤顶,使第一、第二两条中心线与角尺边重合,并通过端面的孔中心点划第三条中心线,同时划出三路通其余上下两端面的切削加工线。

(6) 撤除千斤顶,按已划出的中心点和中心线,分别按平面划线的方法划出三个端面上孔的加工线。

(7) 对照图纸,仔细检查划线的准确性,确定无错后打上样冲眼。

通过本课工艺理论的学习与操作实践,应能正确选择划线基准,掌握一般的平面划线和立体划线的方法,熟练使用划线工具并掌握好修磨保养的方法,同时应达到划线的准确性。

2. 轴承座划线

图2-2-34(a)所示轴承座需要加工的部位有底面、轴承座内孔、两个螺钉孔及其凸台面、两个大端面。需要划线的尺寸共有三个方向,工件需要安放三次才能划完全部线条。轴承座毛坯上已铸有 φ50 mm 的毛坯孔,需要先安装塞块并做好其他划线准备,如图2-2-34(b)所示。

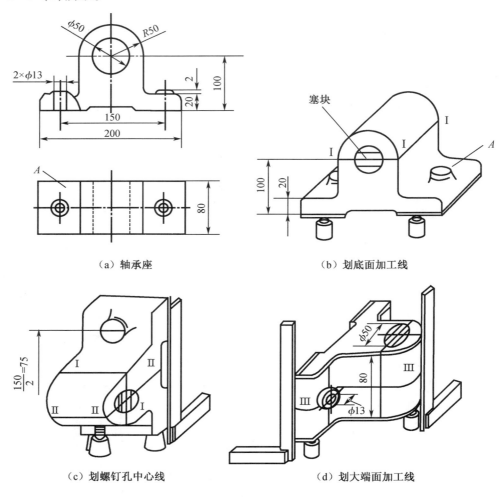

(a) 轴承座　　(b) 划底面加工线

(c) 划螺钉孔中心线　　(d) 划大端面加工线

图2-2-34　轴承座划线的过程图(尺寸单位:mm)

划线基准选定为轴承座内孔的两个互相垂直的中心平面Ⅰ-Ⅰ和Ⅱ-Ⅱ,以及过两个螺钉孔的中心平面Ⅲ-Ⅲ,如图2-2-34(b)、(c)和(d)所示。

划线的参考步骤如下:

(1)划底面加工线,如图2-2-34(b)所示,这一方向的划线工作将涉及主要部位的找正和借料。

先确定 $\phi50$ mm,轴承内孔和 $R50$ mm 外轮廓的中心。由于外轮廓是不加工的,所以应以 $\phi50$ mm 外轮廓作为找正中心的依据。即先在装好中心塞块的孔的两端,用划规分别求出中心;然后用划规试划出 $\phi50$ mm 圆周线,看内孔四周是否料厚均匀,如果内孔与外轮廓偏心过多,就要适当地借料。

用三个千斤顶支承轴承座底面,调整千斤顶高度并用划线盘找正,使两端孔的中心初步调整到同一高度。由于 A 面不加工,为了保证在底面加工后厚度尺寸 20 mm 在各处都比较均匀,还要用划线盘的弯脚找平 A 面。两端中心孔既要保持同一高度,A 面又要处于水平位置,当二者发生矛盾时,就要兼顾两个方面并进行相应的调整。待两端中心孔位置确定后,就可以在孔中心打上样冲眼,划出基准线Ⅰ-Ⅰ和底面加工线。两个螺钉孔凸台的加工线也应同时划出。

(2)划两螺钉孔中心线,如图2-2-34(c)所示。将工件侧翻90°,并用千斤顶支承,通过千斤顶的调整和划线盘的找正,使轴承座内孔两端中心处于同一高度,同时用90°角尺按已划出的底面加工线找正至垂直位置,便可划出Ⅱ-Ⅱ基准线与两螺钉孔中心线。

(3)划出两个大端面的加工线,如图2-2-34(d)所示。将工件翻转到图示位置,用千斤顶支取,通过千斤顶的调整和90°角尺的找正,分别使底面加工线和Ⅱ-Ⅱ基准平面处于垂直位置。

以两个螺钉孔的初定中心为依据,试划两大端面的加工线。若两端面加工余量相差较多时,可通过调整螺钉孔中心来借料。调整满意后即可划出Ⅲ-Ⅲ基准线和两个大端面加工线。

(4)用划规划出轴承座内孔和两个螺钉孔的圆周尺寸线。

(5)对照图样进行检查,确认无误、无遗漏后,在所划线条上打样冲眼。

划线过程至此全部完成。

第三章 金属錾削

在检修船舶设备中,常会遇到錾削工作。如錾开固定管子的卡箍、錾开锈蚀的螺母、轴上开油槽、轴瓦上开油槽等。因此,錾削工作是钳工必须熟练掌握的基本功。

用手锤敲击錾子对金属进行切削加工,这种操作叫作錾削。

第一节 錾削工具

一、錾子

1. 錾子的种类

錾子是用碳素工具钢锻制而成,刃口部分经淬火处理。常用錾子有以下三种(图2-3-1)。

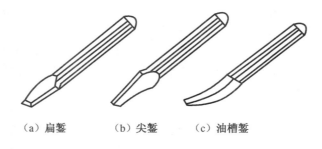

（a）扁錾　　（b）尖錾　　（c）油槽錾

图2-3-1 錾子的种类

（1）扁錾

主要用来錾削平面,切断小尺寸的材料如扁钢、板料、螺栓等。

（2）尖錾

刃口狭窄,主要用錾槽和分割曲线型板料的切断等。

（3）油槽錾

刃口小呈圆弧形,用来錾削机械滑动面的油槽。

錾削的时候,錾子楔角大小要根据材料的性质而定:硬金属为60°~70°,结构钢为50°~60°,软金属为30°~50°。

2. 刀具的各种角度

錾子是刀具的一种,一切刀具之所以能对材料进行切削是因为具备了下列两大因素。

（1）刀具本身的材料比被切削材料硬。

（2）刀具的切削部分成楔形。楔的形状对切削有很大的关系,在用力相等的情况下,楔的分割作用是随着楔角(β)的大小而变化的。

楔角的大小影响錾子的切入深度。楔角(β)愈小,錾子就愈容易切入,而且切入深度愈深,但是楔的强度也就愈小,如图2-3-2(a)所示。

楔角的宽度影响切入材料的深度。窄的楔角压入材料的深度比宽的深，如图2-3-2(b)所示。

材料的硬度影响切入材料的深度。用同样的楔角，同样宽度的楔切入软材料要比切入硬材料深，如图2-3-2(c)所示。

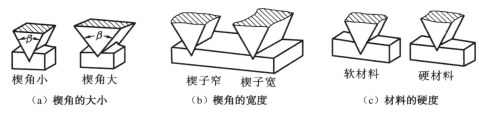

(a) 楔角的大小　　(b) 楔角的宽度　　(c) 材料的硬度

图2-3-2　刀具楔的工作情况

在实际工作中，錾子一般都是斜放在工件上进行切削的，切削加工中极为重要的各个表面和角度（图2-3-3）有如下几种。

①前倾面：切屑流出的面。
②后隙面：对应切削平面的面。
③切削角(δ)：前倾面和切削平面的夹角。
④楔角(β)：前倾面和后隙面间的夹角。楔角的大小是根据被切削材料的性质而定。
⑤前角(γ)：前倾面和垂直于切削平面的平面间的夹角。它的大小与切削过程中排屑是否方便有关。
⑥后角(α)：后隙面和切削平面间的夹角。它的作用是减少后隙面与切削平面间的摩擦。

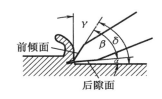

图2-3-3　錾削时的角度

总的来说，在錾削过程中，切削角的大小直接影响切削质量和切削效率。切削角愈大，后角也愈大，前角就愈小，这样由于切削的压力大，会使錾子压入材料太深，如图2-3-4(a)所示。当切削角小的时候，后角也小，前角就增大，这时由于切削的压力小，錾子的锋口容易从材料表面滑出，如图2-3-4(b)所示。錾子的后角一般为5°~8°。

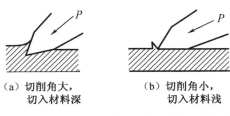

(a) 切削角大，　　　(b) 切削角小，
　切入材料深　　　　切入材料浅

图2-3-4　切削角的大小与切削工作关系

3. 錾子的热处理

錾子的热处理包括淬火和回火两个过程。其目的是为了保证錾子切削部分具有较高的硬度和刚性。

(1) 淬火

将錾子的切削部分约 20 mm 长的一端,均匀加热至 750~780 ℃（呈樱红色）后迅速取出,并垂直地把錾子放入冷水内冷却,切削部分浸入水内冷却的深度为 5~6 mm（图 2-3-5）。錾子放入水中冷却时,应沿着水面缓慢地移动,其目的是加速和均匀地冷却,提高淬火硬度;使淬硬部分与未淬火部分无明显的界线。

(2) 回火

錾子的回火是利用本身的余热进行的,当錾子在水中冷却时,要注意仔细观察錾子露在水面部分颜色的变化,当錾子露出水面部分呈黑色时,立即由水中取出,快

图 2-3-5 錾子淬火

速用旧砂轮片除去切削部分的氧化皮,并注意观察錾子刃口部分颜色的变化;当经淬火的錾子是加工硬材料时,则刃口部分呈红黄色时立即将錾子全部放入水中冷却至常温;当经淬火的錾子是加工较软材料时,则刃口部分呈暗蓝色与紫红色之间时立即将錾子全部放入水中冷却至常温。上述过程就是錾子淬火与回火的全过程。

4. 錾子的刃磨

錾子楔角刃磨的方法如图 2-3-6 所示。双手握錾,左手拿錾子尾部,右手握錾子前部,轻贴砂轮。刃磨时,必须使切削刃口高于砂轮水平中心线,在砂轮全宽上做左右水平移动,并控制好錾子的刃磨部位,保证磨出所需要的楔角角度,刃磨时加在錾子上的压力不宜过大,左右移动要平稳,用力均匀,并注意经常沾水冷却,以防刃口部分产生高温而退火失去一定的硬度。刃磨好的錾子刃口应平直,锋口两面须相交成一直线并在錾子的中心线上。

图 2-3-6 錾子楔角刃磨

錾子刃磨的安全注意事项:

(1) 刃磨錾子时操作者应站在砂轮的斜侧方向,不要正对砂轮。

(2) 磨錾工作中为避免飞溅的铁屑伤害眼睛,刃磨时应戴好防护眼镜。

(3) 检查砂轮搁架与砂轮间的距离,一般相距 3 mm 为宜,距离不可太大,搁架应安装牢固。

(4) 开动砂轮机后首先检查其旋转方向是否正确,并且应等到转速稳定后方可使用。

(5) 刃磨时对砂轮施加压力不可太大,如砂轮表面有严重跳动时应及时检修（可用砂轮割刀修磨）。

(6) 不可戴手套或用棉纱包住錾子进行刃磨,以防发生伤害事故。

二、手锤（榔头）

錾削工作是借手锤的锤击力而使錾子切入金属的,因此手锤就成为錾削工作中不可缺少的一种工具。手锤由碳素工具钢制成并经淬火处理,质量一般为 0.75 kg,柄长为 350 mm 左右。

钳工常用的手锤有圆头和方头两种(图2-3-7)。圆头手锤多用于錾削,方头手锤多用于打样冲眼工作。

无论哪一种形式的手锤,嵌锤柄的孔都是椭圆形的,而且孔的两端比中间部分略大,这样有利装紧,锤柄装入后为了避免锤头甩出伤人,必须用斜形的楔子打入(图2-3-8),加以紧固,打入的深度应为锤孔深的2/3。

(a) 方头手锤　　(b) 圆头手锤

图2-3-7　钳工常用手锤

图2-3-8　楔的安装

第二节　錾削操作

一、錾子的握法

1. 正握法

左手心向下,腕部伸直,用中指、无名指握住錾子,小指自然合拢,食指和拇指自然放松伸直。錾子头部伸出约20 mm,如图2-3-9(a)所示。

2. 反握法

左手心向上,手指自然握住錾子,手掌悬空,如图2-3-9(b)所示。在维修工作中遇到有些环境不允许用正握法时,采用反握法可给工作带来便利。

二、站立姿势

錾削时工作者的站立位置如图2-3-10所示,身体与虎钳中心线大约成45°,且略前倾,左脚跨前半步,膝盖稍有弯曲,保持自然。右脚站稳伸直,不要过于用力,姿势应自然并且有利操作。

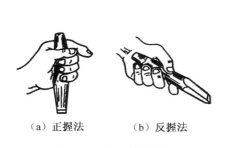

(a) 正握法　　(b) 反握法

图2-3-9　錾子握法

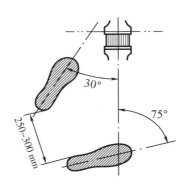

图2-3-10　錾削时工作者的站立位置

三、手锤的握法

1. 紧握法(图2-3-11(a))

用右手五指握锤柄,拇指合在食指上,虎口对准锤头方向,木柄尾部露出15~30 mm。挥锤和锤击时五指始终紧握。由于在工作中使用这种握法易产生疲劳,所以不为广泛应用。

2. 松握法(图2-3-11(b))

只用拇指和食指握锤柄,在挥锤时,小指、无名指、中指随手锤的运行而依次放松;锤击时,又以相反的次序依次收拢,并加速手锤的运动。这种握法掌握熟练后不仅可以增加锤击力,而且不宜产生疲劳,所以被广泛应用。

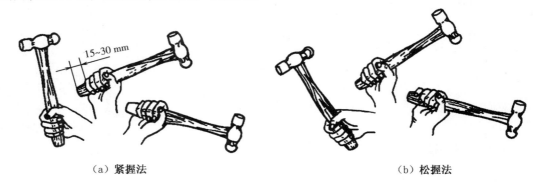

(a) 紧握法　　　　　　　　(b) 松握法

图2-3-11　手锤握法

四、挥锤法

挥锤方法有以下三种。

1. 腕挥(图2-3-12(a))

只有手腕的运动,锤击力小,仅用于錾削开始和收尾及錾油槽和錾削软金属等。

2. 肘挥(图2-3-12(b))

手腕和肘一起动作,锤击力较大,适用最广。

3. 臂挥(图2-3-12(c))

腕、肘、臂一起动作,锤击力最大,用于錾断金属材料和开脱螺母等,应用较少。

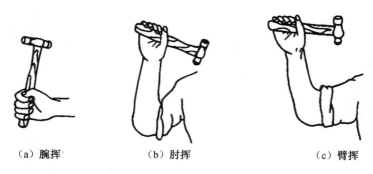

(a) 腕挥　　　　　(b) 肘挥　　　　　(c) 臂挥

图2-3-12　挥锤法

挥锤肘收臂提,举锤过肩;手腕后弓,三指微松;锤面朝天、稍停瞬间。

锤击时目视錾刃,臂肘齐下;收紧三指,手腕加劲;锤錾一线,锤走弧形;左脚着力,右腿绷紧,如图2-3-13所示。

图2-3-13 錾削姿势

要求:稳——速度节奏每分钟锤击40次左右;准——命中率高;狠——锤击有力。

五、起錾方法

錾削时起錾方法有斜角起錾和正面起錾两种。

1. 斜角起錾

在錾削平面时,应采用斜角起錾的方法,即先在工件尖缘角处,将錾子放成负角,如图2-3-14(a)所示。錾出一个斜面,然后按正常的錾削角度逐渐向中间錾削。

2. 正面起錾

在錾槽时,必须采用正面起錾,即起錾时全部刃口贴住工件錾削部位的端面,如图2-3-14(b)所示。錾出一个斜面,然后按正常角度錾削,这样的起錾可避免錾子的弹跳和打滑,且便于掌握加工余量。

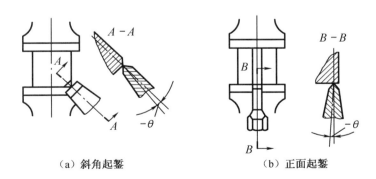

图2-3-14 起錾方法

六、尽头地方的錾法

在一般情况下,当錾削接近尽头10～15 mm时,必须掉头錾去余下的部分,如图2-3-15(a)所示。当錾削脆性材料,如铸铁和青铜时应特别注意,否则錾到尽头就会崩裂,如图2-3-15(b)所示。

（a）正确　　　　　　　　（b）不正确

图 2-3-15　尽头部位的錾削

七、錾削时的安全注意事项

（1）錾削时应戴防护眼镜，工作台应有护网。

（2）锤头松动或柄有裂纹不能使用，以免锤头松动飞出伤人。另外握锤的手不应戴手套。

（3）錾子尾部被敲击后出现毛刺和卷边要及时修磨，以免毛刺伤手。

（4）錾削时要保持正确的錾切角度，如后角太小，用手锤锤击时，容易打滑伤手。

（5）錾削时錾子和手锤不要对着旁人，以防铁屑飞出伤人。

（6）锤柄严防沾有油污，否则手锤容易飞出伤人。

八、錾削废品产生原因和避免方法

（1）工件变形、錾过尺寸界线：主要是錾子刃口过厚，将工件挤压变形；未用软钳口而把工件夹伤或在铁砧上錾切较大工件时未垫平；工作时不小心錾过了尺寸界线。

（2）工件表面留下粗糙錾痕，使下道工序无法除去：由于錾削时后角掌握不当（或大或小）或使用刃口损坏的錾子所造成；另外锤击力不匀及使用刃口不锋利的錾子也易使工件表面产生粗糙不平。

（3）损伤工件，工件棱角和边崩缺是工件损伤的主要现象，因此脆性材料錾削时一定要从边向中间錾，特别是錾到尽头处应掉头錾。

第三节　錾削操作实例

一、各种类型材料的錾削

1. 薄板料的切断

薄板料的切断可以在虎钳上进行，用扁錾沿着钳口并斜对着板料（大约成45°角）自右向左錾切（图 2-3-16）。

2. 较厚材料

錾切较厚材料时，可先在材料各面錾出一凹痕，然后再打断，这样既省力又省时（图 2-3-17）。

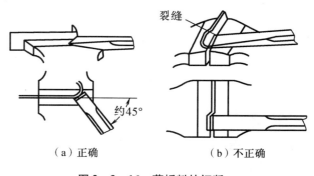

（a）正确　　　　　（b）不正确

图 2-3-16　薄板料的切断

3. 大型板料的切断

材料厚度在 4 mm 以下的大型板料切断时,不能在虎钳上进行,可以在铁砧或旧平板上进行(图 2-3-18)。工作时应用软材料垫在下面,然后从上面用錾子进行錾切。

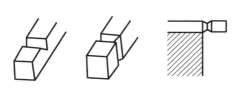
图 2-3-17 较厚材料的切断

图 2-3-18 大型板料的切断

4. 较大平面的錾削

一般先用尖錾开槽,把宽面分成若干个窄面,然后再用扁錾将窄面錾去(图 2-3-19)。这样錾削时既省力且效率又高。

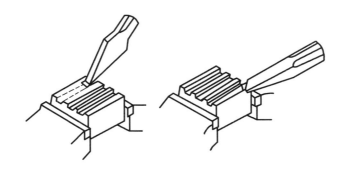
图 2-3-19 较大平面的錾削

二、键槽的錾削方法

先划出加工线,再在槽的一端或两端钻上与键槽深度相同的孔,并将尖錾切削部分磨成与键槽宽度相适应的尺寸,然后进行錾削(图 2-3-20)。

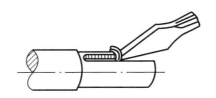
图 2-3-20 键槽的錾削

三、油槽的錾削方法

先在滑动平面或轴瓦上划出油槽线,錾削时,錾切的方向要随着曲面、圆弧而变动,但是切削角度不变,这样才能得到深浅一致的油槽。錾好后,槽边上的毛刺要用刮刀或砂布修除(图2-3-21)。

图2-3-21 油槽的錾削

第四章 锯 割

用手锯把材料(或工件)锯出狭槽或进行分割的工作称为锯割。

当前,各种自动化、机械化的切割设备已被广泛地采用,但在单件小批生产场合,尤其在船舶机械检修中,往往对于诸如薄钢板、管子和尺寸不大的型钢等不能或不便于机械锯割的材料,仍采用手工锯割。

其工作范围包括:

(1)分割各种材料或半成品(图2-4-1(a));

(2)锯掉工件上多余部分(图2-4-1(b));

(3)在工件上锯槽(图2-4-1(c))。

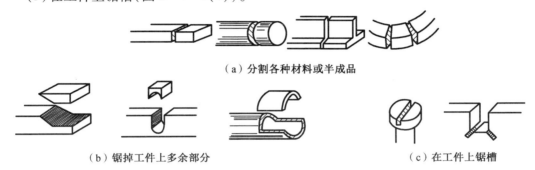

(a)分割各种材料或半成品

(b)锯掉工件上多余部分　　　　　(c)在工件上锯槽

图2-4-1 锯割的应用

第一节 锯削工具

一、锯弓

锯弓是用来安装锯条的,有固定式和可调式两种(图2-4-2)。固定式锯弓只能安装一种长度的锯条;可调节式锯弓则通过调整可以安装几种长度的锯条。这种锯弓两端各有一个夹头,用以安装锯条用,通过旋紧翼形螺母(元宝螺母)来调节锯条安装的松紧度。

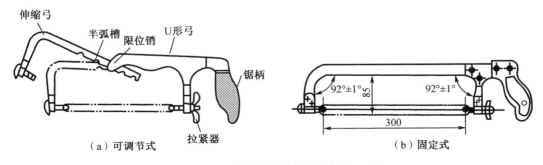

(a)可调节式　　　　　　　　　(b)固定式

图2-4-2 锯弓的构造(尺寸单位:mm)

二、锯条

锯条一般用渗碳软钢冷轧而成,也有用碳素工具钢或合金钢制成,并经热处理淬硬。锯条的长度是用两端安装孔的中心距来表示的,手工锯条常用的是长度为 300 mm 的这一种。

1. 锯齿的角度(图 2-4-3)

锯条的切削部分是由很多锯齿组成的,相当于一排同样形状的凿子。由于锯割时要求获得较高的工作效率,必须使切削部分具有足够的容屑槽,因此锯齿的后角较大。为了保证锯齿具有一定的强度,楔角也不宜太小。综合以上因素,目前使用锯条的锯齿角度是后角 α 为 40°,楔角 β 为 50°,前角 γ 为 90°。

2. 锯齿的排列

锯条的许多锯齿在制造时按一定的规则左右错开,排成一定的形状,一般有交叉形和波浪形(图 2-4-4)。锯割时锯缝宽度大于锯条背的厚度,这样,锯割时锯条既不会被卡住,又能减少锯条与锯缝的摩擦阻力,工作就比较顺利,锯条也不致过热与加快磨损。

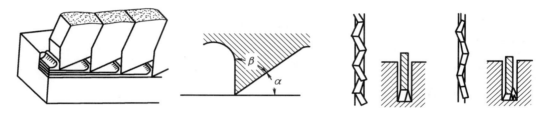

图 2-4-3 锯齿的角度　　　　　图 2-4-4 锯齿的排列

3. 锯齿粗细

锯齿的粗细是以锯条的齿距及每寸牙数来表示的。齿距 1.8 mm 或 14~18 牙为粗齿,齿距 1.4 mm 或 24 牙为中齿,齿距 1.0~0.8 mm 或 32 牙为细齿。

粗齿锯条的容屑槽较大,适用于锯软材料和锯较大的表面,因为此时每锯一次的排屑较多,容屑槽大就不致产生堵塞而影响切削效率。

中齿锯条适用于锯割一般钢材及厚壁管子。

细齿锯条适用于锯割硬材料,因硬材料不易锯入,每锯一次的排屑较少,不会堵塞容屑槽,而锯齿增多后,可使每齿的锯削量减少,材料容易被切除,故推锯过程比较省力,锯齿也不易磨损。在锯割管子或薄板时必须用细齿锯条,否则锯齿很容易被钩住而崩断。薄板(壁)材料的锯割截面上至少应有两齿以上同时参加锯割,才能避免锯齿被钩住和崩断的现象。

第二节　锯割方法

一、锯条的安装

手锯是在向前推进时进行切削的,所以锯条安装时要保证锯齿的方向(图 2-4-5(a))。

如果装反了(图2-4-5(b)),则锯齿前角为负值,切削很困难,不能正常的锯割。

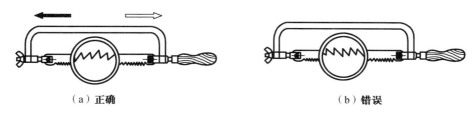

（a）正确　　　　　　　　　　　　　　（b）错误

图2-4-5　锯条的安装方向

锯条的松紧也要调节适当,太紧锯条受力太大,在锯割中稍有阻力而产生弯折时,就很容易崩断;锯条太松则锯割时锯条容易扭曲,也很可能折断,而且锯出的锯缝容易发生歪斜。装好的锯条应尽量使它与锯弓保持在同一中心平面内。这样,对阻止锯缝的歪斜比较有利。

二、工件的夹持

（1）工件伸出钳口不应过长,防止锯割时产生振动。锯割线应和钳口边缘平行,并夹在台虎钳的左边,以便操作。

（2）工件要夹紧,避免锯割时工件移动造成锯条折断。

（3）防止工件变形和夹坏已加工面。

三、锯割姿势和基本方法

锯割时站立姿势:左脚在前,右脚在后,两脚距离约为锯弓之长,成L形。锯弓的握法:右手推锯柄,左手拇指扶在锯弓前面的弯头处,其他四指握住下部。锯割时推力和压力均主要由右手控制。左手所加压力不要太大,主要起扶正锯弓的作用。锯割的姿势如图2-4-6所示。

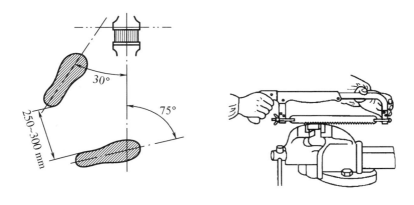

图2-4-6　锯割的姿势

推锯时锯弓的运动方式有两种。一种是直线运动,适用于锯缝底面要求平直的槽子和薄壁工件的锯割;另一种为锯弓可上下摆动,这样可使操作自然,两手不易疲劳。手锯在回程中,不应施加压力,以免锯齿磨损。

锯割的速度以每分钟30~40次为宜。锯割软材料可以快些；锯割硬材料应该慢些。速度过快，锯条发热严重，容易磨损。必要时可加水和乳化液冷却，以减轻锯条的磨损。

在推锯时应使锯条的全部长度都有效使用到。若只集中于局部长度使用，则锯条的使用寿命将相应缩短。一般往复长度应不小于锯条全长的三分之二。

起锯是锯割工作的开始。起锯质量的好坏，直接影响锯割的质量。起锯有远起锯（图2-4-7(a)）、近起锯（图2-4-7(b)）和平面起锯三种。一般情况下采用远起锯较好，因为此时锯齿是逐步切入材料，锯齿不易被卡住，起锯比较方便。如果用近起锯，则掌握不好时，锯齿容易被工件棱边卡住甚至崩断。

无论用远起锯或近起锯，起锯的角度要小（α不超过15°为宜）。如果起锯角太大（图2-4-7(c)），则起锯不易平稳，尤其是近起锯时锯齿更容易被工件棱边卡住。但起锯角也不宜太小，如接近平锯时，由于锯齿与工件同时接触的齿数较多，不易切入材料，经过多次起锯后就容易发生偏离，使工件表面锯出许多锯痕，影响表面质量。

为了起锯平稳和准确，也可用手指挡住锯条，使锯条保持在正确的位置上起锯（图2-4-7(d)）。起锯时施加的压力要小，往复行程要短，这样就容易准确地起锯。

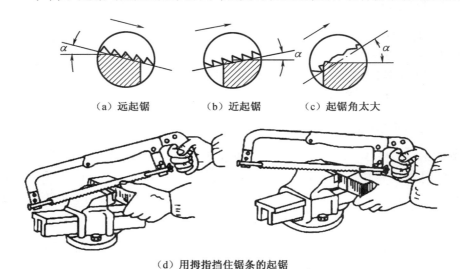

（a）远起锯　　（b）近起锯　　（c）起锯角太大

（d）用拇指挡住锯条的起锯

图2-4-7　起锯方法

四、锯条损坏及锯割废品原因分析

锯条损坏有锯齿崩裂、锯条折断和锯齿过早磨损几种。

1. 锯齿崩裂原因

(1) 锯薄板料和薄壁管子时没有选用细齿锯条。

(2) 起锯角太大或采用近起锯时用力过大。

(3) 锯割时突然加大压力，锯齿被工件棱边钩住崩裂。

当锯齿局部几个崩裂后，应及时把断裂处在砂轮机上磨光，并把后面二三齿磨斜（图2-4-8）后再用来锯割，这样后面锯齿就不会连续崩裂，而延长了锯条的使用寿命。

2. 锯条折断原因

(1) 锯条装的过紧或过松。

(2)工件装夹不正确,产生抖动或松动。

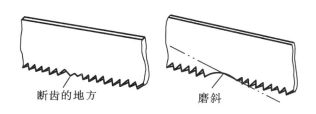

图2-4-8 锯齿崩裂的处理

(3)锯缝歪斜后强行校正,使锯条扭断。
(4)压力太大,当锯条在锯缝中稍有卡紧时就容易折断;锯割时突然用力也易折断。
(5)新换锯条在旧锯缝中被卡住而折断。一般应改换方向再锯割。如在旧锯缝中锯割时应减慢速度并减小压力。
(6)工件锯断时没有掌握好,致使手锯碰撞台虎钳等物,而锯条被折断。

3. 锯齿过早磨损的原因

(1)锯割速度太快,使锯条发热过度而锯齿磨损加剧。
(2)锯割较硬材料时没有加冷却液。

4. 锯割废品原因分析

(1)尺寸锯小。
(2)锯缝歪斜过多,超出要求范围。
(3)起锯时把工件表面锯坏。

五、锯割的安全技术

(1)要防止锯条折断时从锯弓上弹出伤人。因此要特别注意工件快要锯断时压力要减小;锯条松紧装得要恰当,不要突然用过大的力量锯割等。
(2)工件被锯下的部分要防止跌落砸在脚上。

第三节 锯割实例

一、棒料的锯割

如果要求锯割的断面比较平整,应从开始连续锯到结束,若锯出的断面要求不高,锯时可改变几次方向,使棒料转过一定的角度再锯。这样,由于锯割面变小而容易锯入,可提高工作效率。

锯毛坯材料时,断面质量要求不高,为了节省锯割时间,可分几个方向锯割,每个方向都不锯到中心,然后将毛坯折断(图2-4-9)。

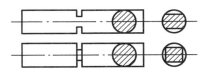

图2-4-9 锯断棒料的方法

二、管子锯割

锯割管子的时候,首先要做好管子的正确夹持。对于薄壁管子和精加工的管件,应夹在有 V 形槽的木垫之间(图 2-4-10),以防止夹扁和夹坏表面。

锯割时一般不要在一个方向上从开始连续锯到结束,因为锯齿容易被管壁钩住而崩断。尤其是薄壁管子更容易产生。正确的方法是每个方向只锯到管子的内壁处,然后把管子转过一个角度,仍旧锯到管子的内壁处。如此逐渐改变方向,直至锯断为止(图 2-4-11),薄壁管子在转变方向时,应使已锯的部分向锯条推进方向转动,否则锯齿仍有可能被管壁钩住。

图 2-4-10 管子的夹持　　　图 2-4-11 锯管子的方法

三、薄板料锯割

锯割薄板料时,尽可能从宽的面上锯下去,这样锯齿不易产生钩住现象。当一定要在板料的狭面锯下去时,应把它夹在两块木块之间,连木块一起锯下。这样才可避免锯齿钩住,同时也增加了板料的刚度,锯割时不会弹动(图 2-4-12)。

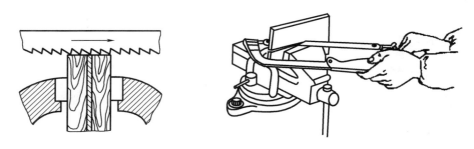

图 2-4-12 锯薄板的方法

四、深缝的锯割

当锯缝的深度到达锯弓的高度时(图 2-4-13),为了防止锯弓与工件相碰,应把锯条转过 90°安装后再锯。由于钳口的高度有限,工件应逐渐改变装夹位置,使锯割部位处于钳口附近,而不是在离钳口过高或过低的部位锯割。否则工件易产生弹动而影响锯割质量,同时也容易损坏锯条。

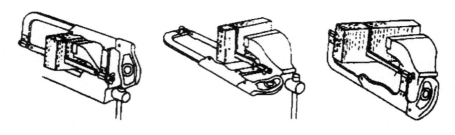

图 2-4-13 深缝的锯法

第五章 锉 削

用锉刀在工件表面锉掉多余部分,使工件达到所要求的尺寸、形状和表面粗糙度。这项操作叫作锉削。

第一节 锉 刀

一、锉刀的构造

锉刀是用高碳工具钢 T13 或 T12 制成,并经过热处理,硬度达 HRC 62~67。由专业厂生产的一种标准工具。

锉刀的各部分名称如图 2-5-1 所示。

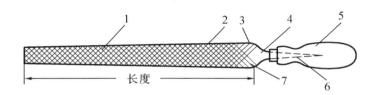

1—锉刀面;2—锉刀边;3—底齿;4—锉刀尾;5—木柄;6—锉刀舌;7—面齿。

图 2-5-1 锉刀的各部分名称

锉刀的规格用长度表示,有 100 mm(4 寸)、150 mm(6 寸)、200 mm(8 寸)、250 mm(10 寸)、300 mm(12 寸)、350 mm(14 寸)。

锉刀面是锉削的主要工作面,锉刀面在前端做成凸弧形,其作用是在平面上锉削局部隆起部分时比较方便,不容易因锉削时锉刀的上下摆动而锉去其他部位。

锉刀边指锉刀的两个侧面,有的没有齿,有的其中一个边有齿。没有齿的一边称为光边。

锉刀舌是用来安装锉刀柄的。

二、锉刀的分类

1. 按锉齿方向分类

锉刀的齿纹有单齿和双齿两种。

(1)单齿纹

锉刀上只有一个方向的齿纹称为单齿纹。单齿纹锉刀由于全齿宽都同时参加切削,需要较大的切削力,因此适用于锉削软材料。图 2-5-2 为一种铝板锉,用来锉削铝及其他软材料。

图 2-5-2 铝板锉

(2)双齿纹

锉刀上有两个方向排列的齿纹称为双齿纹,如图 2-5-3 所示。浅的齿纹是底齿纹;深的齿纹是面齿纹。齿纹与锉刀中心线之间的夹角叫作齿角。面齿角制成 65°,底齿角制成 45°,由于面齿角与底齿角不相同,使许多锉齿沿锉刀中心线方向形成倾斜和有规律的排列。这样可使锉出的锉痕交错而不重叠,表面比较光滑,如图 2-5-3(a)所示。

如果面齿角与底齿角相同,则许多锉齿沿锉刀中心线平行排列,锉出的表面因产生沟纹而得不到光滑的效果,如图 2-5-3(b)所示。双齿纹锉刀由于锉削时切屑是碎断的,故锉削硬材料时比较省力。

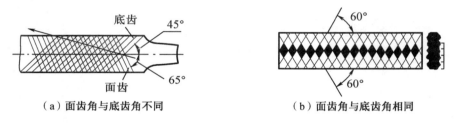

(a)面齿角与底齿角不同   (b)面齿角与底齿角相同

图 2-5-3 锉齿的排列

2. 按锉齿粗细分类

锉刀的粗细规格是按锉刀齿纹的齿距大小来表示的。其粗细规格的选用见表 2-5-1。

表 2-5-1 锉刀粗细规格的选用

锉刀粗细	适用场合		
	锉削余量/mm	尺寸精度/mm	表面粗糙度/μm
1号锉纹,粗锉刀	0.5~1	0.2~0.5	100~25
2号锉纹,中粗锉刀	0.2~0.5	0.05~0.2	25~6.3
3号锉纹,细锉刀	0.1~0.3	0.02~0.05	12.5~3.2
4号锉纹,双细锉刀	0.1~0.2	0.01~0.02	6.3~1.6
5号锉纹,油光锉	0.1以下	0.01	1.6~0.8

3. 按锉刀截面形状分类

普通锉按其断面形状的不同又分平锉(板锉)、方锉、三角锉、半圆锉和圆锉五种(图2-5-4)。

特种锉是加工零件上的特殊表面用的,其断面形状如图2-5-5所示。

(a)平锉断面　(b)方锉断面　(c)三角锉断面　(c)半圆锉断面　(d)圆锉断面

图2-5-4　普通锉的断面形状

图2-5-5　特种锉的断面形状

整形锉用于修整工件上的细小部位。图2-5-6为整形锉的各种形状。每5把、6把、8把、10把或12把为一组。

图2-5-6　整形锉(什锦锉)

三、锉刀的选择

每种锉刀都有其适当的用途,如果选择不当,就不能充分发挥它的效能。因此,锉削之前必须正确地选择锉刀。

锉刀粗细的选择,决定于工件加工余量的大小,加工精度和表面粗糙度的高低,以及工件材料的性质。粗锉刀适用于加工余量大、加工精度和表面粗糙度要求低的工件;而细锉刀适用于加工余量小,加工精度和表面粗糙度要求高的工件。

锉削软材料时如果没有专用的软材料锉刀,则可选用粗锉刀。因为如选细锉刀锉软材料时则由于齿缝容屑空间小,很容易被切屑堵塞而失去切削能力。

锉刀断面形状的选择取决于工件加工表面的形状。图2-5-7为加工表面形状不同时所适用的各种锉刀。

锉刀长度规格的选择取决于工件加工面的大小和加工余量的大小。加工面尺寸和加工余量较大时,宜选用较长的粗锉刀;反之则选用较短的细锉刀。

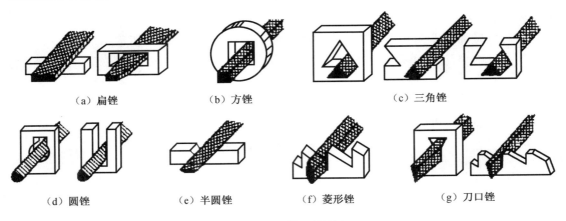

(a) 扁锉　　(b) 方锉　　(c) 三角锉

(d) 圆锉　　(e) 半圆锉　　(f) 菱形锉　　(g) 刀口锉

图 2-5-7　锉刀的用途

四、锉刀柄的装卸

为了握住锉刀和用力方便,锉刀必须装上木柄。锉刀柄安装孔的深度约等于锉舌的长度,孔的大小使锉舌能自由插入二分之一的深度。装柄时先把锉舌插入柄孔,然后把锉刀柄的下端垂直地往虎钳等坚实的平面上敲击,使锉舌长度的四分之三左右进入柄孔为止,如图 2-5-8(a)所示。

拆卸锉刀柄可在台虎钳口(图 2-5-8(b))或其他稳固件的侧平面(图 2-5-8(c))进行。利用锉刀柄撞击台虎钳等平面后,在惯性作用下锉刀与木柄就会互相脱开。

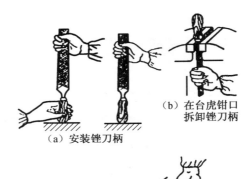

(a) 安装锉刀柄

(b) 在台虎钳口拆卸锉刀柄

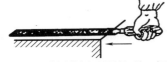

(c) 在稳固件侧平面拆卸锉刀柄

图 2-5-8　锉刀柄的装拆

五、锉刀的保养

合理使用和保养锉刀可以延长锉刀的使用期限,否则将受到早期的损坏,为此必须注意下列使用和保养规则:

(1) 不可用锉刀来锉毛坯件的氧化皮硬表面以及经过淬硬的工件,否则锉齿很易磨损。

(2) 新锉刀应先用一面,用钝后再用另一面。因为用过的锉面较容易锈蚀。

(3) 锉刀在多次使用完毕后,应用锉刷刷去锉纹中的残留铁屑,以免生锈腐蚀锉刀。使用过程中发现铁屑嵌入锉纹,也要及时刷去,或用铁片剔除(图 2-5-9)。

(a) 用锉刷　　　　　　(b) 用铁片

图 2-5-9　清除锉刀上的切屑

(4)锉刀放置时不能与其他硬物相碰,不能与其他锉刀互相重叠堆放,以免锉齿损坏。
(5)防止锉刀沾水、沾油,以防锈蚀和锉削时打滑。
(6)不能用锉刀当作装拆工具,若用以敲击或撬动其他物件,则很易损坏。
(7)使用整形锉时,用力不可过猛,以免锉刀折断。

第二节 锉 削 操 作

一、工件的夹持

工件夹持的正确与否,直接影响着锉削的质量。因此,工件夹持要符合下列要求:
(1)工件最好夹在台虎钳的中间。
(2)工件夹持要牢固,但不能使工件变形。
(3)工件伸出钳口不要太高,以免锉削时工件产生振动。
(4)表面形状不规则的工件,夹持时要加衬垫。例如,夹圆形的工件时要衬以V形铁或弧形木块;夹较长的薄板工件时用两块较厚的铁板夹紧后,再一起夹入钳口。露出钳口要尽量少,以免锉削时抖动。
(5)夹持已加工表面和精密工件时,在台虎钳口应衬以软钳口,以免表面损坏。

二、锉削姿势

1. 锉刀握法

锉刀的握法掌握得正确与否,对锉削质量、锉削力量的发挥和人的疲劳程度都有一定影响。由于锉刀的大小和形状不同,因此锉刀的握法也应不同。

较大的锉刀(250 mm以上的),用右手握锉刀柄,柄端顶住掌心,拇指放在柄的上部,其余手指满握锉刀柄,双手的姿势如图2-5-10(a)所示。锉削时左手的肘部要适当抬起,不要下垂,否则不能发挥力量。

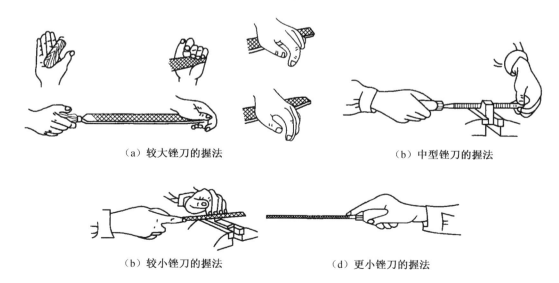

(a) 较大锉刀的握法　　　　　　　　(b) 中型锉刀的握法

(b) 较小锉刀的握法　　　　　　　　(d) 更小锉刀的握法

图2-5-10 锉刀的握法

中型锉刀(200 mm),右手的握法与上述较大锉刀的握法一样,左手只需用拇指和食指、中指轻轻扶持即可。不必像较大锉刀那样施加很大的力量,如图2-5-10(c)所示。

较小的锉刀(150 mm 左右),由于需要施加力量较小,故两手握法也有不同,如图 2-5-10(d) 所示。这样的握法不易感到疲劳,锉刀也容易掌握平稳。

更小的锉刀(150 mm 以下),只要用一只手握住即可,如图 2-5-10(e)所示,用两只手握反而不方便,甚至可能压断锉刀。

2. 锉削姿势

锉削时人的站立位置与錾削时相似。站立要自然并便于用力,以能适应不同的锉削要求为准,如图 2-5-11 所示。

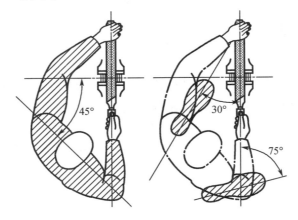

图 2-5-11 锉削的站立姿势

锉削时身体重心要落在左脚上,右膝伸直,左膝随锉削时的往复运动而屈伸。锉刀向前锉削的动作过程中,身体和手臂的运动情况如图 2-5-12 所示。

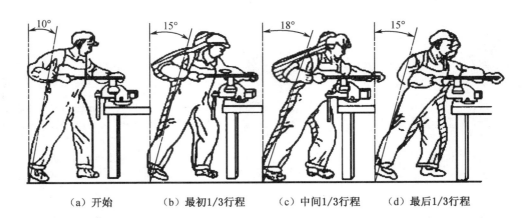

(a) 开始　　(b) 最初1/3行程　　(c) 中间1/3行程　　(d) 最后1/3行程

图 2-5-12 锉削姿势

开始时身体向前倾斜 10°左右,右肘尽量向后收缩,如图 2-5-12(a)所示。

锉最初 1/3 行程时,身体向前倾 15°左右,左膝稍有弯曲,如图 2-5-12(b)所示。

锉中间 1/3 行程时,右肘向前推进锉刀,身体逐渐倾斜 18°左右,如图 2-5-12(c)所示。

锉最后 1/3 行程时,右肘继续向前推进锉刀,身体自然地退回到 15°左右,如图 2-5-12(d)所示。

锉削行程结束后,手和身体都恢复到原来姿势,同时,锉刀略提起退回原位。

3. 锉削力的运用和锉削速度

推进锉刀时两手加在锉刀上的压力,应保证锉刀平稳,不上下摆动。这样,才能锉出平整的平面。

推进锉刀时推力大小,主要由右手控制,而压力大小,是由两手控制的。为了保持锉刀平稳地前进,应满足以下的条件:即锉刀在工件上任意位置时,锉刀前后两端所受的力矩应相等。由于锉刀的位置是不断在改变的,显然,要求两手所加的压力也要随之做相应的改变。即随着锉刀的前进,左手所加的压力由大逐渐减小;而右手所加的压力应由小逐渐增大(图 2-5-13)。这就是锉削平面时最关键的技术要领,必须认真锻炼才能掌握好。

锉削时的速度一般为每分钟 40 次左右。速度太快,容易疲劳和加快锉齿的磨损。

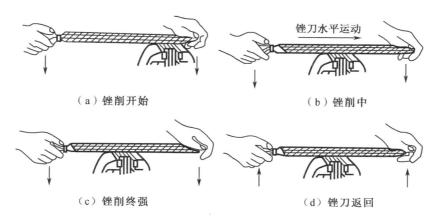

(a)锉削开始　　　　　　　　(b)锉削中

(c)锉削终强　　　　　　　　(d)锉刀返回

图 2-5-13　锉削力矩的平衡

三、平面的锉法

1. 顺向锉

顺向锉(图 2-5-14)是最普通的锉削方法。不大的平面和最后锉光都用这种方法。顺向锉可得到正直的锉痕,比较整齐美观。

2. 交叉锉

交叉锉(图 2-5-15)时锉刀与工件的接触面增大,锉刀容易掌握平稳。同时,从锉痕上可以判断出锉削面的高低情况,因此容易把平面锉平。交叉锉进行到平面将要锉削完成之前,要改用顺向锉法,使锉痕变为正直。

在锉平面时,不管是顺向锉还是交叉锉,为了使整个加工面能均匀地锉削到,一般在每次抽回锉刀时,要向旁边略为移动,如图 2-5-16 所示。

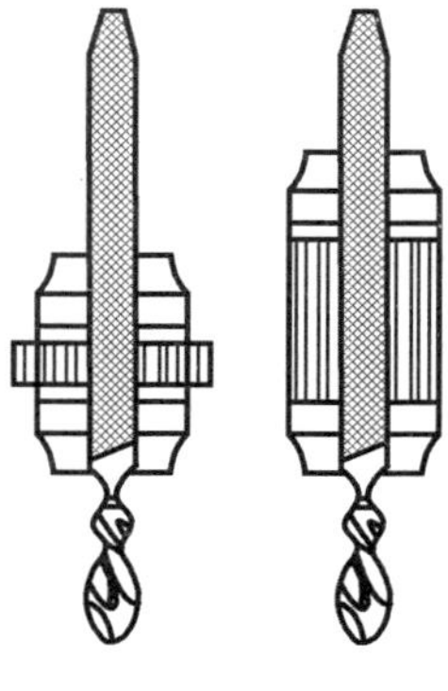

图 2-5-14　顺向锉法

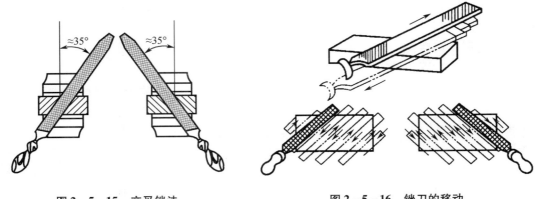

图 2 – 5 – 15　交叉锉法　　　　　　图 2 – 5 – 16　锉刀的移动

3. 推锉

推锉法(图 2 – 5 – 17)一般用来锉削狭长面或用顺向锉法锉刀推进受阻碍时采用。推锉法不能充分发挥手的力量,同时切削效率不高,故只适宜在加工余量较小和修正尺寸时应用。锉刀推进时两手应尽量靠近工件边缘减少锉刀摆动。

图 2 – 5 – 17　推锉法

四、锉削质量的检验

1. 平面度的检查

锉削平面的平面度误差,一般用钢直尺或刀口形直尺以透光法检查,如图 2 – 5 – 18 所示。将刀口形直尺沿加工面的纵向、横向和对角线方向逐一进行检验,以透过光线的均匀程度和强弱来判断加工表面是否平直。平面度误差值可用塞尺塞入检查。对中凹平面,其平面度误差可取各检查部位中的最大值。对中凸平面,则应在两边塞入同样厚度的塞尺进行检查,其平面度误差可取各检测部位中的最大值。用塞尺检测时,应做两次极限尺寸的检查后,才能得出其间隙的数值。例如,用 0.04 mm 的塞尺片可插入,而用 0.05 mm 的塞尺片插不进去,其间隙应为 0.04 mm。

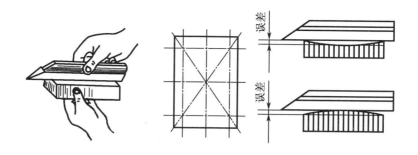

图 2-5-18　锉削平面度的检查

2. 检测平行度检查

以锉平的基面为基准,用游标卡尺或千分尺在不同点测量两平面间的厚度,根据读数确定该位置的平行度是否超差,如图 2-5-19 所示。

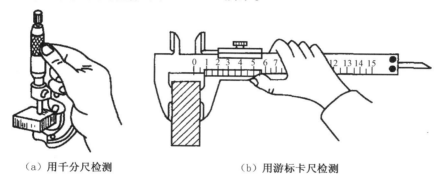

（a）用千分尺检测　　　　　（b）用游标卡尺检测

图 2-5-19　锉削平行度的检查

3. 用 90°角尺检测工件垂直度误差

先将 90°角尺尺座的测量面紧贴工件的基准面,然后从上逐步轻轻向下移动,使 90°角尺的测量面与工件的被测表面接触,目光平视观察其透光情况,以此来判断工件被测面与基准面是否垂直,如图 2-5-20(a)所示。检测时,90°角尺不可斜放,如图 2-5-20(b)所示。

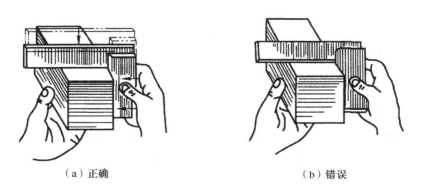

（a）正确　　　　　　　　　（b）错误

图 2-5-20　用 90°角尺检测工件垂直度误差

在同一平面上改变不同的检测位置时,不可在工件表面上拖动90°角尺,以免将其磨损,影响90°角尺本身的精度。

4. 检查线轮廓度误差

曲面形体的线轮廓度误差可通过样板用塞尺或透光法进行检查,如图2-5-21所示。

5. 检查角度

角度可用专用的内或外角度样板进行检查,如图2-5-22所示,也可以用万能角度尺进行检查。

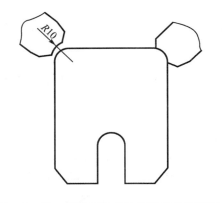

图2-5-21 用样板检查曲面的线轮廓度误差

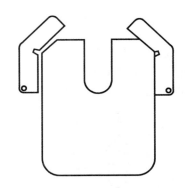

图2-5-22 用角度样板检查角度

五、其他表面的锉法

1. 锉削凸圆弧面

锉削凸圆弧面的方法有两种,一种是用扁锉沿着圆弧进行锉削,如图2-5-23(a)所示。锉刀向前运动的同时绕工件的圆弧中心线做上下摆动,其动作要领是在右手下压的同时左手上提。因为这种锉削方法的工作效率较低,所以只适用于精锉外圆弧面。

另一种是用扁锉横着圆弧面进行锉削的方法,如图2-5-23(b)所示。锉刀做直线推进的同时绕圆弧面中心线做圆弧摆动,待圆弧面接近尺寸时再用沿着圆弧面的方法精锉成形。这种方法只适用于凸圆弧面的粗加工。

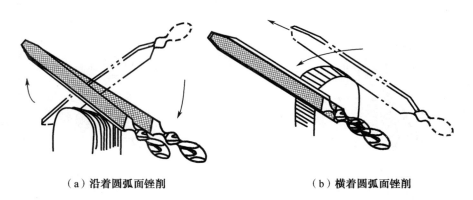

(a) 沿着圆弧面锉削　　　　　　　　(b) 横着圆弧面锉削

图2-5-23 凸圆弧锉法

2. 锉削凹圆弧面

锉削凹圆弧面需要使用圆锉或半圆锉。锉削时,锉刀要同时完成三个运动:前进运动、沿着圆弧面向左或向右移动、绕锉刀中心线转动。只有在三个运动协调完成的前提下,才能锉好凹圆弧面,如图 2 – 5 – 24 所示。无论锉内圆弧或外圆弧都要注意圆弧面同两侧面垂直。

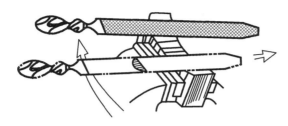

图 2 – 5 – 24 凹圆弧锉法

3. 锉削球面

锉削球面时,锉刀在做凸圆弧面顺向滚锉动作的同时,还要绕球面的中心和周向做摆动,如图 2 – 5 – 25 所示。

4. 锉削直角面

锉内外直角面也是锉削工作中经常遇到的一种。用直角尺经常检查工件直角,将直角尺的短边 A 轻轻地贴紧在工件的基准面上,移动短边并使角尺的长边轻轻靠上被检查工件的另一面,用透光法检查其垂直度(图 2 – 5 – 26)。

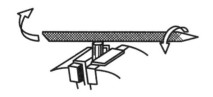

图 2 – 5 – 25 球面的锉法

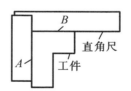

图 2 – 5 – 26 用直角尺检查不垂直度

六、锉削时的废品分析

目前锉削主要作为修整工件或工件的精加工工作,它常常是最后一道工序。若是出了废品,则将造成很大的损失。

1. 工件夹坏

(1)精加工过的表面被台虎钳夹出伤痕

其原因大多为没有用软钳口夹持工件。有时虽用软钳口夹持但夹紧力过大,也会将工件表面夹坏。

(2)空心工件被夹扁

其原因是夹紧力太大或直接用台虎钳口夹紧而变形。例如,夹空心的圆柱形零件时,钳口两面应衬以 V 形铁或弧形木块,否则由于夹紧力作用于工件表面的较小面积上,局部压力太大,就要产生变形。

2. 尺寸和形状不准确

其原因除了由于划线不正确或锉削时检查测量有误差外,多半是由于锉削量过大而又没及时检查,以致锉过了尺寸界线。此外,由于操作技术不熟练或选用了不合适的锉刀,造成废品。锉削角度面时,由于不细心,把已锉好的相邻面锉坏。

3. 表面粗糙

由于表面粗糙而产生废品的原因有以下几种:
(1)在精锉时仍采用较粗的锉刀;
(2)粗锉时锉痕太深,以致在精锉时无法去除粗痕;
(3)铁屑嵌在锉纹中未及时清除,而把工件表面拉毛。

七、锉削的安全操作

锉削一般不易产生事故,但为了避免不必要的伤害,工作时仍应注意以下事项。
(1)锉刀柄要装夹牢固,不要使用锉柄有裂纹的锉刀。
(2)不准用嘴吹铁屑,也不准用手直接清理铁屑。
(3)要先使用锉刀的一个面进行锉削,只有在该面磨钝后,才能再使用另一面进行锉削。
(4)锉刀使用完毕后,不要与其他工具重叠或堆放在一起。
(5)当需要夹持已加工表面时,应使用保护片;夹持较大工件时,要用木垫进行支承。

第三节 锉削操作实例

一、六角形体的锉削

1. 识读工件图样

六角形体如图 2-5-27 所示,材料为 Q235 钢 $\phi28 \times 30$ mm。

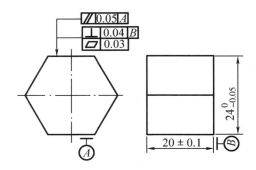

图 2-5-27 六角形体(尺寸单位:mm)

2. 划线

在圆料工件上划内接正六角形的方法,是将工件放在 V 形块上。用高度游标尺测量出圆料工件上母线的高度,再减圆料半径 14 mm,调整高度游标尺至中心位置,划出中心线,如图 2-5-28(a)所示。

按图样六边形对边距离、调整高度游标尺,划与中心线平行的六角形体两对边线,如图 2-5-28(b)所示。然后再依次连接圆上各交点,如图 2-5-28(c)所示。

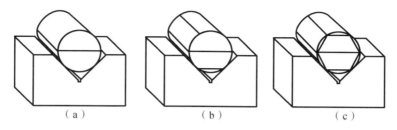

图 2-5-28　在圆料工件上划内接正六角形

3. 锉削步骤

(1)粗、精锉第一面如图 2-5-29(a)所示,要求平面度误差在 0.04 mm 内、与 B 面的垂直度误差在 0.04 mm 内。

(2)粗、精锉第二面如图 2-5-29(b)所示,以第一面为基准划出相距尺寸为 $24_{-0.05}^{0}$ 的平面加工线,再锉削至图样要求。注意两平面间平行度误差在 0.06 mm 内。

(3)粗、精锉第三面如图 2-5-29(c)所示,达到图样要求,与第一面的夹角为 120°,用角度样板或万能量角器来控制。

(4)粗、精锉第三面的相对面如图 2-5-29(d)所示,以第三面为基准划出相距尺寸为 $24_{-0.05}^{0}$ 的平面加工线,再锉削至图样要求。

(5)粗、精锉第五面如图 2-5-29(e)所示,达到图样要求,与第三面的夹角均为 120°,用角度样板或万能量角器来控制。

(6)粗、精锉第五面的相对面如图 2-5-29(f)所示,以第五面为基准划出相距尺寸为 $24_{-0.05}^{0}$ 的平面加工线,然后再锉削至图样要求。

(7)全部精度复验,并做必要的修整锉削,最后将各锐边均匀倒棱。

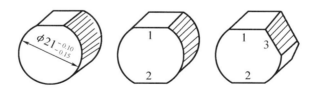

(a)粗、精锉第一面　(b)粗、精锉第二面　(c)粗、精锉第三面

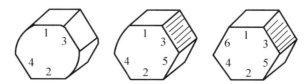

(d)粗、精锉第三面　(e)粗、精锉第五面　(f)粗、精锉第五面
的相对面　　　　　　　　　　　　　　　的相对面

图 2-5-29　六角形体加工步骤

二、直角尺锉削

钳工的有些工具经常需要自制,如图 2-5-30 所示,按图样尺寸要求自创直角尺,材料为 30 钢,厚度 δ = 3 mm,毛坯板料尺寸为 110 mm × 70 mm × 3 mm。两面大平面已磨光。

(1)根据要加工的直角尺精度,应选择透光法粗测,研磨法精测。平行底与 $30_{\ 0}^{+0.015}$ 尺寸应选择 0~25 mm、1 级精度的千分尺检测。

(2)选择 100 mm 尺寸的长直边,采用研磨法检测,经反复几遍锉削修整后使其直线度、平面度、表面粗糙度达到要求,并且窄面与两大平面垂直。

(3)以 100 mm 尺寸外侧窄面为基准将尺寸 63 mm 外侧窄面的线划出。经粗锉、精锉后使其垂直于 100 mm 尺寸外侧面,垂直度不应大于 0.02 mm 且平面度与两大平面的垂直度、表面粗糙度都得到保证。

(4)以 100 mm 尺寸和 63 mm 尺寸外侧面为基准,将直角尺的线全部划出。

(5)钻出 φ2(工艺孔)后,按所划的线留 0.5~1 mm 的余量,用手锯将多余的料锯清除掉。

(6)以 100 mm 长侧面为基准,锉削与其平行的 $30_{\ 0}^{+0.015}$ 尺寸的内侧面。经反复检测锉削后,达到图样的尺寸要求。平行度不大于 0.02 mm,内侧面垂直于两大平面、表面粗糙度达到要求。

(7)以 63 mm 长外侧面为基准,锉削与其平行的 $30_{\ 0}^{+0.015}$ 的内侧面。经反复检测锉削后,达到图样的尺寸要求。平行度不大于 0.02 mm,内侧面垂直于两大平面、表面精度达到要求。

(8)将两处 $30_{\ 0}^{+0.015}$ 尺寸的端头锉削到尺寸。

(9)锐角稍微倒钝(要均匀)校核各部位尺寸,至此直角尺锉削完毕。

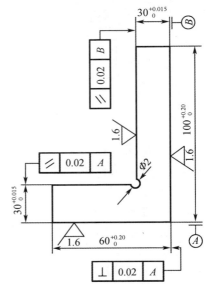

图 2-5-30 直角尺锉削

第六章 钻孔、扩孔、锪孔和铰孔

在各种机械上,孔的运用十分广泛,作用也十分重要。在船舶上,轮机部门工作人员经常在检修机械工作中用钻头在原来的机械或新配的工件上钻孔。如主机观察窗(有机玻璃)、法兰盘和开口销孔及穿过螺栓或销钉的连接孔,轴瓦和铜套的注油孔及机械零件攻丝前的钻孔等,都是由钳工利用各种钻孔设备来完成的。钳工工作范围内的钻孔加工,主要指钻孔、扩孔、锪孔和铰孔。

用钻头在工件上打孔叫作钻孔;用扩孔钻扩大工件上原有的孔径叫作扩孔;用锪孔钻将孔端锪成各种形状叫作锪孔;用铰刀对孔进行提高孔径尺寸精度和减少表面粗糙度值的精加工叫作铰孔。

在钻床上钻孔、扩孔、锪孔和铰孔时,工件都是固定不动的。刀具要求同时完成两个运动:一是主运动,即刀具绕本身轴线所做的旋转运动,也就是切屑运动;二是走刀运动,即刀具沿本身轴线方向对着工件所做的直线运动,也是使切屑得以连续进行下去的运动。

第一节 钻床和钻头

一、钻床

1. 台式钻床

台式钻床简称台钻,是一种放在台上使用的小型钻床,一般用于钻直径 13 mm 以下的孔。图 2 - 6 - 1 为 Z512 型台钻的外形图。

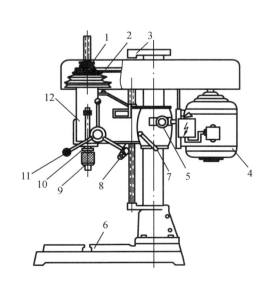

1—塔轮;2—三角胶带;3—丝扣架;4—电动机;5—滚花螺钉;6—工作台;7—紧固手柄;
8—升降手柄;9—钻夹头;10—主轴;11—走刀手柄;12—头架。

图 2 - 6 - 1 Z512 型台钻

如图 2-6-1 所示,该钻床传动部分由电动机 4 及一组五级塔轮传给主轴 10,通过三角皮带的联结进行变速。钻床上装有电器转换开关。能使钻床正转、反转、停止。钻孔时的走刀量靠扳动走刀手柄 11 进行。钻轴头架 12 的升降调整:松开紧固手柄 7,摇动升降手柄 8 使螺母旋转,由于丝杆架 3 固定不动,螺母便带动头架 12 进行升降。调整到适应工件的钻孔高度后,再固紧手柄 7。

2. 立式钻床

立式钻床简称立钻,这类钻床最大钻孔直径有 25 mm、35 mm、40 mm 和 50 mm 等几种,一般用来钻中型工件。立式钻床的刚性好,功率大,因而允许采用较高的切削用量,效率高,加工精度也较高;同时,立式钻床可以自动进给,主轴的转速和进给量变化范围大,可以适应不同材料的刀具及钻孔、扩孔、铰孔、锪孔、攻丝等各种不同的加工需要。图 2-6-2 为 Z525B 型立式钻床外形图,最大钻孔直径为 25 mm。

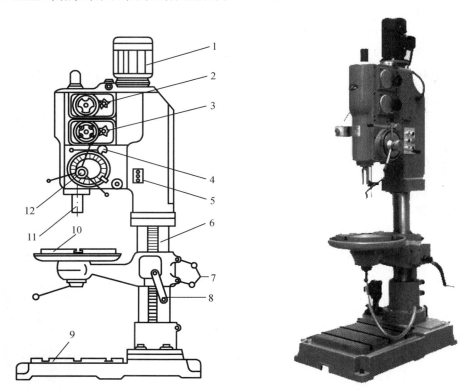

1—电动机;2—主轴变速手柄;3—进给变速手柄;4—离合器手柄;5—按钮;6—立柱;7—锁紧手柄;8—工作台升降手柄;9—方形工作台;10—圆形工作台;11—立柱;12—手工及自动变速端盖;13—进刀手柄。

图 2-6-2 Z525B 型立式钻床

3. 摇臂钻床

图 2-6-3 为摇臂钻床的外形图。它适用于笨重的大工件以及多孔工作上钻孔。

摇臂钻床主要由下列部分组成:底座 1、立柱 5、摇臂 3、主轴箱 4、工作台 2 等。由于主轴箱 4 能在摇臂 3 上移动,摇臂 3 能绕立柱 5 回转 360°并沿着主柱 5 上下移动,从而使摇臂钻床能在很大范围内钻孔。工件可以固定在工作台 2 上或直接固定在底座 1 上。当主轴箱调整到需要的位置后,摇臂 3 和主轴箱 4 可分别由夹紧机构锁紧,以防止刀具在切削时走动和振动。摇臂钻床的主轴转速范围和走刀量范围很广,可用于钻孔、扩孔、锪孔、铰孔、镗孔、攻丝等各种工作。

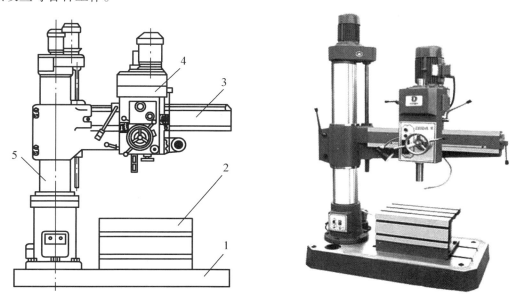

1—底座;2—工作台;3—摇臂;4—主轴箱;5—立柱。
图 2-6-3　摇臂钻床

4. 电钻

当工件很大或由于孔的位置关系,不能把工件放在钻床上钻孔时,可用电钻钻孔。如图 2-6-4 所示为双重绝缘电钻。

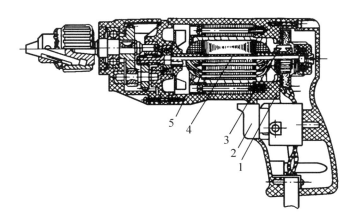

1—电刷加强绝缘;2—开关加强绝缘;3—换向器加强绝缘;
4—转子保护绝缘;5—定子保护绝缘。
图 2-6-4　电钻

电钻的电源电压一般有 220 V 和 36 V 两种。其尺寸规格有 6 mm、10 mm、13 mm 等几种。电钻是操作人员直接握持操作的,保证电气安全极为重要。

二、钻头

钻头是钻孔的主要刀具,因为工作部分外形像根"麻花",所以俗称麻花钻。麻花钻用高速钢制成,工作部分经热处理淬硬至 HRC 62~65。

1. 麻花钻的组成

(1) 柄部

麻花钻的柄部有锥柄和直柄两种。一般钻头直径小于等于 13 mm 的制成直柄,大于 13 mm 的制成锥柄。柄部是钻头被夹持的部位,它的作用是用来传递钻孔时所需的扭矩和轴向力。如图 2-6-5 所示。

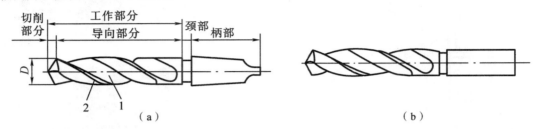

图 2-6-5 标准麻花钻头组成

(2) 颈部

颈部在磨制钻头外圆时作退刀槽使用;钻头的规格、材料及商标等一般也刻印在颈部。

(3) 工作部分

工作部分由切削部分和导向部分组成。切削部分主要起切削工件的作用;导向部分的作用不仅是保持钻头钻孔时钻削方向的正确和修光孔壁,同时还是切削部分的后备部分。

2. 麻花钻工作部分的几何形状和角度

如图 2-6-6 所示,麻花钻切削部分可以看作是正反两把车刀,所以它的几何角度的定义及辅助平面的概念都和车刀基本相同,但又有其自身的特殊性。

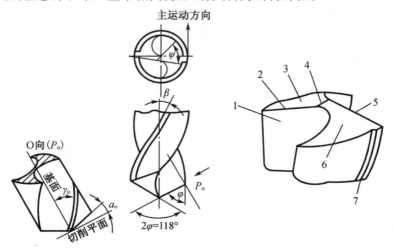

1—前面;2、5—主切削刃;3、6—后刀面;4—横刃;7—副切削刃(棱刃)。

图 2-6-6 麻花钻切削部分和几何角度

(1) 螺旋槽

麻花钻有两条螺旋槽,它的作用是构成切削刃、排出钻屑和输送切削液。螺旋槽面又叫前面。螺旋角(β)是钻头的主切削刃上最外缘处螺旋线的切线与钻头轴心线之间的夹角。标准麻花钻的螺旋角为18°~30°。

(2) 后面

后面指钻头顶部的螺旋圆锥面。

(3) 顶角

钻头上两主切削刃在与其平行的平面上投影的夹角为顶角(2φ)。顶角大,则主切削刃短,定心差,钻出的孔径易扩大;但是顶角大时前角也大,切削比较轻快。标准麻花钻的顶角为118°。顶角为118°时,两主切削刃呈直线形;大于118°时,两主切削刃呈内凹形;小于118°时,两主切削刃呈外凸形,如图2-6-7所示。

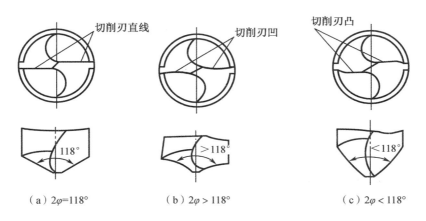

图2-6-7 麻花钻顶角大小对切削的影响

(4) 前角

前角(γ_o)是前面与基面间的夹角。前角的大小与螺旋角、顶角和钻心直径有关,而影响最大的是螺旋角。螺旋角越大,前角也就越大。前角的大小是变化的,其外缘处最大,自外缘向中心不断减小,在中心钻头直径的三分之一范围内开始为负值。前角的变化范围为+30°~-30°。

(5) 后角

后角(α_o)是后面与切削平面间的夹角。后角是在圆柱截面内测量的角度,见图2-6-8。后角也是变化的,其外缘处最小,越接近中心后角越大。

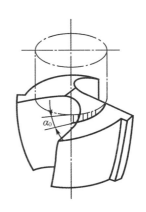

图2-6-8 麻花钻后角的测量

(6) 横刃

钻头两主切削刃之间的连线(就是两个后面的交线)称为横刃。横刃太长,轴向力增大;横刃太短,将影响钻尖的强度。

(7) 横刃斜角

在垂直于钻头轴线的平面上,横刃与主切削刃的投影所夹的锐角,称为横刃斜角(ψ)。

它的大小主要由后角决定,后角大则横刃斜角小、横刃长。标准麻花钻的横刃斜角为 50°~55°。

(8)棱边

棱边(又称刃带)有修光孔壁和作切削部分后备的作用。为减小棱边与孔壁之间的摩擦,在麻花钻上制作了两条略带倒锥的棱边。

3. 钻孔技能训练

(1)麻花钻的刃磨

在砂轮机上磨削麻花钻的切削部分,以获得所需要的几何形状及角度的过程,称钻头的刃磨。刃磨麻花钻时,主要是刃磨钻头的两个后面,同时要保证后角、顶角和横刃斜角的正确性。所以,麻花钻的刃磨是装配钳工较难掌握一项基本操作技能。

麻花钻刃磨后,应达到以下两点要求:

麻花钻两主切削刃对称,也就是两主切削刃和轴线之间的夹角相等,两主切削刃的长度相等。

横刃斜角为 50°~55°。

刃磨时,右手握住钻头的头部作为定位支点,左手握住钻头的柄部做上下摆动;钻头轴线与砂轮轴线之间的夹角等于顶角的一半(58°~59°)。使主切削刃在略高于砂轮水平中心线处先接触砂轮;右手缓慢地使钻头绕自身的轴线自下而上转动;刃磨压力逐渐增大,以刃磨出合理的后角,下压的速度和幅度应根据后角的大小进行调整。刃磨时,两只手的动作要协调,两个后面要轮换刃磨,直至符合要求为止,如图 2-6-9 所示。

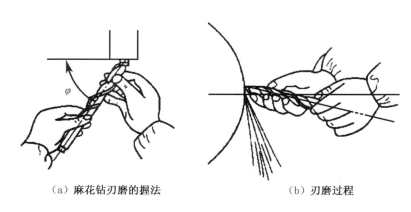

(a) 麻花钻刃磨的握法　　　　(b) 刃磨过程

图 2-6-9　麻花钻的刃磨

(2)麻花钻的修磨

麻花钻的横刃较长,且在横刃处的前角为负值,这样不仅使钻削时的轴向阻力增大,而且定心效果较差,并易造成钻头抖动。所以,直径在 6 mm 以上的钻头一般都要对钻头的横刃进行修磨,以修短横刃,增大横刃处前角。经过正确的刃磨和修磨的钻头,不仅刃口锋利,而且切削部分的角度更加合理,切削性能大为改善。钻孔时,可以获得较高的生产率和较好的加工精度。钻头的使用寿命也延长。

修磨横刃(图 2-6-10):把横刃磨短,使钻心处主刀刃的负前角数值减小。修磨后横刃的长度 b 为原来的 1/3~1/5。修磨横刃后形成内刃,内刃前角 $\gamma_\tau = 0° \sim 15°$,它比原来标准钻头上该处的 $-30°$ 前角切削条件要好得多。一般直径 5 mm 以上的钻头应该修磨横刃,修磨后可减少钻孔时产生的轴向力。

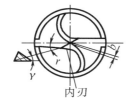

图 2-6-10 修磨横刃

修磨顶角(图 2-6-11):把钻头磨成双重或三重顶角,增加主刀刃长度和刀尖角 ε,改善散热条件,使主刀刃与棱刃交角处的耐磨性提高,以提高钻头的耐用度。一般 $2\varphi_0 = 70° \sim 75°$,$f_0 = 0.2D$($D$ 为钻头直径)。修磨顶角的钻头适宜于加工铸铁。

修磨分屑槽:在主后刀面上磨出错开的分屑槽,把宽切屑分成几条窄切屑,使排屑方便(图 2-6-12)。修磨分屑槽的钻头适宜加工钢料。

修磨前刀面:加工硬材料时为了增加主刀刃外缘部分的强度;加工黄铜、青铜时为了避免钻头自动切入(啃刀),可将钻头主刀刃和棱刃交角处(图 2-6-13 中阴影部分)的前刀面上磨去一块,以减小该处过大的前角。

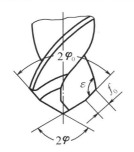
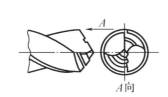

图 2-6-11 修磨顶角　　图 2-6-12 修磨分屑槽　　图 2-6-13 修磨前刀面

常用特殊钻头,薄板钻修磨:薄板钻又称三尖钻。常用于生产数量不多或船舶机械上做金属垫片时需要钻孔的工件上。其在厚度 0.1~1.5 mm 的薄板、薄钢板、镀锌铁皮、薄铝板、铜皮上钻孔。

图 2-6-14 为常用薄板钻的结构。把钻头的两主后刀面磨成凹圆弧,在顶部出现三个顶尖为好。工作时,钻心先切入工件,定住中心,两个锋利的外尖转动包抄迅速把中间的圆片切离,用三尖钻钻薄板,干净利落,安全可靠。

三、钻头装夹工具

1. 钻夹头

柱柄钻头一般用钻夹头夹持。钻夹头(图 2-6-15)上端有一锥孔,紧配入一根上下两端均带有莫氏锥度的芯棒,

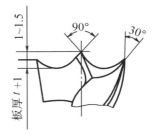

图 2-6-14 薄板钻

装入钻床主轴的锥孔内使用。夹头体 1 的三个斜孔中装有带螺纹的卡爪 5,用来夹紧柱柄钻头,它和环形螺母 4 啮合。当带用小齿轮的钥匙 3 插入夹头体 1 中并转动时,小伞齿轮便

传动钻头套 2 上的大伞齿轮,进而使压合在钻头套 2 内部的环形螺母 4 旋转,使三个卡爪 5 同时推出或缩入,达到夹紧和放松钻头的目的。

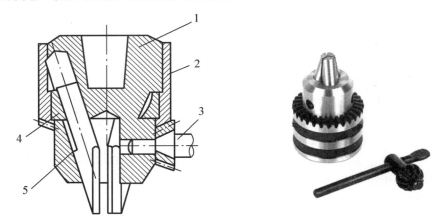

1—夹头体;2—钻头套;3—钥匙;4—环形螺母;5—卡爪。

图 2-6-15 钻夹头结构

2. 钻头套与楔铁

钻头套是将锥柄钻头和钻床主轴连接起来的过渡工具,如图 2-6-16 所示。

楔铁用来从钻套中取出钻头。使用时应该注意两点:一是楔铁带圆弧的一边一定要放在上面,否则会把钻床主轴套或钻套的长圆孔打坏;二是取出钻头时,要用手或其他方法接住钻头,以免落下时损坏钻床台面和钻头。

(a) 钻头套　　　　　　(b) 楔铁

图 2-6-16 钻头套与楔铁

3. 快换钻夹头

快换钻夹头是一种能在主轴转动情况下,更换钻头或其他刀具的夹紧工具(图 2-6-17)。

快换钻夹头装卸迅速,使用方便,减少了换刀时间,提高了生产率,所以在一些生产单位应用较适合。

四、辅助工具

辅助工具是指用于装夹工件的通用工具。常用的有手虎钳、平口虎钳、V 形铁、螺钉压板。

(1)手虎钳如图 2-6-18 所示。在手不能拿的薄、小工件上钻孔或钻孔孔径小于 8 mm 时,必须用手虎钳夹持工件。

图 2-6-17 快换钻夹头

(2)平口虎钳用于装夹外形平整工件(图2-6-19)。

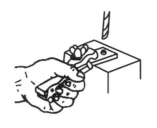
图2-6-18 用手虎钳夹持工件钻孔

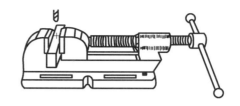
图2-6-19 平整工件用平口虎钳夹紧钻孔

(3)V形铁用在轴或套筒类工件上钻孔,工件常用螺钉压板装夹在V形铁上(图2-6-20)。

(4)压板螺钉用在钻大孔或不适应用虎钳夹紧的工件可直接用压板,螺钉将工件固定在钻床工作台上(图2-6-21)。采用压板螺钉夹紧时应注意使螺钉尽量靠近工件,支架压板的垫铁高度应略高于或等于所压工件,这样才能获得较大的夹紧力和夹紧效果。此外,压板下的工件如表面已经过精加工的,要衬垫铜皮或铝皮,以避免损坏精加工表面。

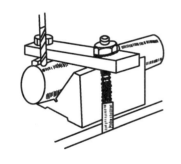
图2-6-20 用V形铁夹持工件钻孔

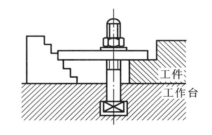
图2-6-21 用压板螺钉夹紧工件钻孔

第二节 钻孔方法及注意事项

一、一般工件的钻孔方法

1. 工件的划线

按钻孔的位置及尺寸要求,划出孔的十字中心线,并在孔的中心打上样冲眼。样冲眼要小,样冲眼的中心要与十字中心线的交叉点重合。按孔径的大小划出孔的圆周线。对较大尺寸的孔径,还要划出几个大小不等的检查圆,以便钻孔时可及时检查与借正孔的位置。当对孔的位置精度要求较高时,为了避免在打中心样冲眼时所产生的偏差,也可以直接划出以孔中心十字线为对称轴线的几个大小不等的方框作为钻孔时的检查线,然后打上中心样冲眼。如图2-6-22所示。

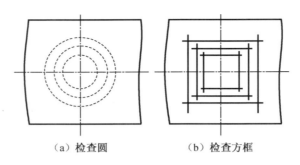

(a) 检查圆　　　　　　(b) 检查方框

图 2-6-22　孔位检查线的形状

2. 起钻

起钻时,先使钻头对准钻孔中心的样冲眼钻出一个浅坑,检查钻孔位置是否正确,并要不断借正,使浅坑与划线圆(或找正圆)同轴。借正的方法:若偏位较少,可在起钻的同时,用力将工件向偏位的反方向推移,达到逐步校正;若偏位较多,可在借正方向上打几个样冲眼,或用油槽錾錾几条浅槽(图 2-6-23),以减小此处钻削阻力,达到借正的目的。但无论用哪种方法,都必须在锥坑外圆直径小于钻头直径之前完成借正过程。

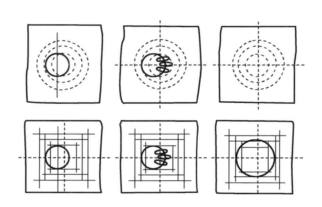

图 2-6-23　用錾槽法借正起钻偏毒

3. 手动进给操作

当起钻达到钻孔的位置要求时,即可压紧工件完成钻孔工作。手动进给时,用力不能过大,否则易使钻头弯曲(用直径较小钻头钻孔时),造成钻孔轴线歪斜,见图 2-6-24。钻小孔或深孔时,进给量要小,并要经常退钻排屑,以免切屑阻塞而使钻头折断。特别需要注意的是,在钻削深孔的过程中,当钻孔深度达到钻头直径的 3 倍时,一定要退钻排屑。当孔将要钻穿时,进给压力必须减小,以防造成人身事故。

4. 钻孔时的冷却

为了使钻头在钻削过程中的温度不致过高,应

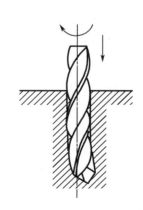

图 2-6-24　钻头弯曲使钻孔轴线歪斜

减小钻头与工件、切屑之间的摩擦阻力,以及清除黏附在钻头和工件表面上的积屑瘤和切屑,进而达到减小切削阻力、延长钻头使用寿命和改善钻孔表面质量的目的,钻孔时要加注充足的切削液。结构钢、工具钢、紫铜、铝合金等在钻孔时需加乳化液冷却润滑。冷硬铸铁一般不加或加5%~8%的乳化液。铸铜、胶木等不需加冷却液。

二、常见孔加工方法

(1) 钻通孔

在孔快要钻穿时,必须减小走刀量,变自动走刀为手动走刀。避免钻头钻穿孔的瞬时因走刀量骤然增大(横刃不工作了,轴向力减小,走刀机构、工作台等的弹性变形恢复)而"啃刀",影响加工质量,甚至会损坏钻头。

(2) 钻盲孔(不通孔)

钻盲孔时,要按钻孔深度调整好钻床上的挡铁、深度标尺或采用其他控制钻孔深度的办法,以免孔钻得过浅或过深。注意孔尖不计入深度尺寸。

(3) 钻深孔

一般钻进深度达到直径3倍时,钻头必须退出排屑,此后每钻进一些就应退出钻头排屑。并应注意冷却钻头,防止因切屑堵塞,使钻头过热而退火。

(4) 钻大孔

直径超过30 mm的孔一般分二次钻。第一次用0.6~0.8倍孔径的钻头钻孔,第二次再用所需直径的钻头扩孔。这样做可以减去钻削时的轴向阻力,保护机床。扩孔时应保证扩孔钻头两条主切削刃长度相等、对称,否则会使孔径扩大。

(5) 钻半圆孔

钻半圆孔的方法,是将工件对合起来钻孔。如果只有一件上要钻半圆孔,则必须另找一块与工件同样材料的垫铁与工件拼在一起钻。

(6) 在斜面上钻孔

用普通钻头在斜面上钻孔时,为避免钻头偏斜滑移、孔钻歪等情况发生,可先用铣刀或錾子在所需钻孔的斜面上铣出一个平台,然后再用钻头钻孔。或者用錾子在斜面上錾出一小平面,在孔中心位置打上样冲眼并用小钻头钻出锥坑,这样钻头有了定心坑就不会偏了。

(7) 对合螺钉(销)孔(俗称骑缝孔)

机器装配过程中,常要在两个零件之间打对合孔。若两个零件的材料相同,则很容易钻;若两个材料不同,一硬一软,则钻孔前,中心点的样冲要打在材料硬的零件上,即钻头预先往硬材料零件一边"借"。钻削过程中,由于两种材料的切削阻力不同,钻头会朝软材料一边偏移,最后钻出的孔正好在两个零件的中间,符合要求。

三、钻孔安全技术

钻孔前检查钻床的传动部分和润滑情况,准备好刀具和安装工件用的工夹具等。安装工件要牢固,不允许有松动现象。

钻孔时工件一定要压紧(除在较大工件上钻小孔外)。在孔要钻穿时应特别小心。尽量减小进刀量,以防进刀量突然增大而发生工件甩出等事故。

钻孔时不准戴手套,手中也不准拿棉纱头,以免不小心被铁屑勾住发生人身伤害事故,不准用手去拉切屑和用嘴吹碎屑。清除切屑应用钩子或刷子,并尽量在停车时清除。

钻孔时，工作台上不准放置刀具、量具及其他物品。钻通孔时，工件下面必须垫上垫块或使钻头对准工作台的槽，以免损坏工作台。车未停妥不准去捏钻夹头。松、紧钻夹头必须用钥匙，不准用手锤或其他东西敲打。钻头从钻头套中退出要用斜铁敲出。钻床变速前应先停车。

使用电钻时（低压及双层绝缘的电钻外）应戴橡胶手套和穿胶鞋（或站在绝缘板上），以防触电。在工作中要随时注意站立的稳定性，以防滑倒。

四、钻孔时的废品分析

钻孔时产生废品的原因主要是：钻头刃磨不准确、钻头或工件装夹不妥当、切削量选择不当和操作不正确等（表2-6-1）。

表2-6-1　钻孔时的废品分析

废品形式	产生原因
孔径大于规定尺寸	1. 钻头两切削刃长度不等，角度不对称； 2. 钻头摆动（钻头弯曲、钻床主轴有摆动、钻头在钻夹头中未装好和钻头套表面不清洁等引起）
孔壁粗糙	1. 钻头不锋利； 2. 进给量太大； 3. 后角太大； 4. 冷却润滑不充分
钻孔偏移	1. 划线或样冲眼中心不准； 2. 工件装夹不稳固； 3. 钻头横刃太长； 4. 钻孔开始阶段未借正
钻孔歪斜	1. 钻头与工件表面不垂直（工件表面不平整和工件底面有切屑等污物所造成）； 2. 进给量太大，使钻头弯曲； 3. 横刃太长，定心不良

五、钻头损坏原因

钻孔时钻头损坏原因主要是：钻头用钝、切削用量不当、排屑不畅、工件装夹不妥和操作不正确等，具体原因见表2-6-2。

表2-6-2　钻头损坏的形式及其原因

损坏形式	产生原因
钻头工作部分折断	1. 用钝钻头钻孔； 2. 进给量太大； 3. 切削在钻头螺旋槽内塞住； 4. 孔刚钻穿时，进给量突然增大； 5. 工件松动； 6. 钻薄板或铜料时钻头未修磨； 7. 钻孔已歪斜而继续工作
切削刃迅速磨损	1. 切削速度太快，而冷却润滑液又不充分； 2. 钻头刃磨未适应工件的材料

第三节　扩孔和锪孔

一、扩孔

扩孔是利用扩孔钻或麻花钻对工件已有的孔进行扩大的加工,如图 2 – 6 – 25 所示。扩孔时无横刃切削,且切削深度小,故切削阻力比钻孔时小,切削时省力。

由于扩孔钻刚性好,切削平稳,所以扩孔可提高孔的尺寸精度,减少表面粗糙度值。扩孔后公差等级可达 IT10 ~ IT9,表面粗糙度可达 Ra 2.5 ~ 6.3 μm。

扩孔常作为孔的半精加工或铰孔前的预加工,扩孔时进给量为钻孔进给量的 1.5 ~ 2 倍,切削速度为钻孔的 1/2。

实际生产中,常用麻花钻代替扩孔钻使用,扩孔钻多用于大批量生产,当孔径大于 30 mm 时,先用 0.5 ~ 0.7 倍孔径麻花钻头钻孔,再用等于扩孔孔径的钻头扩孔,效果较好。

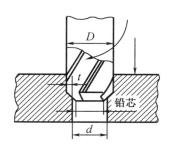

图 2 – 6 – 25　扩孔

扩孔时切削深度 t:

$$t = \frac{D-d}{2} \text{ mm}$$

式中　D——扩孔后的孔径,mm;
　　　d——预加工孔径,mm。

二、锪孔

锪孔是用锪孔刀具在空口表面加工出一定形状的孔或表面,例如锪圆柱形沉孔,见图 2 – 6 – 26(a);锪锥形沉头孔,见图 2 – 6 – 26(b);锪凸台平面,见图 2 – 6 – 26(c)。

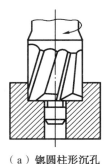 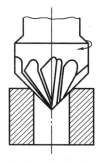 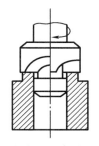

（a）锪圆柱形沉孔　　（b）锪锥形沉头孔　　（c）锪凸台平面

图 2 – 6 – 26　锪孔形式

1. 锪钻的种类

锪钻是标准刀具,由专业厂制造,当没有标准锪钻时,也可用麻花钻或高速钢刀片改制成锪孔刀具。

(1) 柱形锪钻

这种锪钻适用于加工六角螺栓、带垫圈的六角螺母、圆柱头螺钉、圆柱头内六角螺钉的沉头孔。见图2-6-27。

当没有标准柱形锪钻时,也可以用麻花钻改制成柱形锪钻,见图2-6-28。一般选用比较短的麻花钻,在磨床上把麻花

图2-6-27 柱形锪钻

钻的端部磨出圆柱形导柱。端面切削刃用薄片砂轮磨出,后角一般为$\alpha_0 = 8°$。麻花钻的螺旋槽与导柱面形成的刃口要用油石修钝。图2-6-28(b)为不带导柱的平底锪钻。

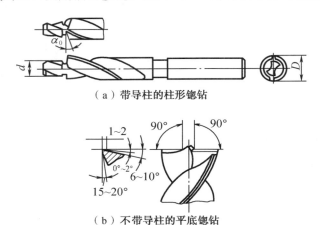

(a) 带导柱的柱形锪钻

(b) 不带导柱的平底锪钻

图2-6-28 麻花钻改制的柱形锪钻

(2) 锥形锪钻

适用于加工沉头螺钉的沉头孔和倒角等。

锥形锪钻的锥角2φ根据工件沉头孔的不同要求,有60°、75°、90°及120°四种,其中90°锥形锪钻使用最多(图2-6-29)。

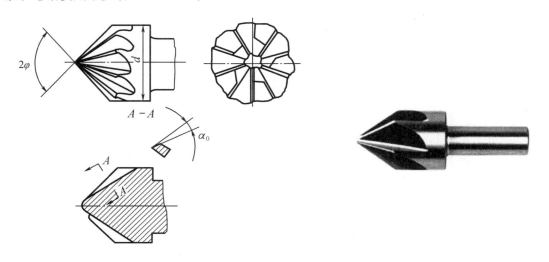

图2-6-29 锥形锪钻

锥形锪钻也可用麻花钻改制后代替,其锥角 2φ 按沉头孔所需角度确定。为了保证锪出的锥形沉头孔表面的粗糙度较小,后角磨得小些,一般取 $\alpha_0 = 6° \sim 10°$,并有 $1 \sim 2 \text{ mm}$ 的消振棱,麻花钻外缘处的前角也磨得小些,一般取 $\gamma_0 = 15° \sim 20°$,切削刃要磨得对称,如图 2-6-30 所示。

(3)端面锪钻

适用于加工螺栓孔凸台、凸缘表面。多齿端面锪钻只在端面上有切削刃。多齿端面锪钻的刀体为套式,使用时与刀杆相配,依靠紧定螺钉传递转矩。刀杆的圆柱部分伸入工件已有孔内,起导向作用,保证锪削的平面与孔中心线垂直。为了提高锪钻的使用寿命,一般在刀体上镶有硬质合金刀片,见图 2-6-31。

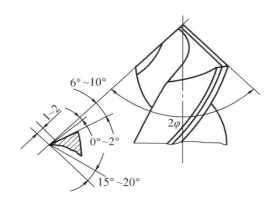

图 2-6-30 麻花钻改制的锥形锪钻

图 2-6-31 多齿端面锪钻

在生产实践中也常用镗刀杆和高速钢刀片组成简单的端面锪钻。高速钢刀片与镗刀杆上的方孔以 h6 的间隙配合,刀片切削刃必须与刀杆轴线保持垂直。刀片装入刀杆方孔后用螺钉固定。镗刀杆的端部直径与工件已有孔采用 f7 间隙配合,以保证良好的导向作用,使锪出的端面与孔中心线垂直。刀片的几何参数根据被加工零件的材料确定:锪铸铁时 $\gamma_0 = 5° \sim 10°$,锪钢时 $\gamma_0 = 5° \sim 10°$,后角 $\alpha_0 = 6° \sim 8°$,副后角 $\alpha_0' = 4° \sim 6°$,见图 2-6-32。

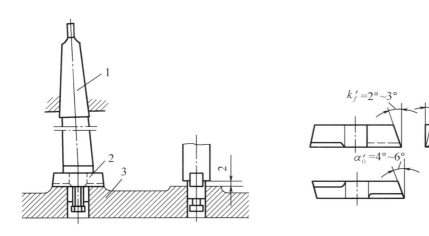

图 2-6-32 简单端面锪钻

2. 锪孔的操作要点

锪孔方法与钻孔方法基本相同。锪孔操作不当,容易在所锪平面或锥面上出现振痕。为避免这种现象,应注意以下几点:

(1) 用麻花钻改制的锪钻要尽量短,以减少锪削过程中的振动。

(2) 锪钻的前角、后角不能太大,后面上要修磨一条零后角的消振棱。

(3) 用麻花钻改制的锪钻锪削圆柱形沉孔之前,先用相同规格的普通麻花钻扩出一个台阶孔作为导向,其深度略浅于圆柱形沉孔的深度,然后锪平圆柱形沉孔的底面,见图 2-6-33。

(4) 锪削时的切削速度应比钻孔时低,一般为钻孔切削速度的 $1/2 \sim 1/3$,甚至利用钻床停机后主轴的惯性进行锪削。

(5) 当锪至所需深度时,停止进给后应让锪钻继续旋转几圈,然后再提起。

(6) 锪钻的刀杆和刀片都要装夹牢固,工件也要夹紧。

(7) 锪削钢制零件时,要在锪削表面添加切削液,在导柱表面加润滑油。

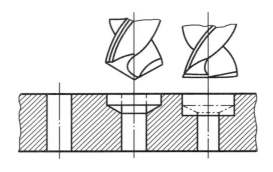

图 2-6-33 先扩孔后锪平

3. 锪孔时常见弊病的产生原因和防止方法

如果锪钻的几何参数选择不当,锪钻和工件装夹不当、切削用量选择不适当和操作不正确,就会产生废品,具体分析见表 2-6-3。

表 2-6-3 锪孔时常见弊病的产生原因和防止方法

弊病形式	产生原因	防止方法
锥面、平面呈多角形	1. 前角太大,有扎刀现象; 2. 锪削速度太高; 3. 选择切削液不当; 4. 工件或刀具装夹不牢固; 5. 锪钻切削刃不对称	1. 减小前角; 2. 降低锪削速度; 3. 合理选择切削液; 4. 重新装夹工件和刀具; 5. 正确刃磨
平面呈凹凸形	锪钻切削刃与刀杆旋转轴线不垂直	正确刃磨和安装锪钻
表面粗糙度差	1. 锪钻几何参数不合理; 2. 选用切削液不当; 3. 刀具磨损	1. 正确刃磨; 2. 合理选择切削液; 3. 重新刃磨

第四节 铰 孔

铰孔是用铰刀对已加工的孔进行精加工。公差等级可达 IT9~IT7 级,表面粗糙度值可达 $Ra3.2$~0.8 μm。

一、铰刀

铰刀是用于铰削加工的刀具。它有手用铰刀(直柄,刀体较长)和机用铰刀(多为锥柄,刀体较短)之分。铰刀的切削刃比扩孔钻多 6~12 个,且切削刃前角孔 $\gamma_0=0°$,并有较长的修光部分,因此加工精度高,表面粗糙度值低。铰刀多为偶数个刀刃,并成对地位于通过直径的平面内,便于测量直径的尺寸。手铰切削速度低,不会受到切削热和振动的影响,是对孔进行精加工的一种方法。

各种常用铰刀的特点如下。

1. 整体式圆柱铰刀

手铰刀末端为方头,手铰刀的切削部分比机铰刀长得多,可夹在铰杠内,手铰刀铰孔时速度低,靠校准部分导向,所以校准部分较长,倒锥呈很小(0.005~0.008 mm),没有圆柱部分;机铰刀柄部有圆柱形和圆锥形两种,铰刀可通过钻套可直接在主钻或摇臂钻主轴上,靠机床引导其铰削方向进行铰孔。如图 2-6-34 所示。

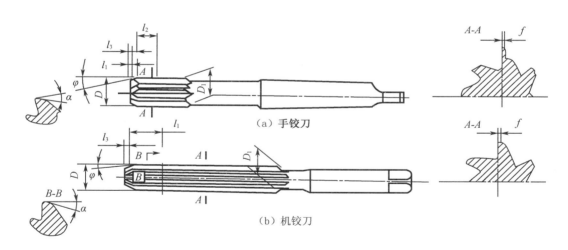

图 2-6-34 整体式圆柱铰刀

2. 可调节手铰刀

可调节手铰刀的直径可用螺母调节,多用于单件和修配时的非标准通孔。其结构如图 2-6-35 所示。调节前后螺母,使刀片沿槽移动,改变铰刀直径,以适应加工不同孔径的需要。

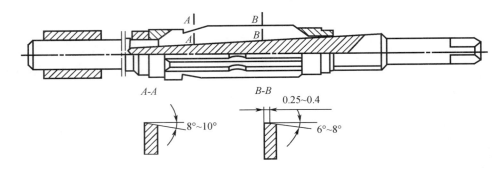

图 2-6-35 可调式手铰刀

3. 锥铰刀

锥铰刀用来铰削圆锥孔,其结构如图 2-6-36 所示。一般有 1:10 锥铰刀、0~6 号莫氏锥铰刀、1:30 锥铰刀和 1:50 锥铰刀。1:10 锥铰刀和莫氏铰刀,切削量较大,一般做成两三把一套。

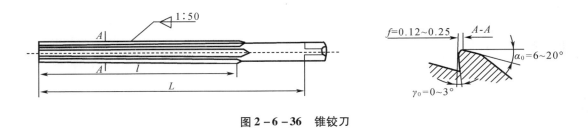

图 2-6-36 锥铰刀

4. 螺旋槽手铰刀

螺旋槽手铰刀常用于铰削有键槽的孔,螺旋槽的方向一般为左旋,其结构如图 2-6-37 所示。这种铰刀铰削平稳,铰削的孔光滑,有键槽的孔用这种铰刀铰削。

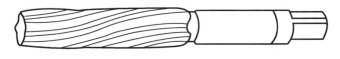

图 2-6-37 螺旋槽手铰刀

5. 硬质合金机铰刀

采用镶片式结构,适用于高速铰削和硬材料铰削,其结构如图 2-6-38 所示。

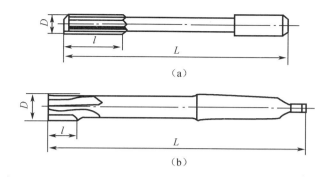

图 2-6-38 硬质合金机铰刀

二、铰孔方法

1. 根据孔的公差等级和表面粗糙度,确定工艺过程。一般当孔径小于 $\phi40$ mm 的孔,要求公差等级为 IT9～IT8,表面粗糙度值为 Ra 2.5～1.25 μm 时,加工过程是先钻孔后扩孔,再粗铰和精铰。

2. 铰孔余量不能过大或过小,否则影响铰孔质量。

3. 铰孔操作方法如下:

(1) 工件要夹牢、夹正,使铰刀与孔中心同轴。

(2) 手工铰削时,两手用力均匀,转动和进刀要平稳,不能摇摆。

(3) 注意改变每次铰刀停歇位置,避免在孔壁形成振痕。

(4) 铰时铰刀不能反转,以免刀刃磨钝或崩刀。

(5) 铰制钢件时,要及时清除黏在刀齿上的切屑及刀瘤。

(6) 铰削 1:10 和莫氏锥孔时,因铰削余量大;故铰削前要钻成阶梯孔,使各段余量均匀,如图 2-6-39 所示。

(7) 用手铰刀铰孔前,铰刀直径要用千分尺检查。

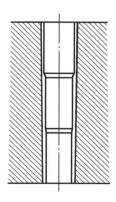

图 2-6-39 钻阶梯孔铰削

4. 为保证铰孔的表面质量和减少铰刀磨损,必须用切削液冷却和润滑,铰削时参考表 2-6-4。

表 2-6-4　铰孔用切削冷却液

加工材料	冷却润滑液
钢	1. 10%~20% 乳化液； 2. 铰孔要求高时,采用 30% 菜油加 70% 肥皂水； 3. 铰孔的要求更高时,可用采油、柴油、猪油等
铸铁	1. 不用； 2. 煤油,但要引起孔径缩小,最大缩小值达 0.02~0.04 mm； 3. 低浓度的乳化液
铝	煤油
铜	乳化液

第七章 攻丝和套丝

用丝锥(丝攻)在孔中内表面切削出内螺纹称为攻丝;用板牙在圆柱外表面切出螺纹称为套丝。

第一节 攻 丝

一、丝攻工具

1. 丝攻

丝攻分手用丝攻和机用丝攻,见图 2-7-1。丝攻由柄部和工作部分组成。柄部有方榫,是攻螺纹时用于夹持在绞手内的部分,起传递扭矩的作用。工作部分由切削部分(L1)和校准部分(L2)组成。切削部分的前角一般为 8°~10°,后角一般为 6°~8°;校准部分具有完整的牙型,用来修光和校准已切削出的螺纹,并引导丝攻沿轴向运动,校准部分的后角为 0°。丝攻的规格刻在柄部。

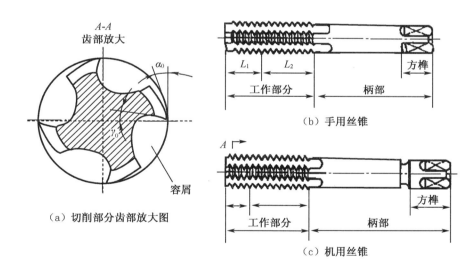

图 2-7-1 丝攻

攻螺纹时,为减小切削力和延长丝攻使用寿命,将整个切削工作量分配给几支丝攻来共同承担。通常 M6~M24 的丝攻每一套有两支,M6 以下及 M24 以上的丝攻每一套有三支,这是因为小螺丝攻强度不高,容易折断,所以备三只;而大螺丝攻切削量大,需要几次逐步切削,所以也做成三只一套。细牙螺纹丝攻不论大小均为两支一套。三支一套的螺丝攻按头攻负荷 60%、二攻 30%、三攻 10% 来分配切削量,如图 2-7-2 所示。二支一套的螺丝攻按头攻负荷 75%,二攻负荷 25% 来分配;这样分配切削量,丝攻磨损均匀,使用寿命较长,攻丝时也较省力。

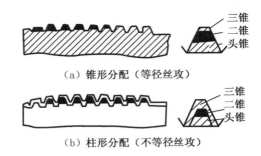

(a)锥形分配（等径丝攻）

(b)柱形分配（不等径丝攻）

图2-7-2 成套丝攻切削负荷分配方法

2. 铰杠

铰杠是手工攻螺纹时用来夹持丝攻的工具。铰杠分普通铰杠（图2-7-2）和丁字形铰杠（图2-7-3），它们又各有两种形式。手工攻丝必须用绞手夹住丝攻的柄部方榫处，转动绞手带动丝攻旋转。

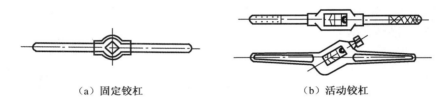

(a)固定铰杠　　　　　(b)活动铰杠

图2-7-2 普通铰杠

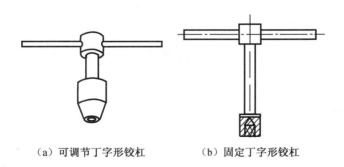

(a)可调节丁字形铰杠　　(b)固定丁字形铰杠

图2-7-3 丁字形铰杠

二、底孔直径与孔深的确定

1. 底孔直径的确定

由于材料的韧性不同，挤压后隆起的程度也不一样，因此底孔直径要根据材料的性质来决定，其方法有下述两种。

（1）查表法

查表法如表2-7-1所示。

表 2-7-1　攻普通螺纹时底孔的直径

螺纹直径/mm	普通螺纹		第一细牙螺纹		第二细牙螺纹		第三细牙螺纹	
	生铁、青铜	钢、黄铜	生铁、青铜	钢、黄铜	生铁、青铜	钢、黄铜	生铁、青铜	钢、黄铜
2.6	2.15	2.15	2.25	2.25	—	—	—	—
3.0	2.5	2.5	2.65	2.65	—	—	—	—
3.5	2.9	2.9	3.15	3.15	—	—	—	—
4	3.3	3.3	3.5	3.5	—	—	—	—
5	4.1	4.2		4.5				
6	4.9	5.0	5.2		5.5	5.5	—	—
7	5.9	6.0	6.2		6.1	6.5	—	—
8	6..6	6.7	6.8	6.9	7.1	7.2	7.4	7.5
9	7.6	7.7	7.8	7.9	8.1	8.2	8.4	8.5
10	8.3	8.4	8.8	8.9	9.1	9.2	9.4	9.5
11	9.3	9.4	9.8	9.9	10.1	10.2	10.4	10.5
12	10	10.1	10.5	10.9	10.8	10.9	11.2	11.2
14	11.7	11.8	12.3	12.4	12.8	12.9	13.2	13.2
16	13.8	13.8	14.3	14.4	14.8	14.9	15.2	15.2

（2）经验公式法

在实际工作中查表很不方便，一般都采用经验公式来计算。

公制螺纹硬材料：
$$d_1 = d - 1.2p$$

公制螺纹韧性材料：
$$d_1 = d - 1.1p$$

2. 攻不通孔，底孔深度的确定：攻不通螺孔时，由于丝锥切削部分不能绞制出完整的螺纹，所以钻孔深度至少要等于螺纹深度加上丝锥切削部分长度。这段长度大约等于螺纹外径的 0.7 倍，钻孔深度 = 需要螺纹长度 + 0.7d。

三、攻丝方法

攻螺纹前，要对底孔孔口进行倒角，且倒角处的直径应略大于螺纹的大径，而且通孔螺纹的两端都要倒角。这样能使丝锥起攻时容易切入材料内，并能防止孔口处被挤压出凸边。

装夹工件时，应尽量使螺孔的中心线处于竖直或水平位置。这样能使攻螺纹时容易观察到丝锥轴线是否垂直于工件平面。

起攻时，尽量把丝锥放正，然后再对丝锥加压并转动铰杠，见图 2-7-4。当丝锥切入 1~2 圈后，应及时检验并校正丝锥的位置和方向。检查时，应对丝锥的正面和侧面都进行检查，以确保丝锥位置和方向的正确性。一般在切入 3~4 圈后，丝锥的位置和方向就可以基本确定,不允许再对明显的偏斜进行强制纠正。

(a) 起攻　　　　　　　　　　(b) 检查丝锥的垂直度

图 2-7-4　攻丝方法

当丝锥的切削部分全部切入工件后,只需转动铰杠即可,不能再对丝锥施加压力,否则,螺纹牙形可能被破坏。在攻螺纹的过程中,两手用力要均匀,正转一圈或半圈要倒退 1/4~1/2 圈,使切屑碎断,易于排出,避免因切屑堵塞而使丝锥被卡住或折断。

攻不通孔螺纹时,要经常退出丝锥,及时排除孔内切屑;否则,会因切屑过多造成阻塞,使丝锥折断或螺纹深度达不到要求。当工件不便倒出切屑时,可用磁棒将切屑吸出,或用弯曲的小管将切屑吹出。

攻塑性材料的螺纹孔时,要加注切削液,以减小切削阻力,减小螺纹牙型的表面粗糙度值,并起到延长丝锥使用寿命的作用。

使用成套丝锥攻螺纹时,必须按头锥、二锥、三锥的顺序进行攻削,直至达到标准尺寸。

攻丝的要领可归纳如下:

两手握柄压力均,旋转丝攻顺时转。绞出两牙需校正,进进退退压力停。

四、丝攻折断原因和取出的方法

1. 丝攻折断的原因

(1) 底孔直径太小,切削阻力大,强行攻丝造成折断。

(2) 丝攻中心线与底孔中心线不吻合,造成切削阻力不匀,单边受力。

(3) 绞手选择不当,绞手柄太长或柄两端用力不匀,用力过大等。

(4) 工件材料太硬而黏,未及时加润滑液。

(5) 攻不通孔时,未做螺纹深度记号以致丝攻碰到孔底而强行攻造成折断。

(6) 攻丝过程中未及时回转以致造成切屑卡死而折断丝攻。

2. 螺丝攻折断在孔内后的取出方法

(1) 可采用专用扳手或用三根钢丝插入丝攻三个出屑槽内反旋出来,如图 2-7-5 所示。

(2) 如断丝攻尚有部分伸出孔外,可用钢丝钳夹住反

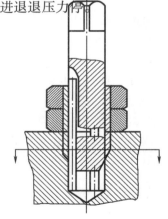

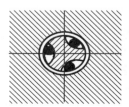

图 2-7-5　用弹簧钢丝插入攻槽中取断丝攻方法

旋出来,或用小錾子反方向凿出,如图2-7-6所示。

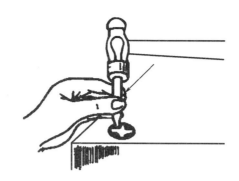

图2-7-6　用錾子或冲头打丝攻断槽取断丝攻方法

(3)当丝攻断于孔中很深而难取出时,应将丝攻加热退火,用反牙丝攻倒退出来(丝攻直径较大的情况下也可用此方法)。

(4)在不影响工件使用的情况下,也可将很难取出的断丝攻进行退火,然后重新在原位钻大点的孔,改攻大一些的螺纹。

第二节　套　　丝

用板牙加工工件外螺纹的加工方法,称为套丝。

一、套丝工具

套螺纹用的工具有板牙(图2-7-7)和板牙架(图2-7-8)。

(a) 封闭式　　　　　(b) 开槽式

图2-7-7　板牙

图 2-7-8 板牙架

1. 板牙

板牙是套丝用的刀具,它具有所绞制螺纹的同样螺纹。板牙两端的锥角部分是切削部分,当中具有完整齿深的一段是校准部分,也是套丝时的导向部分。板牙上有出屑孔,其主要用途是形成切削刀并排出切屑。出屑孔的数量由螺纹直径的大小来决定,一般为 3~8 个,板牙有封闭式和开槽式两种结构。另外还有一种管子板牙(图 2-7-9),其牙型角为 55°,螺纹配合后没有径向间隙,它的公称直径是指管子的内径,以英寸为单位。

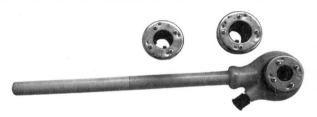

图 2-7-9 管子板牙

2. 板牙绞手(板牙架)

用来带动板牙转动而进行套丝的工具。板牙装在板牙架上后用止动螺丝顶紧。

二、套丝前圆杆直径的确定

同攻丝一样,由于材料的切削性能不同,塑性材料套丝时牙尖总要挤高一些,所以在塑性材料上套丝时,螺杆直径要比在脆性材料上套丝时小一些。各种螺纹套丝前圆杆直径可以通过查表确定,也可以通过计算来确定:

$$d_{杆} = d - 10.13P$$

式中　$d_{杆}$——套螺纹前圆杆直径,mm;

　　　d——螺纹大径,mm;

　　　P——螺距,mm。

三、套丝方法

1. 棒料套丝

套丝前,先将棒料需套丝一端倒成 15°~20° 的斜角,然后把板牙切口朝下套在棒料上,并使板牙端面与棒料轴线垂直。开始套丝时,两手握柄距离要小,尽量靠拢些,加以适当压力,顺时针旋转,套出 2~3 牙后,用目测方法两边校正,检查是否歪斜,如不歪斜就可套下去。同攻丝一样,每旋转一圈要倒退 1/4 或 1/2 圈,以便切断并排出切屑。套好时要加以适当的冷却润滑液,以提高螺纹的表面粗糙度和延长板牙块的使用寿命。

套丝要领可归纳如下:

两手握柄近中心,切口朝下压力匀。

顺时旋转套二牙,两边校正免压进。

冷却润滑不可少,进切回断再进行。

2. 管子套丝

套丝前先根据管径选择好相应的板牙块,按牙块上的号码与板牙架上的牙块槽号码对应按顺序装上,旋转调径盘使牙块到位后将紧固手柄旋紧。管子夹在管虎钳上后,将板牙架套在管子一端。旋转导块扳手手柄,使三个导块与管壁相接触以保证板牙架在管子上的稳定性;然后加压力顺向转动手柄,套出 2~3 牙后去除压力,转动手柄套丝至完成。套完后将舒张手柄松开一点再转动一下板牙架以便切断切屑。最后将舒张手柄完全松开退出板牙架。注意在整个操作过程中要加以适当的冷却润滑液以保证螺纹的质量。

管子套丝要领可简单归纳如下:

导板靠拢管,松开调径盘。

拉紧舒张柄,调整板牙径。

紧固调径盘,推力右下转。

丝出免推力,只需顺向转。

到头径放大,屑断松导板。

第八章 刮削和研磨

第一节 刮 削

用刮刀在工件表面上刮掉很薄一层金属的操作叫作刮削。

刮削的主要作用是把工件经机械加工遗留下来的加工痕迹清除掉。因为刮刀在对工件表面切削时,由于刮刀具有负前角,对工件表面进行多次的反复推刮和压光作用,所以刮削后的表面组织要比机械加工件表面精度高,粗糙度好,因而滑动阻力小,磨损小。图 2-8-1 比较出刮削前后的工件表面情况。另外,通过刮削可把使用过的机械部件因磨损而形成不平的工作表面重新加工成合乎要求的滑动表面,以保证机械的正常运转。

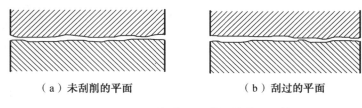

(a) 未刮削的平面　　　　(b) 刮过的平面

图 2-8-1　刮削前后工件接触情况比较

刮削工作有平面刮削和曲面刮削两类。

平面刮削中,有单个平面的刮削,如刮研平板、平尺、平面导轨和工作台面等;组合平面的刮削,如刮研 V 形导轨面和燕尾导轨面等。曲面刮削中,有刮研圆柱面、圆锥面,如滑动轴承的轴瓦、锥孔、圆柱导轨面等;球面刮削,如配刮自位球面轴承、配合球面等;成形面刮削,如修刮齿条、蜗轮的齿面等。

一、刮削工具

1. 校准工具

校准工具有标准平板、校准直尺和角度直尺三种。校准平板用来检验宽的平面;校准直尺用来检验狭长的平面;角度直尺用来检验燕尾导轨的角度。船舶机械的实际修刮中常用两个滑动件互磨来检查。如图 2-8-2 所示。

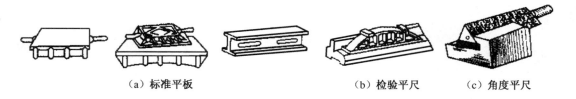

(a) 标准平板　　　　(b) 检验平尺　　　　(c) 角度平尺

图 2-8-2　刮削校准工具

2. 平面刮刀

（1）平面刮刀的种类

按照刮刀的形状又可分为直头刮刀和弯头刮刀两种，如图 2-8-3 所示。图 2-8-3（a）、(b)、(c)所示为普通刮刀，它是平面刮刀中最常见的一种，按所刮表面的精度及顶端角度可分为粗刮刀、细刮刀、精刮刀三种。图 2-8-3(d)为活头刮刀，采用此种刮刀不仅可以节约优质金属材料，而且可以根据不同需要调换各种刀头。

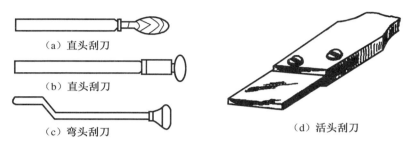

图 2-8-3 平面刮刀

（2）平面刮刀的刃磨方法：

①粗磨刮刀：把经淬火硬化的刮刀顶端放在砂轮搁架上磨平，如图 2-8-4 所示。然后把刮刀的宽平面和窄平面放在砂轮侧面上磨平或磨成 90°角。磨时应沾水冷却，以防刮刀头部退火发软。

②细磨刮刀：粗磨后的刮刀刀刃上留有极细的凹痕或毛刺，必须用油石加以细磨，刃磨方法如图 2-8-5 所示。先在油石上滴些煤油或机油，刃磨刮刀的顶端面，刃磨时刀身垂直于油石表面稍有前倾，同时也需横向刃磨刮刀的两侧面。这样顶面和侧面交替研磨，使毛刺断落下来。

图 2-8-4 粗磨刮刀　　　　　图 2-8-5 细磨刮刀

为磨出刮刀刃口的一定角度，刮刀的刃口和刃磨时的运动方向需交成一个较小的角度，其角度按粗、细、精刮的要求而定。如图 2-8-6(a)所示，粗刮刀为 90°~92.5°，刀口平直，刮削量较大，细刮刀为 95°左右，刀刃稍带圆弧，切削量较小，精刮刀为 97.5°左右，刀刃带圆弧，刮削量较小；刮韧性材料的刮刀，可磨成正前角，但这种刮刀只适用于粗刮。刮刀平面应平整光洁，刃口无缺陷，无砂轮磨痕，顶端角度交线要直。图 2-8-6(b)所示的几种错误形状刃磨时必须注意防止，否则刮刀刃口将不锋利。

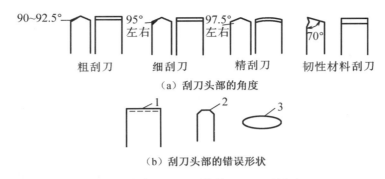

(a) 刮刀头部的角度

(b) 刮刀头部的错误形状

1—刀刃不光洁;2—刀刃不锋利;3—刀刃呈圆弧。

图 2-8-6 刮刀头部形状和角度

3. 曲面刮刀及刃磨方法

(1)曲面刮刀的种类

曲面刮刀用来刮削内曲面,如船舶主、辅机的轴瓦等。曲面刮刀分为三角刮刀、柳叶刮刀和蛇头刮刀三种,如图 2-8-7 所示。三角刮刀也可由三角锉刀改制而成。

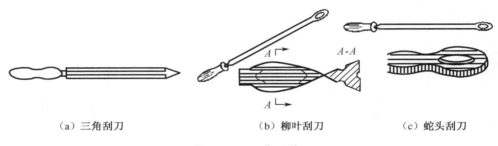

(a) 三角刮刀　　　　　(b) 柳叶刮刀　　　　　(c) 蛇头刮刀

图 2-8-7 曲面刮刀

(2)曲面刮刀的刃磨

曲面刮刀刃磨也与平面刮刀刃磨类似分为两步进行。粗磨时,以左手轻轻地把刃口压在砂轮上,右手握着刮刀柄使它依照刀口弧形摆动,同时又在砂轮上移动。细磨时,油石上涂上机油,把刮刀的两个刃同时放在油石面上,使刮刀的长度方向与油石的长度方向一致,右手握柄,左手轻压刀身,沿着油石来回移动,同时还要依照刀刃的弧形做上下摆动,直至刃磨合乎要求为止,如图 2-8-8 所示。

图 2-8-8 在油石上精磨三角刮刀

三、显示剂和刮削精度的检查

显示剂是用来显示刮削表面和标准表面之间的不平程度,检查接触面积大小和部位的涂料。显示剂应色泽鲜明,对工件没有磨损及腐蚀作用。

1. 显示剂的种类

(1) 红丹粉

红丹粉分为氧化铝(呈橘黄色)和氧化铁(呈红褐色)两种。使用时,用机油或牛油调和而成,多用于对黑色金属的显示。

(2) 蓝油

蓝油是由普鲁士蓝粉和蓖麻油调和而成,多用于有色金属及精密工件。

2. 显示剂的使用方法

显示剂可涂在工件表面上,也可涂在标准平板表面上。显示剂涂在工件上显示的研点是红底,暗黑点,没有闪光,容易看清,一般可用于细刮。显示剂涂在标准平板表面上研点是灰白色底,黑红色点,闪光炫目,不易看清,但切屑不易黏附在刀口上,刮削方便,一般可用于粗刮(图2-8-9)。

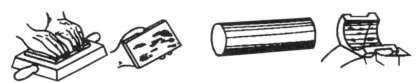

(a) 平面显示法　　　　(b) 曲面显示法

图 2-8-9　平面和曲面的显示法

显示剂在粗刮时,可涂得稍厚些,随着精度的提高而减薄,但涂布必须均匀。

3. 刮削精度的检查

检查刮削精度的方法有以下两种。

(1) 以贴合点的数目来表示。就是用边长 25 mm 正方形框内点子的数目多少确定,贴合点数目越多精度越高。

(2) 用水平仪或百分表对刮削面进行中凸、中凹、波形及两导轨面的扭曲情况检查。

在船舶机械的实际修刮中,常用两个滑动件互磨来检查。刮削质量的好坏,可根据刮削研点的多少、分布情况和表面粗糙度来确定。刮削研点的检查是用边长 25 mm 的方框来检查的,如图 2-8-10,刮削精度以在方框内的研点数目来表示。

三、平面刮削

1. 平面刮削的方法

(1) 挺刮法

如图 2-8-11 所示,将刮刀柄顶在小腹右下侧,双手握住刀身(距刀刃 80 mm 左右)。刮

图 2-8-10　用方框检查研点

削时,利用腿和臂部的力量使刮刀向前推刮,刮刀开始向前推时,双手加压力,在推动后的瞬间,右手引导刮削方向,左手立即将刮刀提起,这样就完成了刮削动作。

(2) 手刮法

如图 2-8-12 所示,右手握刀柄,左手握住刮刀头部(距刀头部约 50 mm)。刮削时,右臂利用上身摆动向前推;左手向下压,并引导刮削的方向,左足前跨,上身随着向前倾,这样可增加左手压力,也易看清刮刀前面的点子情况。双手如同挺刮一样动作,左手向下加压前推随即将刮刀提起。手刮法的推、压和提的动作都是依靠两只手臂的力量来完成的。

(3) 肩挺法

如图 2-8-13 所示,将刮刀柄顶在右肩处,双手握住刀杆,距离刀口 80 mm 左右,用右肩和上身的力量向前挺刮,双手下压刀杆,刮一段刀花后,立即提起刮刀,适用于工件较高而面积不太大的刮削。其刮削工件和研点的过程与手推式相同。

图 2-8-11 挺刮法

图 2-8-12 手刮法

图 2-8-13 肩挺法

无论用什么样的刮法,其动作基本上是相似的,可简单归纳如下:

握好刮刀,前低后高;

对准高点,推压带挑;

过点提刀,一点一刀。

2. 平面刮削步骤

(1) 放置工件

将工件放平稳,将刮削面擦干净(清除油污、铁锈、毛刺等)。

(2) 涂显示剂

在标准平板上均匀地涂上显示剂。

(3) 粗刮

工件表面有显著加工痕迹、严重锈蚀或较多加工余量(0.1~0.25 mm)时,必须先进行粗刮。所谓粗刮就是刮削时用力大、刀印长,并使刀印连成一片。刮第二遍时,应与第一遍刀印成 30°~45°,按此法刮削一二遍后,机加工纹路基本上可以消除。然后将工件放到涂有显示剂的标准平板上推磨(推磨时压力要均匀,走"8"字形),经推磨后显示的点子用刮刀刮掉。这样继续磨点子、刮削,直至整个工件刮削面上达到在边长 25 mm 的正方形内有 4~6 个点子时为止。

(4) 细刮

用涂好显示剂的标准平板校验工件的表面平面度,如显示出的点子硬(斑点发亮),就应刮重些,显示的点子软(斑点发暗),则应刮轻些,直至显示出的点子软硬均匀,无明显区别。在刮削过程中,随着出现的点子逐渐增多,显示剂涂布需薄而均匀,细刮时刀痕要短而连锁,所以细刮刀的刀宽要小些或稍带圆弧以便对准点子。当边长 25 mm 正方形内达到 12~15 个点子时,细刮即可结束。

（5）精刮

显示剂应薄而均匀地涂布在工件表面上,使点子显示清晰。先刮最大最亮的点子,中点子在点子群中部刮去少许,小点子则留着不刮,这样刮削几遍后,直到小点子分布均匀为止。点子越多,落刀要越轻,起刀也应挑起,直到刮出边长 25 mm 正方形内有 20~25 个点子为止。

不论是粗刮、细刮和精刮,都要交叉刮。即每刮一遍交换一个方向,使刮纹交叉,这样容易刮平。

（6）刮花

刮花的目的除增加美观外,还能保证良好的润滑条件,并可根据花纹的消失情况来判断平面的磨损程度,一般常见的刮削花纹如图 2-8-14 所示。

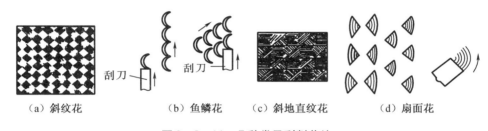

(a) 斜纹花　　(b) 鱼鳞花　　(c) 斜地直纹花　　(d) 扇面花

图 2-8-14　几种常见刮削花纹

3. 平面刮削的检测

平面刮削的检测主要是平面度误差及表面粗糙度值的检测。

（1）平面度误差的检测方法

①用研点的数目来表示:如图 2-8-15(a)所示,即在 25 mm×25 mm 标准方框面积内研点数目必须达到一定要求(精度要求愈高,研点数目亦愈多)。

②用平面水平度来表示:对大平面的工件用框式水平仪逐段测量,将各段测得的误差进行计算作图分析,对较小平面的工件用百分表测量,如图 2-8-15(b)所示。

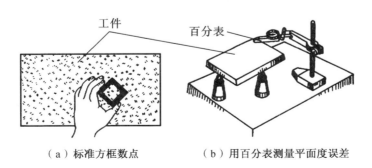

(a) 标准方框数点　　　　(b) 用百分表测量平面度误差

图 2-8-15　平面度误差的检测方法

(2)表面粗糙度的检测方法

表面粗糙度的检测,一般是用手掌来触摸表面粗糙程度,对表面精确度要求较高的工件,可采用轮廓仪来测量其 Ra 或 Rz 的值。

四、曲面刮削

1. 曲面刮削的方法

(1)手握式

如图2-8-16所示,手握式方法刮削曲面时,应该左手握刀杆,右手握刀柄,刮削时左手下压、上提的同时,右手旋转刀柄,随着工件曲面的走式进行刮削,其刀花应是长条形的。

(2)肩负式

在刮削较高位置的曲面时,可采用肩负式(图2-8-17)的刮削方法。刮削时,左手握刀杆,右手下压并用肩托刀杆后部,做旋转刮削运动。其刮削要求与手握式相同。

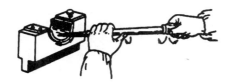
图2-8-16 手握式

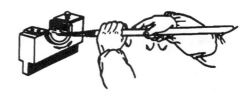
图2-8-17 肩负式

2. 曲面刮削操作过程

曲面刮削一般都是指刮削内圆弧面,其刮削刀痕应与内圆弧面轴向中心线成45°左右交叉的线条状刀痕,避免瓦面产生极微量的深浅不一的条状不接触现象,达到与相配合件接触均匀,接触点符合要求的目的。刮削的基本操作过程如下:

(1)内圆弧面(轴瓦瓦面)先采用交叉刮削刀法,将加工的刀痕均匀地刮削一遍。

(2)均匀地涂一层显示剂(红丹粉),使用工艺轴或产品与之相配合的轴进行显示研点,取下轴后,检查接触面与接触斑点情况,将影响接触面和接触点高的部位刮去,然后再重新显示研点刮削。这样反复多次后使其逐渐达到要求。

刮削时,右手做圆弧转动,左手顺着曲面方向拉或推。与此同时,刮刀还应沿着轴向少许移动(即刮刀做螺旋移动),刮时用力不可太大,否则容易发生抖动而使刮削面产生振痕。曲面刮削也要交叉进行,不可顺着一个方向刮,否则会产生波纹。刮削时刮刀的位置(角度)如图2-8-18所示。

正确位置(负前角小)

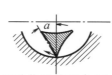
正确位置(负前角大)

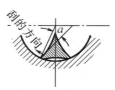
错误的握持位置(正前角)

图2-8-18 曲面刮削刮刀角度

曲面刮削的基本操作方法可简单归纳如下：

左手握刀身，右手握刀柄。

角度选择好，刀刃对准点。

刀口沿弧转，刀程斜向行。

3. 曲面刮削的检测

曲面刮削与平面刮削步骤一样，所不同的是校准时将显示剂涂布在心棒或与其相配合的轴上，将心棒或轴置于所刮削后的轴瓦中旋转相磨合来显示点子，如图 2-8-19 所示。

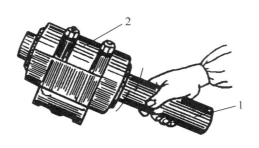

1—轴或心棒；2—轴瓦。

图 2-8-19　机油研磨点子

五、刮削中的弊病产生原因和防止方法

刮削中常见的弊病形式有凹痕、振痕、丝纹及表面精度差等，产生原因和防止方法见表 2-8-1。

表 2-8-1　刮削中的弊病产生原因和防止方法

弊病形式	产生原因	防止方法
深凹痕	1. 刮削时刮刀倾斜； 2. 用力太大； 3. 刃口磨得过于弧形	1. 刮削时握稳刮刀； 2. 减轻压力； 3. 刃口弧形应适当
振痕	1. 刮削只一个方向进行； 2. 刮工件边缘时刮刀平行边缘	1. 刮削时必须交叉进行； 2. 刮刀应与工件边缘成 45°角
丝纹	刮刀刃口不锋利或不光滑	刃口必须磨锐，而且应光滑平整
刮削面不精确	1. 使用不正确或不精确的检验工具； 2. 显示点子时涂色不均匀或太厚，推磨压力太大	1. 及时检查、清洁检验工具和工件； 2. 涂色均匀，不宜太厚，压力不宜过大

第二节　研　　磨

研磨是用研磨工具和磨料从工件表面磨去极薄的金属层，使工件具有准确的尺寸、形状和高的表面粗糙度。这种在工件表面进行最后一道精加工的工序叫研磨。

一、研磨的目的和原理

1. 研磨的目的

(1) 增加表面粗糙度

加工过的零件,粗看上去很光滑,但用显微镜观察时,就会发现它的表面仍很粗糙、高低不平。如果是轴则会破坏轴与轴承间的油膜,使轴与轴承间直接发生摩擦,轴很快会被磨损。因此高速旋转的轴和滚动轴承,都必须经过研磨,以减轻磨耗。配合精度要求很高的零件,如油压系统的控制阀和柴油机的喷油嘴,进、排气阀都必须进行研磨,才能保证高压力的油或气不会泄漏。特别是柴油机的喷油嘴,由于受到高温、高压燃烧气体的腐蚀,冲击和机械磨损等而发生漏油,影响油嘴喷射雾化,致使功率降低,甚至影响机器的正常运转。因此,工作人员应经常通过研磨对上述工件予以修复。

(2) 得到精密尺寸

有些机械零件的尺寸精度要求很高,而一般机加工无法达到,因此只有经过研磨才能使零件符合其精度要求。如进、排气阀与阀座的密封性,柴油机高压油泵柱塞和喷油嘴针阀的精度都必须通过研磨来得到(高压油泵柱塞的锥度不得超过 0.005 mm,喷油嘴针阀的锥度不得超过 0.001 mm)。

2. 研磨的原理

(1) 物理作用

将研磨剂均匀地涂在研具上,当受到工件或研具的压力后,部分研磨剂就嵌进研具内,研具就像砂轮一样有了无数的切削刃,从而能在研磨时产生挤压及切削作用,一般每研磨一遍所磨去的金属层厚度不超过 0.002 mm,所以研磨量仅留 0.005~0.03 mm 即可。

(2) 化学作用

当采用氧化铬、硬脂酸和其他化学研磨剂进行精研磨或抛光时,金属表面很快形成一层氧化膜,这种氧化膜容易被研磨掉,在研磨中氧化膜不断地形成又不断地被磨掉,因而加快了研磨的速度。

二、研磨工具和研磨剂

1. 研具

为了使磨料能嵌入研具,研具的材料要比工件软,但也不可太软,否则会使磨料全部嵌入而失去研磨的作用。常用的研具材料有铸铁、皮革等。

2. 研磨剂

研磨剂是由磨料和研磨液混合而成的一种混合剂,磨料的种类有:

(1) 氧化铝系,有普通刚玉 G、白刚玉 GB。适用于钢件粗研磨。

(2) 碳化物系,有黑碳化硅 T、绿碳化硅 TL。适合铸铁、青铜、黄铜粗研磨用。

(3) 金刚石系,有人造金刚石 TR、天然金刚石 JT。适合对硬质合金粗、精研磨。

(4) 氧化铁与氧化铬,适合精研磨时做抛光用。

研磨时,一般是磨料直接加机油、猪油、煤油、松节油和酒精调成糊状即可使用。

目前船上常用的研磨剂还有软磨膏。分为粗、中、细三种。粗研磨时选大号数,半精或精研磨时取小号数。

三、研磨的操作

1. 上料的方法

研磨时把磨料压入研具内叫上料。上料的方法有直接和间接两种。

直接上料是工作开始前,将研磨剂加入研具内;间接上料是在工作前先将研磨剂涂在工件上,而在研磨过程中才压进研具内。研具上的研磨剂不可过多,应是很薄的一层,工件愈精密愈薄,过多的研磨剂会妨碍摩擦表面的接触,降低研磨速度,并且磨料也会掉下来,如图 2-8-20 所示。

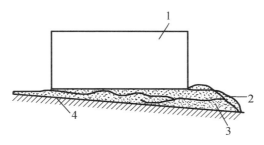

1—工件;2—研磨剂;3—磨料;4—研磨平面。

图 2-8-20 研磨剂过多的影响

2. 平面的研磨

平面研磨在平板上进行。研磨平板的尺寸由研磨工件的形状和大小来决定,研磨分为粗磨和精磨。粗磨在刻有槽的平板上进行,精磨在光滑的平板上进行。

研磨前,先用煤油擦净平板,然后在平板上涂一层薄的研磨剂。

把工件需要研磨的表面合在平板上,一般以旋转和直线移动相结合的方法,沿平板的全部表面进行研磨,研磨的压力应均匀、思想应集中,以免工件过热变形。如果工件过热,就应停止研磨,等工件冷却后再研磨。

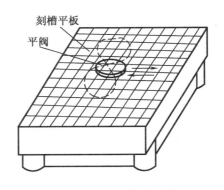

图 2-8-21 平阀的研磨

船舶柴油机喷油头平阀的研磨,就是在铸铁平板上进行的。研磨时,平板上涂上极少量的 220 号金刚砂研磨剂,用手指轻轻压住平阀进行研磨,工件的运动轨迹呈"8"字形(图 2-8-21)并按图中箭头所示来回移动,同时还需定时将工件旋转 90°。只有这样才能使工件磨耗均匀,不会产生倾斜。直到阀面的伤痕磨去(注意不能磨得过多),再用煤油把阀和平板上的研磨剂洗净,然后在平板上滴几滴机油清磨一二分钟即可。

3. 圆锥形表面的研磨

研磨圆锥形表面是轮机工作人员在检修机器中经常进行的工艺操作,因为船舶上这类机件很多,如旋塞、阀门、安全阀、柴油机进、排气阀和喷油头等,各种阀的结合部位都应有良好的密封性,以保证不漏气、漏水、漏油。为了达到密封的要求,正确地掌握研磨方法是十分必要的。

现以阀的研磨方法为代表,介绍如下。

拆开阀盖,用柴油清洁阀和阀座,在阀上装一木柄或铁柄(图2-8-22),观察阀面有无伤痕。如果是锥形阀座,还要观看锥形面(俗称阀线)是否太宽。如果伤痕较深或锥形面太宽,应在车床上车光,若锥面不太宽,伤痕又较浅时,可用砂布把伤痕磨去,也可用粗研磨剂进行粗磨。即在阀的接触面上均匀地涂上研磨剂,将阀贴在阀座上略加压力往复旋转30°~45°,每旋转6~7次后即把阀转动45°后再研磨。如果是钢制阀,研磨过程中还应使阀与阀座略有撞击,直至阀与阀座口出现一条不间断的黑色窄带(线)。粗磨完成后进行精磨。精磨的方法与粗磨相同,但不用很大压力,速度要快一些,直到把阀座磨得光亮后,再用清油磨1~2 min。清洁后进行检查,如阀面上的一条磨纹(阀线)没有中断现象,而且色泽均匀一致,工作即告完成。

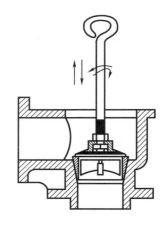

图2-8-22 阀的研磨

阀的研磨质量可采用铅笔画线的方法进行检查,即在阀的研磨面上用软铅笔划若干条与锥形面成垂直的线,然后与阀座对磨一下,注意转动角度应极小,观察这些线条是否全部磨断,如果不断,则证明质量不好,需重新研磨。检查时应注意:用上述方法再改变阀与阀座的相对位置多检查几次,这样检查后的质量情况准确性更高。在条件许可的情况下,质量好坏可通过液压试验来检查,确认不漏时才能装复。

4. 柴油机进排气阀和油头针阀的研磨

(1) 气阀的研磨

气阀拆出后,如发现锥形面上有麻点或局部变黑,必须研磨,是粗磨或精磨,要根据阀和阀座的表面情况来决定。中小型气阀的研磨多采用如图2-8-23所示的工具。研磨时,首先在阀的表面涂上一层薄而匀的研磨剂,把气阀装上,一方面适当用点压力,另一方面通过手柄将气阀左右旋转(即采用旋磨与撞击相结合的方法),磨时应注意旋转数次后,将气阀转一个新的位置,以免研磨剂集中而将气阀磨得凹凸不平。磨一段时间后将气阀取下擦净,重涂研磨剂(从粗号、中号到细号)再磨;这样一直磨到阀面上有一圈黝黑色的光圈和没有细小纹路为止。然后用煤油将研磨剂洗净,再用机油研磨,使配合更加紧密。磨好后的气阀可以采用上述铅笔画线检查法,也可以将磨好气阀、阀座洗净,用煤油对气阀与阀座接合面进行密封试验。煤油密封试验就是将煤油倒入气阀背面及阀座嵌入缸头后露出的空间,经1~2 h后,观察煤油是否有渗漏迹象。

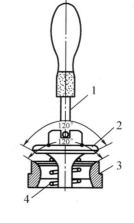

1—研磨工具;2—气阀;
3—阀座;4—弹簧。

图2-8-23 气阀研磨

(2) 喷油嘴针阀的研磨

针阀研磨主要是阀面研磨,首先应将针阀清洗干净并在针阀导向柱表面涂上少许。润滑油进行润滑,在针阀阀面上均匀地点上几点研磨剂,如图2-8-24所示。然后将针阀放入阀体内,用手轻轻地压住,进行旋转并轻轻敲击,使锥形面互相研磨。开始时研磨剂应放在靠近头部,随着阀面的磨出,研磨剂的位置随之下移,直到离边缘 0.5 mm,而且磨出密封阀线宽度为 0.2~0.4 mm 为止。磨好的喷油嘴应进行试泵,压力达 30 MPa(3×10^3 N/cm²)时滴油为好。雾化后压力表指针下移时间为 1 min 即可,下移太快不符合要求,不能使用。

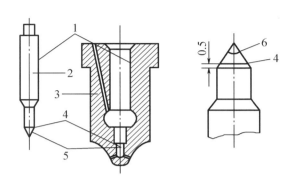

1—导向柱面;2—针阀;3—针阀体;4—密封阀线;5—锥形阀面;6—研磨剂。

图 2-8-24　针阀的研磨

四、研磨时的废品及防止方法

研磨质量的好坏与研磨剂的选用、操作是否正确以及工件表面的清洁与否有很大关系,表 2-8-2 可供参考。

表 2-8-2　研磨时的废品产生原因及防止方法

废品形式	产生原因	防止方法
表面不光洁	1. 磨料过粗; 2. 研磨液不当; 3. 研磨剂涂得太薄	1. 正确选用研磨料; 2. 正确选用研磨液; 3. 研磨剂涂布应适当
表面拉毛	研磨剂中混入杂质	重视并做好清洁工件
平面成凸形或孔口扩大	1. 研磨剂涂得太厚; 2. 孔口或工件边缘被挤出的研磨剂未擦去就继续研磨; 3. 研磨棒伸出孔口太长	1. 研磨剂应涂得适当; 2. 被挤出的研磨剂应擦后再研磨; 3. 研磨棒伸出长度应适当
孔成椭圆形或有锥度	1. 研磨时没有更换方向; 2. 研磨时没掉头研	1. 研磨时应变换方向; 2. 研磨时应掉头研
薄形工件拱曲变形	1. 工件发热了仍然继续研磨; 2. 装夹不正确引起变形	1. 不使工件温度超过 50 ℃,发热后应暂停研磨; 2. 装夹要稳定,不能夹得太紧

第九章 锉配合与装配修理基本知识

第一节 锉 配 合

通过锉削,使一个零件(甲)能放入另一个零件(乙)的孔或槽内,且松紧程度合乎要求,这项操作叫锉配合(镶嵌)。锉配合广泛地应用在机器装配与修理,以及工、模具的制造上。

在现代工业生产中,锉配合可能会遇到两种情况:一种是工件的外形(包括孔、曲面)形状和尺寸已由机械加工完成,这时的锉配合工作主要是修整形状和尺寸,使它达到图纸要求。另一种,在单件生产的情况下,也可由钳工直接下料后进行锉配合。例如,检测车床导轨面的样板、刀杆与刀排上方孔的锉配合、键与键槽的锉配合等。

一、锉配合的实际运用

锉配合的基本方法是将相配的两个零件中的一件,按照图纸要求,加工到符合标准,再以其为基准锉配合加工另一件。由于一般零件的外表面比内表面容易加工,所以在通常的情况下,最好先加工配合外表面的零件,然后再加工配合内表面的零件。在某些锉配合工作中也有与上述顺序相反的加工。由于配合件的表面形状、配合要求不同,锉配合的方法也随之不同,应根据具体情况来确定。

锉配合在装配、修配,尤其在冲压裁模的阴阳加工中,应用很广。模具制造中的阴阳模"配锉"的要求较高,一般可先加工阳模着色印油来检查与阴模之间的密合情况。这种锉配合的方法可以达到微小间隙配合。因此要求操作人员要具备一定的钳工基础知识和实践经验。

二、配合的种类与要求

锉配合是一项复杂而精密的操作技能。根据零件的要求,配合可分为间隙配合(动配合),过盈配合(精配合)及过渡配合(具有以上两种配合的可能)三种。在轴和孔的配合时,要想得到不同的松紧程度,可采用基孔制配合与基轴制配合。

在锉配合工件中要注意以下几点要求:
(1)要根据加工工件的特点和要求,正确选定好加工的基准件;
(2)要准确的加工好基准件,为配合精密打下重要基础;
(3)在测量检查中要认真细致,做到勤测量、勤相配,以保证锉配合的质量。

三、锉配合的实例

1. 配键

配键属于锉配合操作,即通过锉削,把键装入键槽内,配合的松紧度要符合要求。现以锉配合平键为例(图2-9-1)介绍配键的方法。

1—轴;2—键槽;3—键侧面;4—键顶面;5—轮槽。

图2-9-1 配键

(1)用游标卡尺测出轮和轴的键槽宽度和高度,如果宽度不一样,要修整一致,并去除毛刺。

(2)按键槽宽度尺寸锉削键两侧余量,平键的两侧是主要工作面,锉削时要保证两侧平行,并与底面垂直。两侧面与轴上键槽应该是紧密配合,其松紧程度是以轻轻锤击平键进入槽内为宜。因此,在锉削过程中,要经常试配松紧度,发现过紧处(亮点子),用锉刀修整。最后达到尺寸精度一致,松紧恰当。

(3)键的两侧与轮上键槽相配后要求略有松动。

(4)在锉削键的两端时,先把键锉到需要的长度,再把两端锉成半圆形和倒角。键的长度应小于轴上键槽的尺寸(约0.1 mm的间隙),若没有间隙,把键打入轴的键槽内,会引起轴或键的变形。

(5)在锉配键与轮槽顶部时,必须留有一定的间隙(0.3~0.4 mm),此间隙俗称天地间隙。

2.刀杆上锉配合方孔

要求白钢刀头能自如地推入方孔,间隙小于0.1 mm,方孔中心与刀杆中心偏心量小于0.1 mm。

锉配合步骤如下(图2-9-2):

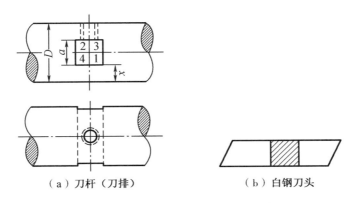

(a)刀杆(刀排)　　(b)白钢刀头

图2-9-2 刀杆(刀排)上锉配方孔

(1)在刀杆上划方孔加工线,并打好样冲眼。

(2)钻毛坯孔,孔径应小于刀杆对边尺寸 1~2 mm。

(3)将毛坯孔大致锉成四方(接近划线处)。

(4)把1、2两面中任意一平面先锉至加工线,若先锉平面1,要求平面的纵横方向平直,两边都贴线,用游标卡尺测量,x 应等于 $0.5(D-a)$。

(5)锉平面2,以面1为基准,用内卡钳或游标卡尺测量尺寸,要使面2与面1平行,并用白钢刀头来试塞,只要孔的两端能紧密地塞进刀头的两角即可。

(6)锉平面3,要求平面纵横方向平直,并且与边1垂直,锉到前后两边都贴近所划的线为止。

(7)锉平面4,以平面3为基准,用内卡钳或游标卡尺测量平行度,并用白钢刀头试塞,直到塞进两角为止。

(8)加工到方孔能初步塞进刀头时,应采用涂色法来检查并加以修正。即在方孔中涂一点红丹粉,然后把刀头塞进,用木槌轻轻敲击刀头,再退出刀头,观察孔内摩擦情况,把接触的发亮部分锉去,这样反复修锉,直到白钢刀头能轻松自如地推进方孔内为止。

锉削方孔时,要注意各平面本身的平直性,以及相互间的平行与垂直的要求,在两垂直平面间的交角处不能有圆角状态。方孔锉削中常见的弊病是两端孔口大,中间小,成喇叭口状,断面不正方,因此在锉削中要加以防止。

3. 样板的锉配

图 2-9-3 所示为一对燕尾样板,其锉配要求如下:

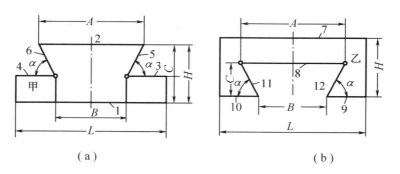

图 2-9-3 燕尾样板

(1)样板甲能嵌入乙内。

(2)配合面有细微而均匀的光隙(光隙为 0.01 mm 左右)。锉配样板前,要先锉制两块辅助样板丙、丁(图 2-9-4)。在两块辅助样板中先锉外角样板丙,再配锉内角样板。要求两块辅助样板拼合后,在 α 角的两边上只可透出细微的均匀光隙。

图 2-9-4 检查燕尾样板角度用的辅助样板

燕尾样板甲、乙的锉配步骤如下：

(1) 根据样板图纸尺寸,选好材料并划线下料。

(2) 打光样板的两大平面,甲、乙样板做好标记,加工成两块对边互相平行、邻边相互垂直的长方体。

(3) 在样板甲、乙上划线,并在锐角尖上钻直径为 2～3 mm 的孔,再锯除样板上的多余部分,留有 1 mm 左右加工余量(图 2-9-5)。

(4) 锉样板甲的 3、4 两面,使它们与面 1 平行,使两端(d)尺寸误差小于 0.01 mm,保持尺寸 C 公差为 $-0.01 \sim +0.01$ mm。

(5) 锉样板甲的斜面 5,用角度样板丙(图 2-9-4)检查其角,再锉斜面 6,也用角度样板丙检查其角。并注意控制尺寸 B。

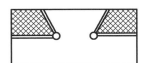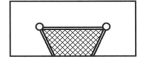

图 2-9-5　划线、去掉样板上多余部分

控制尺寸 B 一般用以下两种方法：

通过测量 A 来求 B, $B = A - 2C\cot\alpha$。注意,当尺寸 A 两边角不尖锐时,量出的 A 不准确。

用投影仪来检查,控制尺寸 B。

(6) 锉样板乙的面 8,使与面 7 平行 C 两端 $H_1 - C$ 的误差小于 0.01 mm,并保持两端尺寸 C 误差 $-0.01 \sim +0.01$ mm。

(7) 锉样板乙的斜面 12,用角度样板丁检查其 α 角,再锉斜面 11,用角度样板丁检查其 α 角,并控制其尺寸 B。

控制样板乙上尺寸 B 常用两种方法：直接量 B 或用投影仪来检查,控制尺寸 B。

当样板甲、乙其中一块做好后,做另一块样板时,就可以用两块样板互配,并用透光法、涂色法检查修正。试配时要把样板上毛刺全部修除,最后做到样板甲正好能嵌入样板乙,在各配合面只有细微而均匀的光隙。至此,锉配合样板工作结束。

4. 锉配角度样板

(1) 锉配方法

锉配时由于外表面比内表面容易加工和测量正确,易于达到较高精度,故一般应先加工凸件,然后锉配凹件。

内表面加工时,为了便于控制,一般均应选择有关外表面作测量基准。因此对外形基准面加工必须达到较高的精度要求,才能保证得到规定的锉配精度。

锉配角度样板工件时,可锉制一副内、外角度检查样板(图 2-9-6),作为加工时测量角度用。

在做配合修锉时,可通过透光法和涂色

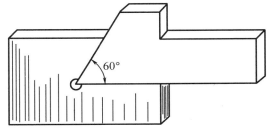

图 2-9-6　角度检查样板

显示法来确定其修锉部位和余量,逐步达到正确的配合要求。

(2) 角度样板的尺寸测量

角度样板斜面锉削时的尺寸测量,一般采用间接测量法(图 2-9-7)。

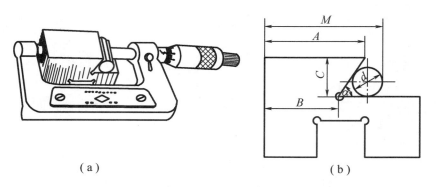

(a) (b)

图 2-9-7 角度样板的尺寸测量

角度样板测量尺寸 M 与样板的尺寸 B、圆柱直径 d 之间有如下关系:

$$M = B + \frac{d}{2} \cdot \cot\frac{a}{2} + \frac{d}{2}$$

式中　M——测量读数值,mm;
　　　B——样板斜面与槽底的交点至侧面的距离,mm;
　　　D——圆柱量棒的直径尺寸,mm;
　　　α——斜面的角度值。

当要求尺寸为 A 时,则可按下式进行换算,即

$$B = A - C \cdot \tan\alpha$$

式中　A——斜面与槽口平面的交点(边角)至侧面的距离,mm;
　　　C——角度的深度尺寸,mm。

(3) 工艺步骤(图 2-9-8)

①按图样划外形加工线,锉件 1 和件 2,达到尺寸 40±0.05、60±0.05 和垂直度要求。

②划件 1 和件 2 全部加工线,并钻 3-φ3 mm 工艺孔。

③加工件 1 凸形面,按划线垂直锯去一角余料,粗、细锉两垂直面。根据 40 mm 处的实际尺寸,通过控制 25 mm 的尺寸误差值(本处应控制在 40 mm 处的实际尺寸减去 $15^{0}_{-0.05}$ mm 的范围内),从而保证 $15^{0}_{-0.05}$ mm 的尺寸要求,通过控制 39 mm 的尺寸误差值(本处应控制在 $\frac{1}{2}×60$ 处的实际尺寸加 $9^{+0.025}_{-0.05}$ mm 的范围内),从而保证在取得尺寸 $18^{0}_{-0.05}$ 的同时,又能保证其对称误差在 0.1 mm 内。

按划线锯去另一侧一垂直角余料,用上述方法控制并锉对尺寸 $15^{0}_{-0.05}$ mm,直接测量锉对 $18^{0}_{-0.05}$ mm 尺寸。

④加工件 2,尺寸 15 mm、18 mm 达到对称度要求,并用件 1 凸形面锉配,达到配合间隙小于 0.1 mm 凹凸配合处的位置精度,达到对称度 0.1 mm 的要求。

然后按划线锯去 60° 角余料,锉削并按前述方法控制 25 mm 的尺寸误差,来达到 $15^{0}_{-0.05}$ mm 的尺寸要求。再用 60° 角度样板检验锉准 60° 角度,并用 0.05 塞尺检查不得塞入,达到配合间隙小于 0.05 mm 的要求。再用圆柱间接测量,按前述公式求出测量的规定读数来控制达到(30 ± 0.1 mm)的尺寸要求。

⑤再加工件 1,按划线锯去 60°角余料,照件 2 锉配,达到角度配合间隙不大于 0.1 mm。同时也用圆柱间接测量,来控制达到(30 ± 0.1 mm)尺寸要求。

⑥锐边倒棱,检查精度。

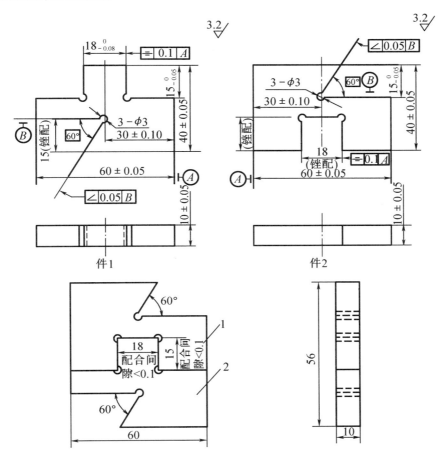

图 2 - 9 - 8　角度样板锉配

(4)注意事项

①因采用间接测量来达到尺寸要求值,故必须进行正确换算和测量,才能得到实际所要求的精度。

②在整个加工过程中,加工面都比较狭,但一定要锉平和保证与大平面的垂直,才能达到配合精度。

③凸形面加工,为了保证对称度精度,只能先去掉一端角料,待加工至规定要求后才能去掉另一端角料。同样只许在凸形面加工结束后才能去掉 60°角余料,完成角度锉削,以保证加工时便于测量控制。

④在锉配凹形面时,必须先锉一凹形侧面,根据 60 mm 处的实际尺寸通过控制 21 mm

的尺寸误差值(本处为 $\frac{1}{2} \times 60$ 处的实际尺寸减凸形面 $\frac{1}{2} \times 18$ 处的实际尺寸加 $\frac{1}{2}$ 间隙值),来达到配合后的对称度要求。

⑤凹凸锉配时,应按已加工好的凸形面先锉配凹形两侧面,后锉配凹形端面。在锉配时一般不再加工凸形面,否则会使其失去精度而无基准,使锉配难以进行。

5. 梯形台对配

工艺步骤如下:

(1)按图2-9-9划外形加工线,锉件1和件2,件1留约0.3 mm余量,件2达到尺寸和垂直度要求。

(2)划件1和件2全部加工线,并钻 $\phi 8H7$ mm基准孔并铰孔。

(3)以 $\phi 8H7$ 孔为测量基准,锉削件1尺寸为 $53_{-0.04}^{0}$,确保 $\phi 8H7$ 孔对称度。

(4)加工件1,按划线锯去两角余料,以 $\phi 8H7$ 孔为基准测量,粗锉两斜面和底面,再精锉底面,采用深度游标卡尺测量确保 $13_{-0.043}^{0}$ 尺寸,或进行尺寸链计算32尺寸公差,间接测量底面到外形基准面尺寸,以确保 $13_{-0.043}^{0}$。

(5)以 $\phi 8H7$ 孔为基准测量,精锉两斜面确保 $14_{-0.043}^{0}$ 尺寸,确保孔到两斜面尺寸的一致,以保证梯形凸台对称度,采用万能量角器以底面为基准测量120°角度。

(6)加工件2,底面打排料孔,锯削去除余料。并用件1凸形面锉配,达到配合间隙小于0.05 mm。

(7)倒棱,检查精度。

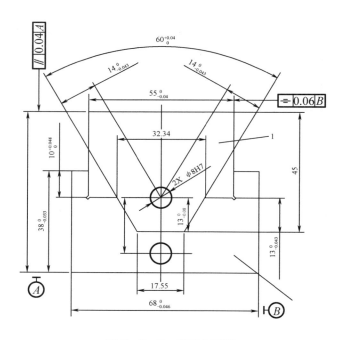

图2-9-9 梯形台对配

四、锉配合时产生废品原因及预防方法

锉配合时产生废品原因及预防方法,见表2-9-1。

表 2-9-1 锉配合时产生废品原因及预防方法

废品种类	原因	预防方法
配合间隙过大	1. 加工工艺不正确； 2. 作为外形体的基准不标准； 3. 技术不熟练； 4. 未能经常用量具检查	1. 按正确加工工艺进行； 2. 认真锉好标准的外形体； 3. 提高操作技能； 4. 要经常用量具测量
配合件互换性差	1. 外形体尺寸、形状不正确； 2. 没有用涂色法对内形体锉配合	1. 认真锉好外形体； 2. 应采用涂色法精心锉配
配合角度不正确	1. 划线不仔细、有误差； 2. 加工技术不熟练； 3. 重修内、外形体时超出加工界线	1. 提高划线精确度； 2. 提高操作技能； 3. 重修时要细心注意多检查
表面损伤	1. 用榔头锤击工件，强行配合； 2. 没有正确使用锉刀光边； 3. 夹持工件不正确或夹持用力过大	1. 不可用榔头敲击配合； 2. 锉刀光边毛刺要修磨； 3. 夹持工件用力要适当，必要时可用软钳口夹持

第二节 装配修理基本知识

船舶机械经过一定时间的运行，常需将零件进行拆卸、清洗、维修和重新装配，以确保机械的正常运行。对设备拆卸和修复前首先要熟悉设备的构造，明确有关零件的用途和相互间的作用，牢记关键零件的位置后再进行拆卸。

一、拆卸时的一般要求

（1）拆卸时应按装配相反的次序进行。要有计划有步骤地拆卸，不可东拆一件西拆一件，以免零件弄乱甚至丢失损坏。

（2）拆卸时，不要用力过大，以免损坏零件，拆下的零件应有序放好，不可乱堆乱放。

（3）拆卸较为复杂的机件时，必须在零件上做好标记。重要及精度较高零件，拆下后立即进行清洁，涂上防锈油并用纸或布包好。

（4）对易产生位移而又无定位装置的零件，拆卸时要做好相对位置的标记以方便重新装配。

二、螺纹连接的拆装

1. 螺纹连接的种类

（1）螺栓连接

螺栓的一端呈六角形，另一端为有一定长度的螺纹，使用时穿过两连接零件的孔，再旋上螺母夹紧零件即可。见图 2-9-10。

(2)双头螺栓连接

这种螺栓其两端都有螺纹,一端旋入固定零件螺孔中,再把被连接件穿过螺栓并旋上螺母将两连接件夹紧。见图2-9-11。

(3)螺钉连接

使用时不需要螺母,只要通过一零件的孔,旋入另一零件的螺纹孔中。螺钉帽有六方形、方形和内六角形等。这种连接一般用于不需经常拆卸的地方。见图2-9-12。

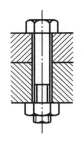 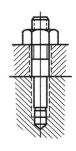 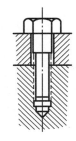

图2-9-10 螺栓连接　　图2-9-11 双头螺栓连接　　图2-9-12 螺钉连接

(4)机用螺钉连接

螺钉较小,钉头有凹槽,便于起子装卸,用于一些受力不大的轻、小零件连接。见图2-9-13。

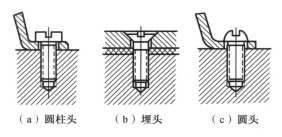

(a)圆柱头　　(b)埋头　　(c)圆头

图2-9-13 机用螺钉的连接

2.螺纹连接的装卸工具

由于螺纹连接的种类很多,所以装卸工具也很多,使用时应进行合理的选择。

(1)平口起子(螺丝刀)

平口起子用于头部带凹槽螺钉的装卸,它由手柄、刀体、刀口组成。刀口经淬火处理,根据其长度有4″、6″、8″、12″、16″等几种。使用时应根据螺钉的大小合理选用。见图2-9-14。

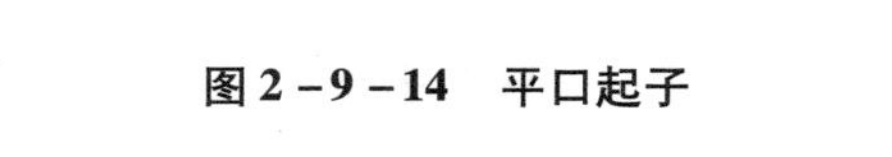

图2-9-14 平口起子

(2)活络扳手

它由扳手体、固定钳口、活动钳口、蜗杆组成。开口尺寸可根据工作需要进行调节,扳手有大小不同的多种规格,工作中应合理选用。使用活络扳手时应使固定钳口受主要作用力,否则扳手易损坏。见图2-9-15。

(3)固定扳手

主要用来装卸六方形螺母。有开口扳手和梅花扳手两种,其规格以扳手开口的尺寸大小来分,多种规格组成一套以方便使用。见图2-9-16。

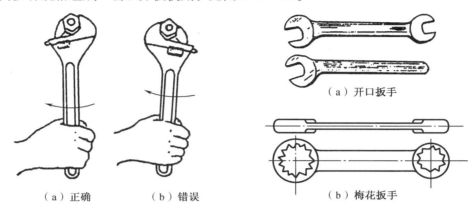

(a)正确　　(b)错误　　　　　　　　　(a)开口扳手

　　　　　　　　　　　　　　　　　　　　(b)梅花扳手

图2-9-15　活络扳手的使用　　　　图2-9-16　固定扳手

(4)套筒扳手

这种扳手对摆动角度不小于20°时就可拆装螺母,在其他扳手无法装拆的情况下用套筒扳手工作可带来方便,节省时间。见图2-9-17。

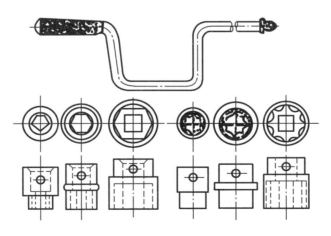

图2-9-17　套筒扳手

(5)钩扳手

用来拆装圆形螺母(图2-9-18)。

(6)内六角扳手

用于内六角螺钉拆装,多种规格组成一套以方便使用。见图2-9-19。

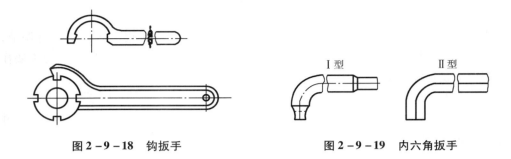

图 2-9-18 钩扳手　　　　　图 2-9-19 内六角扳手

3. 螺纹连接的拆装方法

螺纹连接装(拆)的松紧程度和次序(图 2-9-20)对工作精度和机件的寿命有很大关系,因此必须采用正确的操作方法:先分别将螺钉旋到靠近工件,但不要加力,然后按图示顺序 1,2,…依次旋紧程度 1/3 左右,以后再按上述次序旋紧 2/3 程度,最后再按序旋紧。这样能使全部螺钉旋紧程度一致,连接工件不会产生变形。

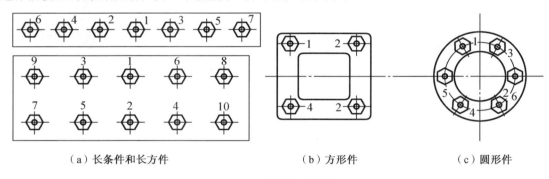

(a)长条件和长方件　　　(b)方形件　　　(c)圆形件

图 2-9-20 拧紧螺纹的次序

4. 螺纹连接的防松装置

机器在工作中会产生振动而使螺纹逐渐松脱失去原有的紧固作用,因此螺纹连接中常采用防松装置。

(1)锁紧螺母(图 2-9-21)

它是依靠两螺母 a、b 旋紧后两端面间的摩擦力来防松的。但这种方法在高速运转时也不够可靠。

(2)开口销(图 2-9-22)

将开口销插入旋紧后的螺母槽内或螺栓孔内,然后将开口销两脚分开(角度不宜过大)。

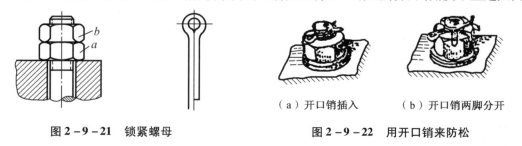

图 2-9-21 锁紧螺母　　　(a)开口销插入　　(b)开口销两脚分开

图 2-9-22 用开口销来防松

(3)铁丝防松

将铁丝穿入旋紧后的螺母和螺栓孔内并把铁丝拉紧。穿铁丝时要注意方向(图2-9-23)。图中1是正确的,2、3是错误的。

(4)垫圈防松(图2-9-24)

螺母下垫一弹簧垫圈,旋紧螺母时由于弹簧垫圈的张力增强了接触面的摩擦力,同时垫圈的尖边切入螺母的支撑面,以此阻止螺母的自动回松。

也可用止退垫圈(图2-9-25)。旋紧螺母后,将垫圈一边弯到螺母侧面上,另一边弯到连接零件侧面,以此锁住螺母。

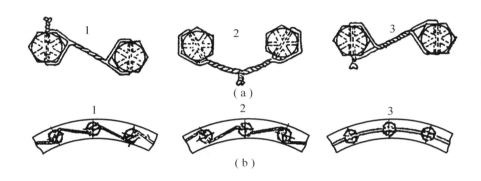

1—正确;2、3—错误。

图2-9-23 用铁丝来防松

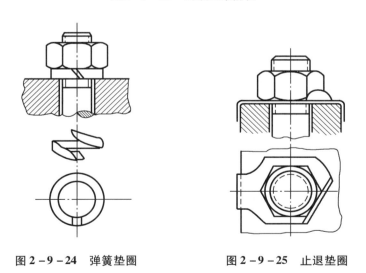

图2-9-24 弹簧垫圈　　图2-9-25 止退垫圈

5.双头螺栓的拆装方法

由于双头螺栓的一端需装到机体外,另一端为螺纹而无螺钉头,在没有专用工具情况下,拆装螺栓常用方法是用两个螺母旋在螺栓上并相互压紧,再旋上面的螺母即可把螺栓旋紧在机体螺纹孔中,然后用两个扳手松开紧压的螺母便可。如需拆卸方法同上,注意反旋下面的螺母。见图2-9-26。

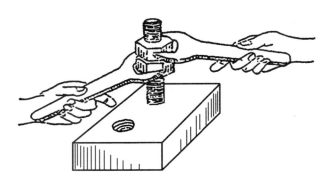

图 2-9-26 用双螺母装拆双头螺母

6. 断节螺栓的拆卸方法

螺栓断节时,拆卸可根据螺栓断节的部位采用下列方法:

(1)螺栓断节后尚有部分留在机体外,则可将留出部分的螺栓锉成一对称平面,而后用扳手旋出,也可用管子钳夹住螺栓旋出。

(2)如断节螺栓残留在机体外的部分较短,可采用一螺钉焊接到螺栓断节处,然后用扳手旋螺钉取出断节螺栓。

(3)螺栓断节处在机体内,则可用一直径略小于螺栓螺纹内径的钻头在螺栓上钻孔,这样可减小螺栓与机体的连接摩擦力,而后用尖錾轻轻反向剔出断节螺栓。

无论用上述何种方法取出断节螺栓,应在取出前先用柴油浸泡一下,使柴油渗透到螺栓与机体的连接处,以减少螺栓与机体螺孔间的摩擦力而便于旋出断节螺栓。

三、键连接及其装配

要使轴与装在轴上的传动机件(如齿轮、皮带轮等)相互间传递扭矩,键的一部分嵌在轮槽、一部分嵌在轴槽内(图 2-9-27)。

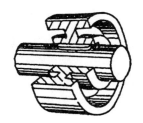

图 2-9-27 键与键槽

1. 键连接种类

(1)平键连接

平键有圆头(A 型)、方头(B 型)和单圆头(C 型)3 种类型,其中 A 型使用较多键一般用 45#钢制造。见图 2-9-28。

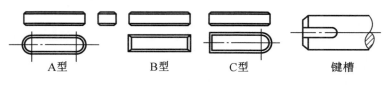

图 2-9-28 平键类型

平键的断面形状有正方形和长方形两种,平键的两侧面为工作面传递扭矩(图 2-9-29)。

(2)半圆键连接

它也是靠键两侧与键槽两侧互相紧贴来传递扭矩(图 2-9-30)。由于轴键槽较深,对轴强度削弱较大,所以只能传递较小扭矩。

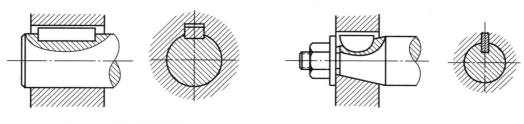

图 2-9-29 平键连接　　　　　　　图 2-9-30 半圆键连接

(3)花键连接:花键连接的主要特点是轴的强度高,传递扭矩大,对中性、导向性好,但制造成本也较高(图 2-9-31)。

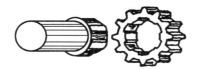 

图 2-9-31 花键连接

2. 键连接的装配

键的两侧面与键槽配合必须精确,不可松动。

(1)平键装配要点

清理键与键槽的锐边,去除加工后留下的毛刺以达到紧密配合。

键长应使键头与键槽间留有 0.1 mm 左右的间隙。

键上面与轮上键槽底面也应留有 0.2 mm 左右的间隙。

键压入轴键槽时应先将键涂少许机油,用铜棒或软锤轻轻敲击使键与槽底紧贴。

(2)花键装配要点

一般花键多用在套件与花键为滑动配合上,装配时可用铜棒或软锤轻轻打入,不宜过紧。轴与轴套间应滑动自如,但也不能过松,不可感觉到有间隙。如花键配合后滑动不灵活,可用涂色法进行修正。

四、销连接及其装配

销连接是用销钉把零件连接在一起,使它们之间不能互相转动或移动。见图 2-9-32。

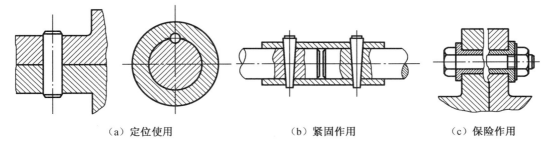

(a)定位使用　　　　　　(b)紧固作用　　　　　　(c)保险作用

图 2-9-32 销连接

1. 销连接的作用
(1) 紧固连接作用
二根轴通过轴套用销连接起来,见图 2-9-32(b),但这种连接只能传递较小的扭矩。
(2) 定位作用
主要是用来精确确定零件间的相互位置,使它们之间不能互相转动或移动,见图 2-9-32(a)。
(3) 保险作用
机件运行超负荷时,销子被切断,以保护其他机件,见图 2-9-32(c)。

2. 销钉装配要点
销钉可分为圆柱销、圆锥销两种。在装配时应注意以下几点。
(1) 圆柱销装配要点
圆柱销定位时多是靠过渡配合固定在孔中。装配时,将两连接件紧固在一起一同钻孔和铰孔,使孔壁具有较高粗糙度,然后将销钉涂上润滑油装入孔内。打入销钉时应用软锤敲击,用力不可过大。
(2) 圆锥销的装配
装配前同样将两连接件紧固在一起,同时钻孔和铰孔,钻孔时按小头直径选用钻头,然后用1:50的铰刀铰孔。销子装入孔内应以自由插入孔内的长度占销子总长度的80%~85%为宜。经敲击后,销子大头端可稍微露出连接件表面或一样平(图2-9-33)。
为便于取出销子,可选用大头带螺纹的圆锥销(图2-9-34)。

图 2-9-33 圆锥销自由放入铰过孔的深度

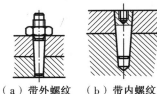

(a) 带外螺纹　　(b) 带内螺纹

图 2-9-34 带螺纹的圆锥销

四、轴承的装配

1. 整体滑动轴承(轴套)的装配
轴套装入机体内的顺序为:压入和固定轴套,装后检验和修理。
(1) 压入轴套的方法和工具
由于船舶上工作条件的限制,一般采用简单地用垫板和手锤压入(图2-9-35)。开始压入应放正位置,防止轴套歪斜,然后放上垫板,经垫板传递手锤的敲击力而压入。压入时不能一步到位,要逐步进行,边压边检查。另外在压入轴套之前,还要仔细检查轴套和机体上的油孔位置是否对正,修整压入接触面上的毛刺,涂上润滑油。
(2) 固定轴套的方法
为防止轴套转动,轴套压入后可用销钉或螺钉固定(图2-9-36)。

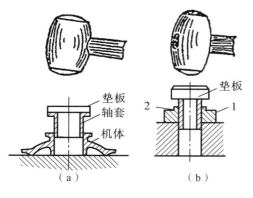
图 2-9-35 压入轴套

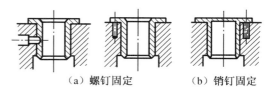
图 2-9-36 轴套的固定

（3）装配后的检查和修理

轴套压入后,需对压入产生的缺陷(如轴套少许变形、表面损伤等)进行检查和修整。常采用刮削的方法使轴颈与轴套之间的间隙及接触点达到精度要求。

2. 对开式滑动轴承（轴瓦）的装配

轴瓦装入轴承盖以前,应修光所有配合面的毛刺,检查轴承盖和轴瓦上的油孔是否对正轴瓦与轴承座和轴承盖间的外表面要贴合好（图 2-9-37）,否则会造成轴瓦变形或破裂。

装配应进行检验和修刮,其方法是用磨点子、压铅丝的方法来修正轴与轴瓦间的配合面精度和间隙。

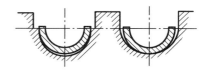
图 2-9-37 轴瓦不正确配合

3. 滚动轴承的装配与拆卸

（1）滚动轴承的配合

滚动轴承内圈和轴的配合,以及外圈和轴承座的配合应根据使用情况来决定。

转动圈一般采用过盈配合,固定圈常采用极小间隙或过盈不大的配合。

（2）滚动轴承的装卸规则

安装前,应把轴承、轴、轴套及油孔等用煤油或汽油洗干净,涂上清洁的黄油。

装配时注意清洁,以防污物、杂物掉入轴承内而伤害滚动表面。

装卸时,应在配合较紧的座圈上用力,以避免损坏轴承。

加力时,必须使力均匀地分配在座圈四周,以防轴承歪斜和卡死而损坏贴合面。

轴承应装配到位,其端面应与轴肩或孔的支承面贴紧。

（3）滚动轴承的装卸工具和方法

滚动轴承的装配常采用手工敲击的方法。装配时不可直接敲击轴承端面,需垫一木块或铜棒,以及相应内孔直径的铜套（图 2-9-38）。注意敲击时应使轴承端面均匀受力。

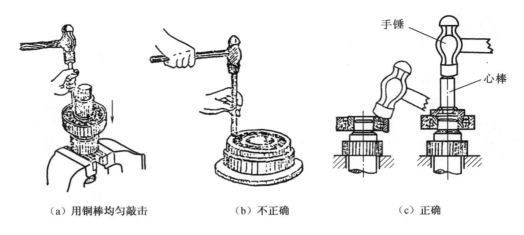

(a) 用铜棒均匀敲击　　　(b) 不正确　　　(c) 正确

图 2-9-38　滚动轴承装配时的锤击方法

拆装滚动轴承时可用专用工具"拉器"将轴承拉出（图 2-9-39）。条件许可的情况下也可用敲击法取出。

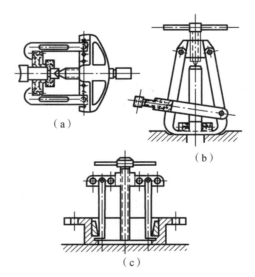

图 2-9-39　拆卸轴承用的工具

五、轴件、齿轮、螺纹表面修复工艺

由于船舶工作条件的限制，在对机械零件修复时不具备工厂车间内的一些机修设备，所以这里仅简单介绍常见的、在船舶工作条件许可的情况下对轴件、齿轮、螺纹表面的修复工艺。

1. 更换配件法

对一些易损坏的零件，船舶上往往有一定的备件，只需将新备件替换已损坏机件便可。

2. 镶套法

多用于轴颈的磨损，当轴颈磨损无法工作而又无备件更换的情况下，可用与轴同样材料的轴套镶上,并用焊接或螺钉(销钉)加以固定。使用条件允许的情况下也可用胶粘剂固定(图2-9-40)。

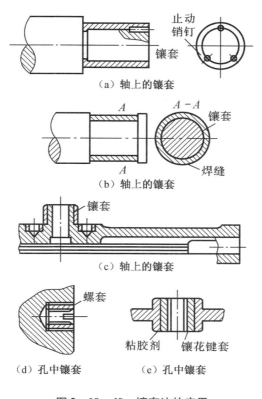

图 2-10-40　镶套法的应用

3. 焊接法

用一般焊接的方法(如气焊、电焊、钎焊),对损坏零件焊补修复。这种方法可修复各种钢件、铸铁和铜合金件。注意焊补铸件时,为防止"白口"铁的产生和改善焊缝的塑性,常采用镍基、钢铁和高钒焊条。焊修前,焊补部位要清洁干净,并进行预热处理,缓慢冷却。最后通过车削、锉削等加工使其达到一定技术要求(图2-9-41)。

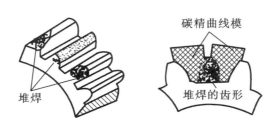

图 2-9-41　轮齿焊接修理图

4. 镶齿法

对于一些不太重要的齿轮,如果轮齿局部损坏,除了可用焊补法外也可用镶齿法进行修复(图2-9-42)。在断齿处镶上一块材料后再加工出齿形,镶上的材料应用螺钉或焊接法固定。

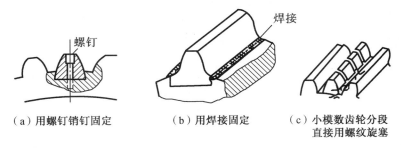

（a）用螺钉销钉固定　　（b）用焊接固定　　（c）小模数齿轮分段直接用螺纹旋塞

图2-9-42　镶齿修理法

5. 胶接(环氧树脂黏接)法

环氧树脂是高分子合成材料,对金属、玻璃、塑料、木材等物有高度的黏合性,黏结工艺简单。

环氧树脂黏合剂具有较高的强度,但不能耐高温。配制方法如下。

以6101#环氧树脂黏合剂为例,在100 g的环氧树脂中加入:

① 增塑剂:磷苯二甲酸二丁酯20 g;
② 硬化剂:乙二胺8 g;
③ 填料:铁粉250 g。

配制时,将环氧树脂加热熔化后,倒入瓷质或搪瓷器皿中,根据需用量按比例加入上述配料后进行充分搅拌,以清除气泡,搅拌均匀后即可使用。常温下黏合剂的硬化过程一般为12 h。

黏结强度在很大程度上取决于黏结表面的清洁程度。因此,黏结表面应先进行修刮等工作,然后用丙酮或四氯化碳清洗,待其风干后再进行黏结。

6. 螺纹零件修复法

螺钉、螺栓或螺母损坏(如滑牙、头部损坏或杆拉长)后,通常是更换新的。以下主要介绍机体上的螺栓孔产生滑牙或螺纹剥落等现象时的修复。

(1)将原螺纹孔重新扩大钻孔,去除原螺纹,重新攻上大尺寸的螺纹并重新配上螺栓。

(2)如不允许配制大尺寸螺栓时,可在扩大钻孔的原螺孔内配一个螺塞旋入机体内,然后在螺塞上钻原规格螺纹的孔径并攻丝后再旋入原螺栓(图2-9-43)。

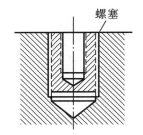

图2-9-43　配螺塞

7. 轴颈磨损的修复法

用浸润了环氧树脂黏合剂的玻璃纤维布,一道道紧密缠绕在轴颈上,缠绕厚度应超过原轴颈直径尺寸,待固化后再加工至符合要求的轴颈尺寸,便可重新装上滚动轴承继续使用。

第三篇 焊接工艺

第一章 焊接入门指导

在金属加工工艺领域中,焊接是一种常用的金属热加工方法,目前已发展成为一门独立的学科,并在能源、交通、建筑、船舶等行业中得到了非常广泛的应用,在国民经济的建设中发挥着巨大的作用,随着经济的发展与科学技术的进步,不断地涌现出了新的焊接技术,如搅拌摩擦焊、激光焊接、CMT冷金属过渡焊接技术等。

一、常用的焊接方法

按照焊接过程中金属所处的状态不同,焊接方法主要分为熔化焊、压力焊和钎焊三大类,如图3-1-1所示。其中熔化焊是应用最广泛的焊接方法,常用的熔化焊有手工电弧焊、埋弧焊、气体保护电弧焊、电渣焊和气焊等,特点与应用范围详见表3-1-1。

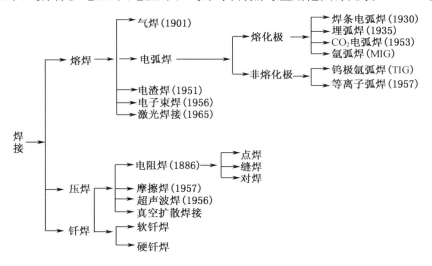

图3-1-1 焊接方法分类

表3-1-1 常用熔焊方法

常用熔焊方法	特点与应用范围
手工电弧焊	设备简单,使用灵活方便,劳动强度大,适用于焊接短小及各种狭隘空间位置的焊缝,但生产效率较低,劳动强度较大
埋弧焊	生产效率高,焊接质量好,但热输入量较大,节省焊接材料和电能,焊接变形小,改善了劳动条件

表 3-1-1(续)

常用熔焊方法		特点与应用范围
气体保护电弧焊	氩弧焊	焊接质量好,热影响区窄,焊接变形小,易实现机械化、自动化。氩弧焊主要用于焊接较重要的低合金钢、不锈钢、铝、镁等有色金属和锅炉、压力容器中的重要部件
	CO_2 焊	CO_2 焊主要用于变形较大的薄板及低碳钢和低合金钢的焊接,焊接效率高,容易实现自动化,但使用设备较复杂,焊工对设备的维护能力要求稍高
电渣焊		工艺方法简单,适用于大断面和变断面工件的焊接。但焊后热影响区较大,对重要的焊件要进行焊后热处理
气焊		设备简单,不需要电源,操作方便,但生产效率较低,焊件变形大,适用于焊接较薄的焊件

焊缝按不同分类方法可分为下列几种形式:
(1)按焊缝空间位置分
可分为平焊缝、立焊缝、横焊缝及仰焊缝四种形式,如图 3-1-2 所示。
(2)按焊缝结合形式分
可分为对接焊缝、角接焊缝两种,如图 3-1-3 所示。
(3)按焊缝断续情况分
可分为连续焊缝和断续焊缝两种。断续焊缝又分为交错式和并列式两种,如图 3-1-4 所示。

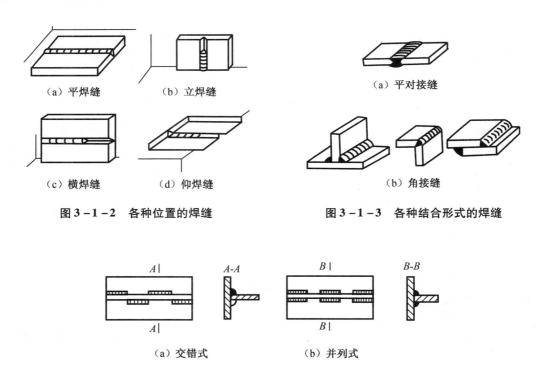

图 3-1-2 各种位置的焊缝　　图 3-1-3 各种结合形式的焊缝

图 3-1-4 断续焊缝

二、常用焊接设备简介

1. 焊接设备的种类及特点

常用的手工电弧焊设备有弧焊变压器、弧焊发电机、弧焊整流器等三类。

弧焊变压器具有结构简单,经济耐用,维修简便等特点。弧焊发电机具有焊接电弧稳定,焊接操作性(引弧再引弧容易等)较好、空载耗电少、维护容易等特点。弧焊整流器除具有弧焊发电机的特点外,还具有噪声小的特点。

2. 焊机铭牌

焊机铭牌要根据国家标准 GB/T 10249—2010《电焊机型号编制方法》的规定格式,独立组成,见表 3-1-2,并牢固地安装在焊机的明显位置上。其上共有 20 个项目,划分成上、中、下三部分。

表 3-1-2 焊机铭牌

制造厂和品名				
~-◯-~		标准		
型式		号码		
焊接		80 A/23 V ~ 350 A/34 V		
		X	%	60%	100%
1 ~ 50 Hz		I_2	A	350 A	270 A
V_0 62 ~ 66 V		V_2	V	34 V	31 V
输入				
1 ~ 50 Hz		220 V	I_1	A	91 A	68 A
n/min		380 V	I_1	A	53 A	40 A
I'_1		U_1	I_1	A	A	A

铭牌上的主要符号和参数表示如下意义:

(1) 该焊机是手工弧焊变压器,具有下降特性。

(2) 空载电压 U_0 为 62 ~ 66V。

(3) 负载持续率 X 为 60% 时,允许最大焊接电流 I_2 为 350 A,工作电压 U_2 为 34 V; X 为 100% 时,最大焊接电流 I_2 为 270 A, U_2 为 31 V。

(4) 电流调节范围为 80 ~ 350 A。

(5) 输入回路采用插座式连接方式。

(6) 焊机应接入 50 Hz,380 V 或 220 V 的网路电压。

表 3-1-3 为 BX3-300 型焊机铭牌,上面列有该台电焊机的主要参数。

表 3-1-3　BX3-300 型焊机铭牌参数

初级电压	380 V		初级空载电压		(75/60)V	
相数	1		频率		50 Hz	
电流调节范围	40~400 A		额定负载持续率		60%	
负载持续率/%	100 60 35	容量 /(kV·A)	15.9 20.5 27.8	初级电流/A	41.8 54 72	次级电流/A	232 300 408

铭牌上这些参数表示如下意义：
(1)焊机应接入单相 380 V 网路。
(2)焊机容量为 20.5 kV·A。
(3)焊机的次级空载电压有 75 V 和 60 V 两挡。
(4)电流调节范围为 40~400 A。
(5)负载持续率为 60%时，即为额定负载持续率，其初级电流 54 A，焊接电流为 300 A（即为额定电流），这时容量为 20.5 kV·A。

负载持续率为 100%时，焊接电流为 232 A，初级电流 27 A，这时焊机的容量为 27.8 kV·A。

负载持续率为 35%时，焊接电流可增到 408 A，初级电流为 72 A，这时焊机的容量为 27.8 kV·A。

(6)电源频率为 50 Hz。

焊机铭牌上列出不同负载持续率时使用的焊接电流，使用时都不应超过其规定范围。

三、常用焊接设备的使用

1. 焊接回路

焊接电源向工件输出焊接的二次电回路称为焊接回路。

焊接回路中的电弧电压可用电压表测量，焊接电流可用钳形电流表测量，钳形电流表应串在焊接回路中，电压表应与焊接回路并联，如图 3-1-5 所示。

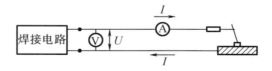

图 3-1-5　焊接回路中电压表、电流表的连接

2. 焊接的启动及停止

弧焊变压器启动前，要注意焊钳与工件不得接触，以防止短路。在合闸启动时面部切勿正对开关，以防意外事故。弧焊整流器启动时应同时检查焊机内的冷却风扇是否运转正常。

当焊接工作结束或临时离开工作场地时，必须及时切断弧焊电源，确保设备处在断电状态。

3. 焊机的使用规则

正确使用焊机是延长焊机寿命、保证正常工作和焊接质量的重要环节。其使用规则如下。

(1) 严格按照焊机铭牌上标明的技术参数使用焊机,不得超载使用。

(2) 焊机工作时,不允许有长时间短路。特别应该注意,在没有切断电流又不进行焊接的情况下,要防止焊钳与工件接触,以免造成短路现象烧损焊机。

(3) 工作中要注意检查焊机温度及设备是否正常。如果焊机过热($t>6$ ℃),出现设备报警等情况时,则应等焊机温度降低后,再进行焊接。而当运转不久即发生过热现象时,应立即停止焊接,由维修电工检查维修。

(4) 焊机应放置在干燥通风的地方使用,与墙壁距离 300 mm 以上,平时要加强焊机的维护保养。

(5) 使用前,应检查焊机各处的二次线接线是否正确,导线各接头应牢固可靠,外壳应有可靠的接地,闸箱的保险丝或熔片是否完好,焊机内部是否有异物,一切正常后,方可合闸使用。

第二章　手工电弧焊

第一节　手工电弧焊的基本知识

一、焊接的基本概念

使两个分离的同质或非同质的金属,通过加热、加压或加热同时又加压,使工件原子间或分子间产生结合力,以形成一个整体的结晶过程称为焊接。

在各种焊接方法中,应用最普遍的是手工电弧焊和气焊,手工电弧焊是利用手工焊条进行操作,在工件和焊条之间引燃的持久电弧,利用电弧高温熔化焊件和焊条来进行焊接。这种焊接方法的优点是灵活、方便、效率高、设备简单。

二、电弧焊设备的使用和保养

1. 电焊机的使用与保养

(1)电焊机应放在通风、干燥的地方,并放置平稳。露天作业时,应做好防灰尘、防雨和防雪工作。

(2)焊机接入电网时,必须注意两者电压是否相符(焊机输入电压与网路电压)。

(3)启动焊机前,焊钳和焊件不能接触,以防短路。

(4)调节电流及变换极性时,应在空载情况下进行。

(5)应按焊机的额定焊接电流和负载持续率来使用,严禁过载使用。

(6)焊接过程中如有短路现象,不允许时间过长,特别是硅整流焊机在短路时更容易烧损焊机。

(7)接线柱与电缆应接触良好,不允许松动,焊机外壳应接地良好,以确保安全。

(8)硅整流焊机要特别注意平时维护和冷却,严禁在不通风的情况下使用。

(9)要定期清扫灰尘,保持焊机清洁。

(10)如焊接中发生故障,应停止焊接及时进行修理。在检修或不进行焊接作业时,应切断电源。

2. 手工电弧焊电源的维护

对焊机的合理使用和正确维护,能保持弧焊设备工作性能的稳定和延长使用期限,并保证生产的正常进行。弧焊设备的维护应由电工和焊工共同负责。

焊工在维护方面应注意下列几项:

(1)弧焊电源应尽可能放在通风良好而又干燥的地方,不应靠近高热地区,并应保持平稳。硅弧焊整流器要特别注意对硅整流器的保护和冷却,严禁在不通风情况下进行焊接工作,以免烧坏硅整流器。

(2)焊机接入网路电源时,焊机承载电压须与之相符,以防烧坏设备并注意焊机的可靠接地。

(3)焊钳不能与焊机接触,防止发生短路。

（4）必须按照设备的使用要求进行操作，在空载或切断电源的情况下才能改变极性的接法。

（5）应按照焊机的额定焊接电流和额定负载持续率使用，不要使设备过载而遭破坏。

（6）焊接过程中，焊接回路的短路时间不宜过长，特别是硅弧焊整流器用大电流工作时更应注意，否则易烧坏硅整流器。

（7）应经常注意焊接电缆与焊机接线柱的接触情况是否良好，及时紧固螺帽。

（8）应防止焊机受潮，保持焊机内部清洁，定期用干燥的压缩空气吹净内部的灰尘，对硅整流弧焊整流器应尤为注意。

（9）发生故障、工作完毕及临时离开工作场地时，应及时切断焊机的电源。

三、手工电弧焊的工具及防护用品

1. 电焊钳

电焊钳的作用是夹持焊条和传导电流，主要由上下钳口、弯臂、弹簧、直柄及固定销等组成。常用的型号为 G-352，质量为 0.5 kg，可夹持 2~5 mm 的焊条，电流为 300~500 A。

对电焊钳的要求是导电性能好、质量轻、夹住焊条牢固及换焊条方便等。

2. 焊接电缆

焊接电缆的作用是传导焊接电流，其要求如下。

（1）一般要求用多股紫铜软线制成，具有足够的导电截面积，并要有良好导电能力和绝缘外层。

（2）电缆应轻便、柔软、能任意弯曲和扭转，以便于操作。

（3）二次电缆是焊机与电力网连接的电源线，因电压较高，除有良好绝缘外，还不能太长，一般不超过 2~3 m。可根据工作需用选用较长的导线。

（4）二次电缆的长度应根据具体情况来决定。太长会增大压降，太短则操作不方便，20 m 左右为宜。电缆应是整根的，中间尽可能不用接头。

（5）严禁利用一些金属结构、管道、轨道或其他金属搭接作为导线使用。

（6）不得将焊接电缆放在电弧附近或炽热的焊缝金属旁，避免高温烧坏绝缘层，同时也要避免碾压磨损等。

3. 面罩及护目玻璃

面罩的作用是保护焊工的面部，免受强烈的电弧光和飞溅的金属灼伤。面罩一般可根据需要来选择手持式和头戴式两种。

护目玻璃的作用是用来保护眼睛，用它可以减弱电弧光的强度，过滤红外线和紫外线及焊接过程中观察熔池情况。护目玻璃按颜色深浅可分六号：7 号、8 号、9 号、10 号、11 号、12 号；号数越大，色泽越深。目前以墨绿色为主，一般常用 9 号和 10 号。

4. 辅助工具

常用的辅助工具有焊条保温桶、尖头锤、钢丝刷及钢凿等，为了防止弧光和飞溅的金属损伤及防止触电，焊接时必须戴好皮革手套、工作帽和穿白帆布工作服及绝缘鞋等。另外在清理焊渣时，应戴平光眼镜，保证工作安全。

第二节　焊条电弧焊操作基本知识

一、电焊条

1. 电焊条的种类及应用范围

电焊条（简称焊条）是在焊芯上涂以一定厚度的药皮用于手工电弧焊的焊接材料，如图 3－2－1 所示。它的作用是作为电极传导焊接电流和作焊缝的填充金属使用。

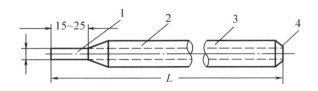

1—夹持端；2—焊芯；3—药皮；4—引弧端。
图 3－2－1　焊条

根据被焊金属的化学成分和使用技术要求，目前焊条的划分共分为十大类。

（1）结构钢焊条（低碳钢和低合金高强度钢焊条）：用于焊接低碳钢、中碳钢、铸钢和普低钢。

（2）钼和铬钼耐热钢焊条：用于焊接珠光体和马氏体耐热钢。

（3）不锈钢焊条：用于焊接铬不锈钢、奥氏体不锈钢、复合钢板、异种钢高铬钢等。

（4）堆焊条：用于堆焊特殊合金层。

（5）铸铁焊条：用于焊补灰口铸铁、球墨铸铁和高强度铸铁等。

（6）铜及铜合金焊条：用于焊接铜及铜合金、铜与钢等异种金属。

（7）铝和铝合金焊条：用于焊接铝和各种铝合金。

（8）低温焊条：用于焊接低温压力容器和管道等。

（9）镍和镍合金焊条：用于焊接镍、高镍合金、异种钢等。

（10）特殊用途焊条：用于特殊的焊接（如水下焊接）等。

2. 对焊条的基本要求

为了保证焊条在焊接过程中具有较好的工艺性能和焊后焊缝金属具有一定的机械、化学或特殊性能，对焊条提出下列材料要求：

（1）引弧容易，焊接过程中电弧稳定，金属飞溅少。并尽可能适于交、直电流焊机两用。

（2）焊条药皮熔化速度应均匀，无大块脱落，并稍慢于焊条芯的熔化速度，焊接过程中形成喇叭筒状态，有利于金属熔滴过渡和造成保护气氛。

（3）熔渣的黏度及流动性应适当，熔渣的密度应小于熔化金属的密度，且凝固温度稍低于熔化金属的凝固温度，熔渣能良好地保护焊缝金属，冷凝后脱渣性好。

（4）焊条在焊接过程中应具有渗合金属和冶金作用，以保证焊缝金属和焊接接头的机械性能和物理性能，并保证焊缝不产生气孔、夹渣、裂纹等缺陷。

（5）焊条应适于全位置焊接，它的药皮强度要高、不易脱落、不易吸潮、同心度好、焊接时放出对人有害气体尽量少。

3. 焊条的药皮与型号

焊条药皮在焊接过程中有许多重要作用,能保证电弧稳定燃烧,保护熔化金属,防止空气侵入。可在焊接过程中除氧、脱硫、并向焊缝中渗入合金元素,使焊缝成形美观。

含有氧化性较强的氧化物质(如二氧化硅、氧化钛等)药皮成分的焊条叫作酸性焊条,含有大量碱性物质(如大理石、萤石)药皮成分的焊条叫作碱性焊条。它们的主要的区别是:

酸性焊条工艺性能好,成形美观,对铁锈、油脂、水分等不敏感,吸潮性不大,用交、直流电源焊接均可;其缺点是脱硫、除氧不彻底,抗裂性差,机械性能较低。

碱性焊条抗裂性好,脱硫、除氧较彻底,脱渣容易,焊缝成形美观,机械性能较高;其缺点是吸潮性能较强,抗气孔性差,一般只能用直流反接,但若在药皮中加入适量稳弧剂,则交、直流均可用。

碳钢焊条型号编制方法由英文字母 E 及后随的四位数字组成。其含意如下:字母 E 表示焊条;前两位数字表示熔敷金属抗拉强度的最小值;第三位数字表示焊条的焊接位置,0 及 1 表示焊条适用于全位置焊接(平、立、仰、横),2 表示焊条适用于平焊及平角焊,4 表示焊条适用于向下立焊;第三位和第四位数字组合时表示焊接电流种类及药皮类型。碳钢和低合金钢用的焊条型号见表 3 – 2 – 1。

表 3 – 2 – 1　碳钢和低合金钢用焊条型号

焊条型号	药皮类型	焊接位置	电流种类
E43 系列——熔敷金属抗拉强度≥420 MPa			
E4300	特殊型	平、立、仰、横	交流或直流正、反接
E4301	钛铁矿型		
E4303	钛钙型		
E4310	高纤维纳型		直流反接
E4311	向纤维钾型		交流或直流反接
E4312	高钛纳型		交流或直流正接
E4313	高钛钾型		交流或直流正、反接
E4315	低氢钠型		直流反接
E4316	低氢钾型		交流或直流反接
E4320	氧化铁型	平焊	交流或直流正接
E4322	氧化铁型	平	交流或直流正、反接
E4323	铁粉钛钙型	平、横角焊	交流或直流正、反接
E4324	铁粉钛型		交流或直流正接
E4327	铁粉氧化铁型		
E4328	铁粉低氢型		交流或直流正接

4. 焊条的选择与保管

选择焊条的原则是：

（1）根据焊件材料的化学成分，选用与其化学成分近似的焊条。

（2）根据焊件的工作情况，选用耐热、耐磨、抗腐蚀和承受低温等不同性质的焊条。

（3）焊条的机械性能应符合焊件机械性能的要求。

（4）根据使用的电焊机，选用适合于交、直流用的各种焊条。

焊条的保管应做到以下要求：

（1）焊条必须存放在干燥、通风的地方，防止受潮变质。

（2）搬运和堆放焊条时，要小心轻放，避免振动，防止药皮脱落。

（3）不同型号和类别的焊条不要混在一起，以免造成误用，影响焊缝质量。

（4）发现焊条受潮时，一般需要在 150～250 ℃ 的温度下烘烤一两个小时后再用，如没有烘箱，也可放在热铁上烤干，但不能直接用火烤。

二、引弧

进行焊接工作时首先要引弧，引弧时，必须将焊条的端部与焊件表面接触形成短路，然后迅速地离开焊件，并保持一定的距离（一般为 2～4 mm），这样就引燃了电弧。

电弧能正常引燃，除了要有熟练的操作技术外，与焊条的性质和焊机的特性有关。低氢型焊条比酸性焊条难引弧，在用直流焊机时，焊机的空载电压至少在 60 V 以上。焊机空载电压越高，引弧越容易，但考虑到操作者的安全，电压也不能太高，一般在 60～90 V。

常用的引弧方法一般有两种，即直击法和划擦法，见图 3-2-2。

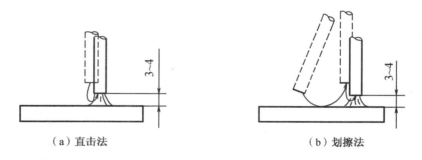

图 3-2-2　引弧方法

1. 直击法引弧

直击法引弧是将焊条垂直地接触焊件表面，形成短路，然后立即将焊条提起。这种方法掌握比较困难，一般容易发生熄弧或产生粘住现象，这是因为没有掌握好焊条离开焊件时的速度和保持一定距离所引起的。如果动作太快而焊条又提得太高，就不能引燃电弧或电弧只燃烧一瞬间就熄灭。相反，动作太慢就可能使焊条与焊件粘在一起，造成焊接回路短路。所以引弧时，动作要灵活和准确，而且要注意引弧起焊点的选择。这种方法一般用在狭窄的舱室或母材表面不允许损伤的场合。

2. 划擦法引弧

划擦法引弧比较容易掌握，引弧方法是先将焊条末端对准焊件，然后像划火柴似的将焊条在焊件表面轻轻划擦一下，引燃电弧，再迅速将焊条提升到使弧长保持 2～4 mm 高度的位置,并使之稳定燃烧。这种引弧方法的优点是电弧容易引燃,操作简便,引弧效率高。缺点是容易损坏焊件的表面,造成焊件表面有电弧划伤的痕迹,在焊接不锈钢及重要焊件时,一般不宜采用,必要时需加引弧板。

引弧时,如产生短路现象,应将焊条左右迅速摇动几下,即可将焊条脱离焊件,如仍不奏效,可立即将焊钳脱开焊条。脱开后,不应立即用手摇动焊条,以免高温焊条烫伤手指,特别应当指出,引弧时短路时间过长会烧坏焊机。

引弧时,一般情况下,使用酸性焊条时采用直击法引弧,使用碱性焊条时采用划擦法引弧。

三、运条

运条是整个焊接过程中最重要的环节,它会直接影响到焊缝的外表成形及焊缝的质量。运条分三个基本动作:沿焊条中心线向熔池送进、沿焊接方向移动和横向摆动。

送进动作主要是用来维持所要求的电弧长度。为了达到这个目的,焊条送进的速度应与焊条熔化的速度相适应,如果焊条送进的速度比焊条熔化速度慢,则电弧长度增加,直至熄弧。反之,则电弧长度很快地缩短,使焊条与焊件接触,造成短路。

移动动作对焊接质量和焊接效率都有很大的影响。移动速度太快,电弧来不及熔化足够的焊条和焊件金属,造成焊缝断面太小及形成未焊透等缺陷。如移动速度太慢,则熔化金属堆积过多,加大了焊缝的断面。另外,由于对金属加热时间过长,使金属组织发生变化,使金属变形增大。焊接薄板时还易造成烧穿现象。总之,移动速度应根据电流太小、焊条直径、焊件厚度、装配间隙以及焊缝位置适当掌握。

横向摆动动作主要是为了得到一定焊缝宽度,防止两边未熔合或夹渣。摆动范围与焊缝要求的宽度、焊条直径有关。摆动的幅度越宽,得到的焊缝也越宽。

施焊时,应根据焊件、焊条及规范因素,合理选用运条方法。

(1)直线形运条法

在焊接时,保证一定的弧长,并沿焊接方向做不摆动的前移,由于焊条不做横向摆动,电弧较稳定,适用于薄板不开坡口的对接平焊、多层焊的打底焊及多层多道焊。如图3-2-3所示。

(2)直线往复形运条法

将焊条末端沿焊缝的纵向做来回直线形摆动。其特点是焊速快、焊缝窄、散热快,适用于薄板焊接和间隙较大的打底焊,如图3-2-4所示。

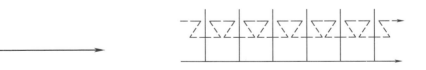

图3-2-3 直线形运条法　　图3-2-4 直线往复形运条法

(3)锯齿形运条法

将焊条末端做锯齿形连续摆动而向前移动,并在两边做适当的停留,以防止产生咬边、未熔化。摆动的目的是为了控制焊缝熔化金属的流动和得到相应的焊缝宽度,以获得较好的焊缝成形。这种方法容易操作,应用较广泛,一般用于较厚的钢板焊接。除横焊外,均可使用这种方法。如图 3-2-5 所示。

(4) 月牙形运条法

将焊条末端沿焊接方向做月牙形的左右摆动。摆动的速度要根据焊缝的位置、接头形式、焊缝的宽度及电流大小来决定。这种方法运用较广泛,适用范围和锯齿形运条法相似,但焊后焊缝的余高较高,如图 3-2-6 所示。

图 3-2-5 锯齿形运条法 　　　　　　图 3-2-6 月牙形运条法

(5) 三角形运条法

将焊条末端做连续的三角形运动,并不断向前移动。根据适用范围不同,可分为斜三角形运条法和正三角形运条法。斜三角形运条法适用于焊接丁字接头的仰焊缝和有坡口的横焊缝。正三角形运条法适用于焊接丁字接头的立焊缝和开坡口的对接立焊,如图 3-2-7 所示。这种方法掌握的要领是:正三角形运条法应在三角形折角处要稍作停留,斜三角形运条法在转角部分的速度应慢些。

(a) 斜三角形运条法　　　　(b) 正三角形运条法

图 3-2-7 三角形运条法

还有圆圈形运条法和八字形运条法等诸多方法。总之,运条的关键是要手稳、气匀,精准、均匀。

四、焊缝的连接与收尾

1. 焊缝的连接

焊接长焊缝时,由于受焊条长度的限制,一根焊条不能焊完整条焊缝。为了保证焊缝的连续性,要求每根焊条所焊的焊缝相连接,此连接处就称为焊缝接头。

实践证明,焊缝经 X 射线探伤后,在接头处往往会发现夹渣、气孔等缺陷,因此接头的质量对于整条焊缝来说,显得尤为重要,也是电弧焊基本操作练习的重点。

焊缝的连接有好几种方法,最常用的是尾头法。尾头连接是在弧坑前 10 mm 处引弧,电弧可比正常焊接时略长一些,然后将电弧移到原弧坑 2/3 处,填满弧坑后,即可进入正常焊接。如果电弧后移太多,则可能造成接头过高;后移太少,将造成接头脱节,弧坑填不满。

2. 焊缝的收尾

焊缝的收尾也很重要,如果收尾时立即拉断电弧,则会产生一个低于焊缝表面甚至低于焊件平面的弧坑,过深的弧坑使焊缝收尾处强度减低,甚至产生裂纹。所以收尾动作不仅是熄弧,还要填满弧坑。

常用焊缝的收尾方法有下列三种:

(1)划圈收尾法

焊条移至焊缝终点时,利用手腕动作来做圆圈运动,直到填满弧坑后再拉断电弧。此法适用于厚板焊接,用于薄板则有烧穿的危险。

(2)反复断弧收尾法

焊条移至焊道终点时,在弧坑上需做数次反复熄弧——引弧,直至填满弧坑为止,此法适用于薄板焊接。但碱性焊条不宜用此法,因为容易在弧坑处产生气孔。

(3)回焊收尾法

焊条移至焊缝收尾处即停止,但未熄弧,此时适当改变焊条角度,回焊一段距离,然后慢慢拉断电弧。碱性焊条常用此法熄弧。

五、焊接工艺参数的选择

手工电弧焊时主要的焊接工艺参数是焊条直径、焊接电流、电弧电压和焊接速度。焊接时,焊接工艺参数可以有一定范围的波动,正确选择适当的焊接工艺参数是保证焊缝质量的重要措施。

1. 焊条直径

为了提高焊接效率,应尽可能选用较大直径的焊条,但直径过大会造成未焊透或焊缝成形不良等缺陷。因此必须正确选择焊条直径。焊条直径的大小与下列因素有关。

(1)焊件厚度

厚度较大的焊件应选用直径较大的焊条,反之薄件应选用小直径的焊条。

(2)焊缝位置

平焊缝用的焊条直径应比其他位置大一些,立焊时的焊条直径最大不应超过 5 mm,仰焊、横焊时焊条最大直径不应超过 4 mm,这样可减少熔化金属的下坠现象。

(3)焊接层数

在多层焊时为了防止根部焊不透,对多层焊的第一层焊缝,应采用直径较小的焊条进行打底焊,以后各层可根据焊件厚度,选用较大直径的焊条。

在焊接低碳钢及 Q345 等普低合金钢中的厚钢板的多层焊缝时,如每层焊缝厚度过大,则对焊缝接头将产生不利影响,层间厚度最好不大于 4 mm。

进行平焊时,焊件厚度与焊条直径的选用关系见表 3-2-2。

表 3-2-2 焊件厚度与焊条直径的关系

焊条厚度/mm	≤1.5	2	3	4~5	6~12	≥13
焊接电流/A	1.5	2	3.2	3.2~4	4~5	5~6

2. 焊接电流

焊接电流是影响接头质量和焊接效率的主要因素之一,必须选用得当。电流过大会使焊条芯过热、药皮脱落,容易造成焊缝咬边、焊件被烧穿等缺陷,同时金属组织也会因过热而发生变化;若电流过小,则容易造成未焊透、夹渣等缺陷。

焊接时决定焊接电流的依据很多,如焊条类型、焊条直径、焊件厚度、接头形式、焊缝位置和层数等,焊条直径和焊缝位置是主要因素。

(1)焊接电流和焊条直径的关系(表3-2-3)

焊条直径越大,熔化焊条所需要的电弧热能就越多,故焊接电流应相应增大。

表3-2-3 焊接电流和焊条直径的关系

焊条直径/mm	2.5	3.0	3.5	4.0	5.0
焊接电流/A	60~90	80~120	110~160	140~200	170~230

焊接电流主要根据焊条直径来确定,一般可参照焊条说明书所规定的范围或按经验公式来选择。

$$I = kd$$

式中　I——焊接电流,A；

　　　d——焊条直径,mm；

　　　k——经验系数。

焊条直径 d 与经验系数 k 的关系,见表3-2-4。碱性焊条选用的电流比酸性焊条要小些。

表3-2-4 焊条直径 d 与经验系数 k 的关系

焊条直径 d/mm	<2.0	2~4	4~6
经验系数/k	25~30	30~40	40~60

(2)焊接电流和焊缝位置的关系

平焊时,由于运条和控制熔池中的熔化金属比较容易,因此可选用较大的电流进行焊接。但其他位置焊接时为了避免熔化金属从熔池中流出,选用电流宜小些,焊接电流相应要比平焊时小些。通常立焊时选用的焊接电流比平焊减少10%~15%,仰焊时宜减少15%~20%。在实际操作中,可根据下列情况来判断焊接电流是否选择得当。

①看焊条熔化时飞溅多少

电流过大时,电弧吹力大,熔池深,焊条熔化速度快,可看到较大颗粒的铁水向熔池处飞溅,造成焊缝两侧表面不干净,同时焊接出现爆裂声大。电流过小时,电弧吹力小,熔池浅,焊条熔化速度慢,飞溅小,熔池和铁水不易分清,熔渣超前。电流适当时,不仅电弧吹力、熔池深浅、焊条熔化速度、飞溅等都适当,而且熔渣和铁水容易分清。

②看焊缝成形好坏

电流过大时,熔池大,焊缝波纹低,两边易产生咬边；电流过小时,焊缝窄而高,两侧和母材金属熔合不好；电流适当时,焊缝两侧和基本金属熔合得很好,焊缝呈缓坡形。

③看焊条熔化情况

电流过大时,后半根焊条会发红；电流过小时,电弧燃烧不稳定,焊条容易粘在焊件上。

3. 电弧电压

电弧电压是由电弧长度决定的。电弧长,则电弧电压高；电弧短,则电弧电压低。在焊接过程中,电弧不宜过长,应力求短弧,使用碱性焊条时弧长应更短,一般电弧的长度不大于焊条直径即可。

4. 焊接速度

焊接速度就是焊条沿焊接方向移动的速度。它直接影响焊缝的形状。焊接速度慢,焊成的焊缝宽而高；反之,焊接速度快,焊成的焊缝窄而矮。手工电弧焊时,焊接速度是由操作者控制的,一般较合适的焊接速度为 140~160 mm/min。

总之,在焊接时,应在保证焊缝质量的前提下,采用较大直径焊条和焊接电流,并按具体条件,适当加快焊接速度,以提高焊接效率。

第三节　各种位置的焊接方法

焊接时,由于焊缝所处的位置不同,因而操作方法和焊接规范的选择也就不同。但是只要仔细观察并控制熔池的形状与大小,并根据其变化的情况,不断调整焊条角度和运条方法,就能达到控制熔池尺寸和确保焊接质量的目的。

1. 平焊

平焊时焊缝在水平位置,熔滴主要靠电弧的热作用下,焊条端部的熔化金属形成熔滴,受到各种力的作用从端部脱离并过渡到熔池的全过程。它与焊接过程稳定性、焊缝成形、飞溅大小等有直接关系。一般来讲,平焊容易操作,便于观察焊缝成型情况,施焊时可采用较大直径的焊条和较大的焊接电流,以提高焊接效率和获得优质的焊缝。

平焊又分平对接焊和平角接焊两种。

(1) 平对接焊

当焊件厚度小于 6 mm 时,一般采用不开坡口对接焊(重要焊件除外)。

焊接正面焊缝时,宜用直径 3~4 mm 的焊条,短弧焊接,并使熔深达到板厚的 2/3,焊缝宽度为 5~8 mm,加强高应小于 1.5 mm,如图 3-2-8 所示。

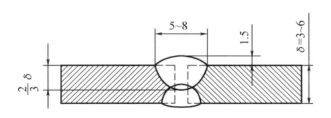

图 3-2-8　不开坡口对接焊缝

焊接反面焊缝时,对不重要焊件,可不必铲除焊根,但应将正面焊缝下面的熔渣彻底清除干净,然后用直径 3 mm 的焊条进行焊接,电流可以稍大些。焊接时所用的运条方法均采用直线形,焊条角度如图 3-2-9 所示。在焊接正面焊缝时,运条速度应慢些,以获得较大的熔深和熔宽。焊反面封底焊时,则运条速度要稍快些,以获得较小的焊缝宽度。运条时,若发现铁水和熔渣混合不清,可把电弧稍微拉长一些,同时将焊条向焊接方向倾斜,并做往熔池后面利用电弧吹力推送熔渣的甩渣动作,熔渣就被推送到熔池后面去了。

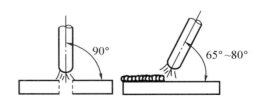

图 3-2-9　平对接焊时焊条角度

(2) 平角接焊

平角接焊主要是指 T 字接头和搭接接头平焊,两种接头焊接的操作方法相类似。

T字接头平焊在操作时易产生咬边、未焊透、焊脚下偏（下垂）、夹渣等缺陷，如图 3-2-10 所示。为了防止上述缺陷，操作时除了正确选择焊接规范外，还应根据两板的厚薄适当调节焊条的角度。如果遇到两板厚薄不同焊缝时，电弧就要偏向厚板一边，以便两板温度均匀。常用的焊条角度，如图 3-2-11 所示。

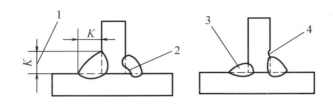

1—焊脚；2—未焊透；3—下垂；4—咬边。

图 3-2-10　T字接头焊缝容易产生的缺陷

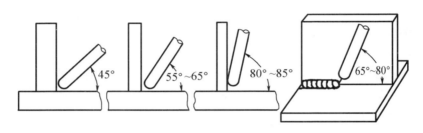

图 3-2-11　T字接头平焊时的焊条角度

T字接头的焊接除单层外，也可采用多层焊或多层多缝。其焊接方法如下。

①单层焊：焊脚尺寸小于 8 mm 的焊缝，通常用单层焊来完成，焊条直径根据钢板厚度不同，在 3~5 mm 内选择。

焊脚小于 5 mm 的焊缝，可采用直线形运条法和短弧进行焊接，焊接速度要均匀，焊条与水平板成 45°夹角，与焊接方向呈 65°~80°的夹角。若焊条角度过小会造成根部熔深不足；角度过大，熔渣容易跑到前面而造成夹渣。

焊脚尺寸在 5~8 mm 时，可采用斜圆形或反锯齿形运条方法进行焊接。但注意各点的运条速度不能一样，否则容易产生咬边、夹渣等现象。正确的运条方法，如图 3-2-12 所示。在图中 a 至 b 点运条速度要稍慢些，保证熔化金属与水平板很好熔合；b 至 c 的运条速度要稍快一些，防止熔化金属下淌，并在 c 点稍作停留，以保证熔化金属与垂直板很好熔合；从 c 到 d 的运条速度又要慢一些，才能避

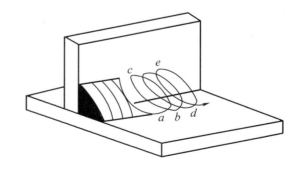

图 3-2-12　T字接头平焊的斜圆圈形运条法

免产生夹渣现象及保证焊透，b 到 d 的运条速度与 a 至 b 一样要稍慢些，d 至 e 与 b 至 c 一

样,e 点和 c 点一样要稍作停留。整个运条过程就是不断重复上述过程。同时在整个运条过程中都采用短弧焊接。

在 T 字接头平焊的焊接中,往往由于收尾弧坑未填满而会产生裂纹。所以在收尾时,一定要保证弧坑填满,可采用灭弧焊进行息弧操作。

②多层焊:焊脚尺寸在 8~10 mm 时,可采用多层多道的焊法。

焊第一层时,可用直径 3~4 mm 的焊条,焊接电流稍大一些,以获得较大的熔深。采用直线形运条法,收尾时应把弧坑填满或略高些,这样在第二层焊接收尾时,不会因焊缝温度增高而产生弧坑过低的现象。

焊第二层之前,必须将第一层的熔渣清除干净,发现有夹渣时,应用小直径焊条修补后方可焊第二层,这样才能保证层与层之间紧密熔合。在焊第二层时,可采用直径 4 mm 的焊条,焊接电流不宜过大,电流过大会产生咬边现象。用斜圆圈形或反锯齿形运条法施焊时,运条速度与单层焊一样。但在第一层焊缝咬边或凹坑处,应适当多停留一些时间,以弥补该处产生的焊接缺陷。

2. 立焊

立焊有两种方式,一种是由下向上施焊,另一种是由上向下施焊。由上向下施焊的立焊,要求有专用的向下焊纤维素焊条才能保证焊接质量。目前在焊接时应用最广的仍是由下向上施焊的立焊法。

立焊时由于熔化金属受重力作用下容易下淌,使焊缝成形困难,需采取以下措施。

①对接接头立焊时,焊条与焊件的角度左右方向各为 90°,向下与焊缝成 60°~80°,而角接接头立焊时,焊条与两板之间各为 45°,向下与焊缝成 60°~90°,如图 3-2-13 所示。

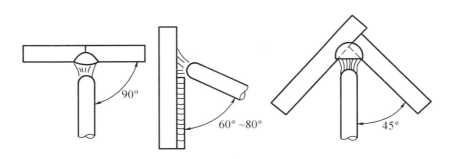

图 3-2-13 立焊时的焊条角度

②用较小直径的焊条和较小的焊接电流,电流一般比平焊时小 12%~15%,以减小熔滴的体积,使之少受重力影响,以利于熔滴的过渡。

③采用短弧焊接,缩短熔滴过渡到熔池中去的距离,形成短路过渡。

④根据焊件接头形式的特点和焊接过程中熔池温度的情况,可灵活运用,此外气体的吹力、电磁力、表面张力在焊接立、横、仰焊时都能促使熔滴向熔池过渡。

(1)对接接头的立焊

对接接头的立焊,常用于不同厚度的材料焊接。焊接时可适当地采用跳弧法、灭弧法以及幅度较小的锯齿形或月牙形运条法进行施焊。

①跳弧法:熔滴脱离焊条末端过渡到熔池后,立即将电弧向焊接方向提起,使熔化金属

有凝固机会(通过护目玻璃可以看到熔池中白亮的熔化金属迅速凝固,白亮部分逐渐下降到暗红色),随后即将电弧拉回原处(熔池),当熔滴过渡到熔池后,再提起电弧。具体运条方法,如图3-2-14所示。为了不使空气侵入熔池,要求电弧移开熔池的距离应尽可能短些,并且跳弧时最大弧长不超过6 mm。

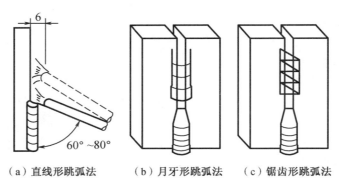

(a)直线形跳弧法　　(b)月牙形跳弧法　　(c)锯齿形跳弧法

图3-2-14　立焊跳弧法

②灭弧法:当熔滴从焊条末端过渡到熔池后,立即将电弧熄灭,使熔化金属有瞬时凝固结晶的机会,随后在弧坑处重新引燃电弧,使得熔池的大小和形状一致,反复交错进行引弧和息弧的操作。操作时应密切注意和控制熔池的形状和温度等情况。一般灭弧法在立焊缝的收尾时用得比较多,这样可以避免收尾时熔池宽度增加和产生焊穿及焊瘤等缺陷。

酸性焊条立焊时,当电弧引燃后,也可将电弧稍微拉长,对焊缝端头稍加预热,随后再压低电弧长度进行焊接。焊接过程中要密切注意熔池形状,如发现椭圆形熔池的下部边缘由比较平直的轮廓逐渐鼓肚变圆时,表示温度已稍高或过高,应立即灭弧,让熔池降温,避免产生焊瘤现象,待熔池瞬时冷却后,再引弧继续施焊。

立焊时接头操作也是比较困难的,操作不当容易产生焊瘤、夹渣等缺陷,因此焊接头时要求更换焊条的速度要快,可采用热接法。先用较长的电弧预热接头处,预热后将焊条称至弧坑一侧进行接头(此时电弧比正常焊接时稍长一些)。在接头时,往往有熔渣、铁水混在一起的现象,这主要是由于接头时,更换焊条时间太长,引弧后预热时间不够及焊条角度不正确而引起的。因此,当出现这种现象时,必须将电弧稍微拉长一些做焊条预热,待温度上升到正常焊接时的温度方可继续焊接。收尾时亦可采用灭弧法。

(2)T字接头立焊

T字接头立焊容易产生的缺陷是焊缝根部未焊透,焊缝两边易咬边。因此,在施焊时,焊条角度向下与焊缝成60°~90°,左右成45°,焊条运至焊缝两边应稍作停留,并采用短弧焊接。焊接T字接头所采用的运条法,如图3-2-15所示。其操作要点均与对接接头立焊相似。

3.横焊

横焊时,由于熔化金属受重力的作用,容易下淌而产生咬边、焊瘤及未焊透等缺陷。因此,应采用短弧,较小直径的焊条以及选用适当的焊接电流和运条方法。

板厚为3~5 mm的对接横焊应采取双面焊接。焊接正面焊缝时,宜采用直径3.2~4 mm的焊条。其焊条角度如图3-2-16所示。

较薄焊件采用直线往返运条法焊接,可以利用焊条向前移动的机会,使熔池得到冷却,以防止熔滴下淌及产生焊穿等缺陷。

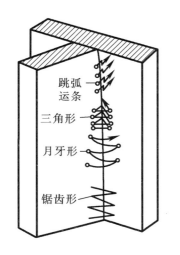

图 3-2-15　T 字接头立焊运条法　　　　图 3-2-16　对接横焊的焊条角度

较厚的焊件,可采用直线形(电弧尽量短)或斜圆圈形运条法,以得到适当的熔深。焊接速度应稍快并均匀,避免熔滴过多地熔化在某一点上,以防形成焊瘤和造成焊缝上部咬边而影响焊缝成形。

封底焊的焊条直径一般为 3.2 mm,焊接电流可稍大一些,采用直线运条法。

4. 仰焊

仰焊是各种空间位置焊接中最困难的一种焊接方法,由于熔池倒悬在焊件下面,受熔滴自身重力的影响容易出现熔池铁水下坠现象,所以使焊缝成形产生困难。同时,在施焊中,还常发生熔渣超前的现象,故控制运条跟焊缝的成形要比平焊、立焊更困难些。

仰焊时,必须保持最短的电弧长度,以使熔滴在很短的时间内过渡到熔池中去,在表面张力的作用下,很快与熔池的液体金属汇合,促使焊缝成形。为了减小熔池面积,使焊缝容易成形,则焊条直径和焊接电流都要比平焊时小 15%~20% 左右。若电流和焊条直径太大,促使熔池体积增大,易造成熔化金属向下淌落;如果电流过小,则根部不易焊透,易产生夹渣及焊缝成形不良等缺陷。此外,在仰焊时气体的吹力和电磁力的作用是有利于熔滴过渡的,它促使焊缝成形良好。

(1) 对接仰焊

当焊件厚度为 4 mm 左右,一般采用不开坡口对接焊,选用直径为 3.2 mm 的焊条。焊条和焊接方向的角度为 70°~80°,左右方向为 90°,如图 3-2-17 所示。在施焊时,焊条要保持上述位置均匀地运条,电弧长度应尽量短。间隙小的接缝可采用直线运条法,间隙大的接缝用直线往返形运条法。焊接电流要适当,电流过小,会使电弧不稳定,难以掌握,影响熔深和焊缝成形;电流过大,会导致熔化金属淌落和烧穿。

(2) T 字接头仰焊

T 字接头的仰焊比对接仰焊容易掌握。焊脚尺寸小于 6 mm 时,宜采用单层焊;大于 6 mm,可采用多层焊或多层多道焊。

在采用多层焊时,第一层应采用直线形运条法,焊接电流可稍大些,焊缝断面应避免成凸形,以利于第二层的焊接。第二层可采用斜圆圈形或斜三角形运条法,焊条和焊接方向成70°~80°,应采用短弧焊接,以避免咬边及熔化金属下淌。

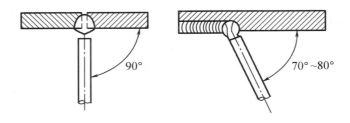

图 3-2-17 对接仰焊时的焊条角度

第四节 管子焊接

船舶上的管路很多,如输油管、淡水管、蒸汽管等几大管系。其管子的直径各不相同,大的有 300~400 mm,小的仅 3~4 mm。因此,管子的维修焊接工作量往往较大。除了铜管和管壁较薄的管子用气焊焊接外,大部分管子是用电弧焊来焊接的。

1. 管子在水平位置上的对接焊法

通常管壁厚在 3~4 mm,可不开坡口焊接,超过 4 mm 时可开单边 V 形或 V 形坡口进行焊接。管子对接时开坡口形式见表 3-2-5。

表 3-2-5 管子对接时开坡口形式

管壁厚度/mm	坡口形式	坡口角度	钝边厚度	对口间隙
3~4	V	—	—	0.5×厚度
≤5	V	70°~90°	0.5~1	1.5×2.0
5~10	V	70°	1~2	2×2.5
>10	V	70°	1~2	2×3

为了保证接头质量,在焊接前管子口应和轴线对正,装配要准确,不能形成弯曲和错位的接头。

管子对接焊时,首先要进行定位焊,即先用点焊形式将管子固定并预留一定的组对间隙。焊点的分布是,当管径较小时($\phi \leq 70$ mm),只在管子对称两侧进行点焊;当管径较大时,可以点焊三个或更多的点,如图 3-2-18 所示。点焊时应注意根部不要产生焊接缺陷,如有缺陷应除去缺陷部分再重新点固焊缝,点焊焊缝长度一般为 20 mm。

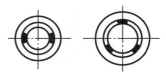

图 3-2-18 点焊数量和位置

管子对接焊可采用两种施焊方式焊接,一种是管子焊接,即在焊接时一边焊接一边慢慢转动管子配合焊条进行焊接,如图 3-2-19 所示。在焊接过程中,焊条位置不变,短弧焊接,采用直线往复运动,换条时间尽量缩短,重叠 20 mm 收尾。

另一种是管固定的焊接(管固定某位置)。此种焊接是一种全位置综合焊接(由仰焊、立焊、爬坡焊、平焊组成),一般可分两半进行施焊,如图3-2-20所示。

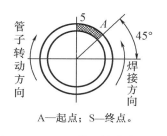

图3-2-19 管子转动施焊法

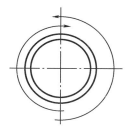

图3-2-20 两半焊接法示意图

在焊接时,特别注意焊条应随焊接位置的改变而及时调整倾角,短弧焊接,采用锯齿形运条为主的方法。

焊接起点应超越中心线5~10 mm,终点处也应超过中心线5~10 mm。在施焊到点焊接头处,应减慢焊条摆动速度,以使接头部分充分熔透;最后收尾时,应多搭一段距离并要焊透,以防出现气孔、夹渣等缺陷。

2. 常用管接头的焊接方法

焊接管接头时,首先应定位点焊点,短弧焊接,采用直线往复或月牙形运条。接头时间尽量短,在焊接过程中要按不同的部位及时调节磁偏吹对焊接的影响来不断调整焊条角度,在收尾时焊缝要饱满。

在管接头焊接中,特别是在多层焊的第一层焊接时,应选择正确的施焊顺序,如图3-2-21所示,以防焊接后焊件产生较大的变形。

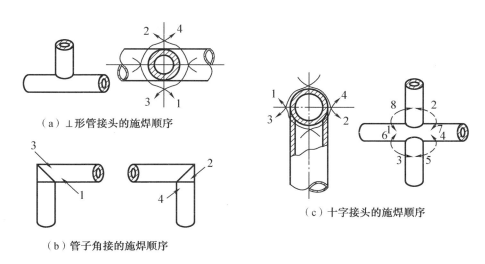

(a)⊥形管接头的施焊顺序

(b)管子角接的施焊顺序

(c)十字接头的施焊顺序

图3-2-21 施焊顺序

3. 法兰和管子的焊接

各种法兰接头的焊接形式如图3-2-22所示。管子和法兰焊接,在焊接第一层焊缝时常会发生纵向裂纹,产生裂纹的原因是接头的内应力太大。为了避免产生裂纹,可以将法兰盘进行预热,并采用适当的焊接程序,如分段法、逐步退焊法等。在焊接时由于管壁比法兰盘薄,因此在管壁上容易形成咬边。所以焊接中电弧角应偏向于法兰盘,使法兰盘受热较多,调节两部分的热量,避免咬边产生。

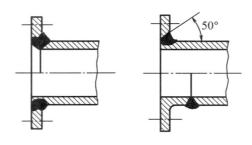

图 3-2-22　各种法兰结构的焊接形式

4. 管子的修补

在船舶上有些管路由于海水的腐蚀作用,经常发生管壁被腐蚀而形成空洞的现象。可以采取焊补方法来解决:用一块稍大于空洞的铁板,将它弯成与管壁外曲度相同的圆弧贴在管壁上,盖住洞口,然后将边缝焊牢,如图 3-2-23 所示。

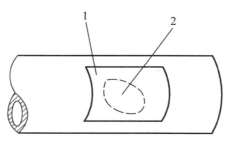

1—修补用铁板;2—空洞。

图 3-2-23　管子的修补

焊补燃油和滑油管路时,要注意采取防火措施或将管子拆卸下来补焊,以防燃烧和爆炸事故发生。

第五节　常用金属的焊接

在造船和船舶维修过程中,需要制造各种不同的焊接结构,相应所采用的材料种类也越来越多。为了保证焊接结构的可靠性,需要掌握金属材料的焊接规律,以便采用合理的焊接材料及合适的工艺措施来保证焊接质量。

本节简单地介绍碳素钢、普低钢、铬镍奥氏体不锈钢、灰口铸铁的焊接特点和焊接方法。

1. 低碳钢的焊接

(1) 焊接特点

由于低碳钢含碳量低(一般小于 0.25%),可焊性好,一般不需要采用特殊工艺措施就能获得优质接点,一般焊前也不需要预热。当对厚度大的结构或在寒冷地区焊接时,可将焊件预热到150 ℃左右,使材料塑性好、淬火倾向小,并且焊缝和近缝区不易产生裂纹。

可采用交直流电源,全位置焊接,工艺简单。

(2)焊接方法

手工电弧焊,这是最常用的一种焊接方法。多用于厚度在30 mm以下结构件的焊接。主要考虑焊接过程中的稳定,焊缝成形的良好及在焊缝中不产生缺陷。对于厚度为3~6 mm的钢板,采用直径为3.2 mm的电焊条一次焊透;对于厚度较大的结构件,必须开适当的坡口,以保证焊透。

(3)焊接材料

主要采用型号E4303焊条(牌号J422)和型号E5015焊条(牌号J507)。按药皮成分不同分为碱性焊条和酸性焊条两大类。焊接一般低碳钢焊件用酸性焊条;当焊接重要的或裂纹敏感性较强的结构件时,应采用低氢型碱性焊条,如J506或J507。

2. 铸铁的焊接

铸铁是机械和船舶上应用较广泛的一种金属材料。其具有成本低、铸造性能好及切削性能优良的特点。而铸铁在制造和使用中会出现各种缺陷,应进行焊补后才能使用。铸铁按碳存在的状态及形成的不同,分为白口铸铁和灰口铸铁等。白口铸铁的碳以渗碳体的形式存在,其断面呈银白色;灰口铸铁的碳以片状石墨的形式存在,其断面呈暗灰色。

由于铸铁的强度低、塑性差、对冷却速度敏感,所以可焊性较差,并且在焊接接头上易产生裂纹。

由于铸铁的强度较低,在焊接应力超过铸铁本身的强度时,沿焊补区的薄弱处就会产生裂纹。铸铁焊补产生的裂纹有两大类。一类是基本金属裂纹,这类裂纹出现在基本金属上;另一类是焊缝裂纹,这类裂纹发生在焊缝上。为了预防裂纹的产生,其主要措施如下。

(1)选用适当的焊条

如采用纯镍、镍铜、镍铁、铜铁等焊条,能够使焊缝得到塑性好的组织。

(2)加热减应方法

选择焊件的适当部位进行低温或高温加热使之伸长。加热这些部位以后,再焊接原来刚性较大的焊缝,使焊补区能自由地收缩,因而焊接应力就可大大减少。加热的部位叫"减应区"。

(3)采用合理的工艺措施

①焊接前预热和焊后缓冷;

②应采用小电流、分散焊,尽量减少焊件的温度差;

③尽量采用多层多道焊,减少基本金属的熔覆量;

④采用锤击法敲击焊缝,以消除焊接应力;

铸铁的补焊有冷焊法、半热焊法和热焊法。

(1)冷焊法

在常温下不进行预热的补焊方法。冷焊法的特点是:在操作过程中运用热胀冷缩的规律,采用合理的焊接方法(方向)和速度,使焊补区在焊接过程中能比较自由地膨胀和收缩,从而达到减小焊接应力和产生裂缝的可能性。冷焊法常用于铸件边、角、棱处小缺陷的补焊。

(2)半热焊法

焊前用气焊火焰分段加热(≤400 ℃),将渗入铸件内部的油污烤尽,直至不再冒烟为止。然后钻上止裂孔(限止孔),一般孔径为5 mm,铲去缺陷,用扁凿或砂轮开坡口。

焊条选用铸308(纯镍)或铸408(镍铁)。坡口较浅时选用 $\phi2.5$ 或 $\phi3.2$ mm 焊条,电流 60~80 A 或 90~100 A;坡口较深时选用 $\phi4$ mm 焊条,电流 120~150 A,焊条不做横向摆动。

焊补应尽量在室内进行。对较厚的铸件也可整体预热 200~250 ℃。焊补的工艺要点是:短段、断续、分散、锤击、小电流、浅熔深和焊退火焊道等。

"短段、断续、分散、锤击"是为了减少应力,防止裂纹。每焊一段,长 10~50 mm 后,立即锤击,用带小圆角的尖头小锤,迅速地锤遍焊缝金属,并待焊缝冷到 60~70 ℃ 再焊下一段。锤击不便之处,可用圆刃扁錾轻捻。多层焊缝焊接时,应采用小电流、浅熔深,以减少白口层的厚度。

(3)热焊法

铸铁热焊能得到很好的质量,但是由于工作条件差和某些工件难以加热,使应用受到限制。

热焊前,将铸件在焦炭地炉内整体预热到 550~650 ℃。若铸件尺寸较大,无法整体预热时,则可选择出减应区并与焊补区一起预热到 450~650 ℃。另外,也可用两把气焊枪同时对较大铸件预热的方法进行焊补。

热焊选用铸铁芯铸铁焊条,焊芯直径为 $\phi6~10$ mm,用大电流(按每毫米焊芯直径 50~60 A 选用),焊后在炉内缓冷。

3. 不锈钢的焊接

(1)不锈钢的性能

不锈钢具有优良的化学稳定性和一定的抗腐蚀性能。一般来说,不锈钢包括不锈钢、耐酸钢两类。能抵抗大气腐蚀的钢叫作不锈钢;能抵抗强烈侵蚀性介质的钢叫作耐酸钢。钢中含铬量大于 12% 的钢中就是不锈钢,铬是提高抗腐蚀的最主要的一种元素。

(2)焊接前的准备

1 mm 以下的薄板料一般不宜采用手工电弧焊,一般采用氩弧焊进行焊接。当板厚超过 3 mm 时必须开坡口,为了避免焊接时碳和杂质进入焊缝,焊前应将焊缝两侧 20~30 mm 范围内清理干净并用丙酮擦洗,然后涂上白垩粉,以免钢材表面被飞溅金属附着和划伤。

(3)焊条的选择

不锈钢焊条有酸性钛钙型焊条和碱性低氢型焊条两种。钛钙型不锈钢焊条用得较多。氢型不锈钢焊条的抗热裂性能较高,但抗腐蚀性稍差。

(4)不锈钢焊接工艺要点

①为了防止焊接接头在危险温度范围(450~850 ℃)停留时间过长而产生贫铬区,防止接头过热产生热裂纹,焊接铬镍奥氏体不锈钢要采用小电流快速焊。为避免基本金属过热和加强熔池保护,施焊时要用短弧焊,焊条不做横向摆动,以窄焊道为宜。

②焊接电流要比低碳钢降低 20% 左右,电流与焊条直径之比不超过 25~30 A/mm,而低碳钢焊接时不小于 40~50 A/mm。起焊时不能随便在钢板上引弧,施焊中运条要稳,收弧时应填满弧坑。

③多层焊时,每焊完一层要彻底清除熔渣,仔细检查焊接缺陷,有缺陷时要及时铲除。待前道焊缝冷却到 60 ℃ 以下时再焊后一道焊缝。在焊接顺序上要先焊非工作面,后焊与腐蚀介质接触的工作面。

④为了防止热裂纹和晶间腐蚀,条件允许时可以采取强制冷却,必要时,焊后进行热处理,以改善焊接接头的性能。

第六节 焊接缺陷分析与电弧切割

焊接缺陷很多,按其在焊缝中的位置,可分为内部缺陷和外部缺陷两大类。外部缺陷位于焊缝的外表面,用肉眼或低倍放大镜就可看到,如焊缝尺寸不符合要求、咬边、表面气孔、表面裂纹、烧穿、焊瘤及弧坑;内部缺陷位于焊缝内部,需用无损探伤法或用破坏法试验才能发现,如未焊透、内部气孔、内部裂纹及夹渣等。

1. 焊缝外形尺寸不符合要求

焊缝外表形状高低不平,焊波粗劣,焊缝宽度不齐,焊缝加强高过低,如图 3-2-24 所示。焊缝尺寸不一致,不合要求,不仅造成焊缝成形难看,而且还会影响焊缝与基本金屑的结合,或造成应力集中,以致影响安全使用。

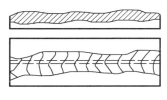
(a) 焊缝高低不平,宽度不均匀,波形粗劣

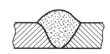

(b) 加强高过高或过低

图 3-2-24 焊缝外形尺寸不符合要求

产生焊缝尺寸不符合要求的原因有:焊接坡口角度不当;焊接电流过大或过小;运条速度或手法不当,以及焊条角度选择不合适。

2. 咬边

咬边又称咬肉,通常把基本金属和焊缝金属交界处的凹槽称为咬边,如图 3-2-25 箭头所指处。由于咬边使基本金属的有效截面减少,减弱了焊接接头强度,而且在咬边处容易引起应力集中,承载后有可能在此处产生裂纹。

咬边产生的主要原因是:焊接电流过大,电弧过长或运条速度不合适;角焊时,焊条角度或电弧长度不适当。

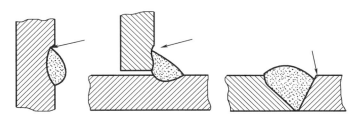

图 3-2-25 咬边

3. 弧坑

把在焊缝末端或焊缝接头处,低于基本金属表面的凹坑称为弧坑,如图 3-2-26 箭头所指处。弧坑影响该处焊缝强度,同时在弧坑内容易产生气孔、夹渣或微小裂纹,因此在熄

弧时一定要填满弧坑,使焊缝高于基本金属。

产生弧坑的主要原因是:熄弧快或薄板焊接时电流过大。

4. 烧穿

把在焊缝中形成的穿孔称为烧穿,如图 3-2-27 所示。烧穿不仅影响焊缝的外观,而且使该处焊缝的强度显著减弱。

其产生原因是焊接电流过大,焊接速度过慢和焊件间隙太大。

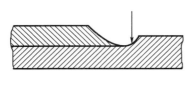
图 3-2-26 弧坑

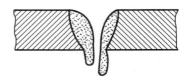
图 3-2-27 烧穿

5. 焊瘤

焊接过程中,熔化金属流敷在未熔化的基本金属或凝固在焊缝上所形成的金属瘤,称为焊瘤,如图 3-2-28 所示。焊瘤的产生不仅影响焊缝外表的美观,而且焊瘤下面常有未焊透缺陷,易造成应力集中。管道内的焊瘤,还会影响管内的有效面积,甚至会造成堵塞现象。

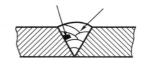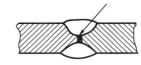
图 3-2-28 焊瘤

焊瘤产生的原因主要是焊接电流太大、电弧过长、焊接速度太慢、焊件装配间隙太大、操作不熟练、运条不当等。

6. 夹渣

把存在于焊缝或熔合线内部的非金属夹杂物称为夹渣,如图 3-2-29 中箭头所指处。夹渣对接头的性能影响比较大,因夹渣多数呈不规则的多边形。其尖角会引起很大的应力集中,往往导致裂纹的产生。焊缝中的针形氮化物和磷化物夹渣,会使金属发脆。氧化铁及硫化铁夹渣,容易使焊缝产生热脆性。其产生原因很多,焊件边缘及焊层之间清理不干净、电流过小使熔化金属凝固速度快、熔渣来不及浮出、运条不当等都容易形成夹渣。

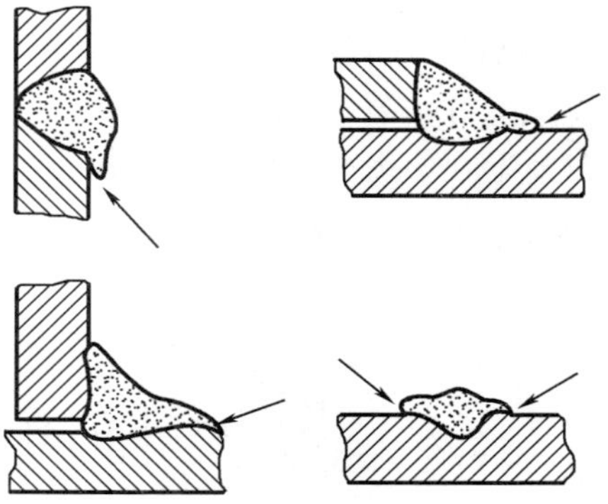

图 3-2-29 夹渣

7. 未焊透

把基本金属和焊缝金属之间,局部未熔合而留下的空隙,称为未焊透,如图 3-2-30 所示。该缺陷不仅降低了焊接接头的机械性能,而且在未焊透处的缺口和端部形成应力集中点,承载后往往会引起裂纹。尤其在对接焊缝中,未焊透这一缺陷不允许存在。

未焊透产生的主要原因是焊接电流太小,焊接速度太快,焊条角度和运条方法不当,电弧太长和电弧偏吹等。

8. 气孔

把焊缝中由于气体存在而造成的空穴称为气孔,如图 3-2-31 所示。气孔的位置可能在焊缝表面,也可能在焊缝的内部。位于焊缝表面的气孔称为表面气孔;处于焊缝内部的气孔称内部气孔。气孔有的密集、有的疏散,且大小也不一致。

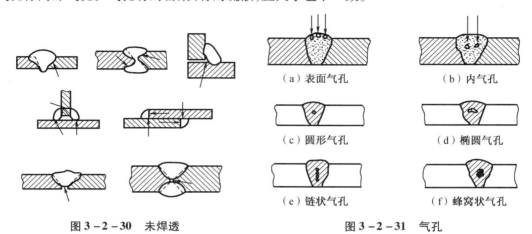

图 3-2-30 未焊透　　　　　　图 3-2-31 气孔

气孔的存在对焊缝强度影响很大,不仅减小焊缝的有效工作断面,使焊缝的机械性能下降,而且破坏了焊缝的致密性,容易造成泄漏。

气孔产生的主要原因是焊接材料或焊接工艺不符合工艺要求所致。其他如焊件表面有水、油、锈等污物存在,焊条药皮受潮,电弧长度过长,焊接电流过大等也会产生气孔。

9. 裂纹

把存在于焊缝或热影响区中因开裂而形成的缝隙称为焊接裂纹。焊接裂纹的形式是多种多样的,有的分布在焊缝的表面,有的分布在焊缝内部,有的则分布在热影响区域。通常把平行于焊缝的裂纹称为纵向裂纹;垂直于焊缝的裂纹称为横向裂纹;弧坑中的裂纹称火口裂纹或弧坑裂纹,如图 3-2-32。

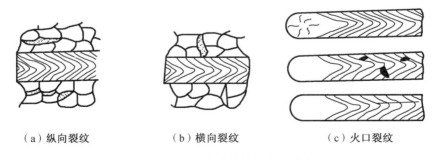

(a) 纵向裂纹　　　(b) 横向裂纹　　　(c) 火口裂纹

图 3-2-32　各种裂纹的分布形式

裂纹是焊缝中最危险的缺陷,它除降低焊接接头的强度外,还因裂纹的末端有一个尖锐的缺口,引起应力集中,焊件承载后,将成为结构断裂的起源。

裂纹产生原因很多,当焊接含碳量较高和含硫磷很高的焊接工件时,如不采取一定的工艺措施,就可能产生裂纹。有时不按焊接规范,不按合理的焊接次序进行焊接也是裂纹产生的原因。

10. 电弧切割

对于含碳量在 0.5% 以下的低、中碳钢的切割一般常用氧乙炔来切割,而对于高碳钢、铸铁、高合金钢及有色金属的切割可采用电弧切割。

(1) 电弧切割的实质

利用电弧弧柱的高温(6 000 ~ 7 000 ℃)将被切的金属及焊条同时熔化,然后靠自重和电弧吹送力而离开切割处的过程。电弧切割需要消耗大量的焊条并且割口也不光滑整齐,工作效率极低。一般不宜采用,只有在特殊情况下采用此法切割。

(2) 电弧切割操作法

采用电弧焊机的正接法。电流要比一般焊接时的电流大 70%,选用 J422 结构钢的焊条即可,焊条直径稍大一些(5 ~ 6 mm)。

操作时尽量采用短弧,这样电弧稳定,切口比较平整美观,切割效率较高一些。切割厚度较大的工件时,焊条应做横向摆动和上下运动。

第七节　电弧焊的安全操作知识

电弧焊是利用电弧热量对金属加工的一种工艺方法。在焊接过程中需接触带电体,并产生电弧高温,强烈的电弧光中含有红外线和紫外线等有害光线。如果不采取预防措施,就会发生触电、燃烧和爆炸、弧光辐射、中毒等事故。根据电弧焊接的特点,把可能造成的事故归纳如下。

1. 触电事故

(1) 形成触电的原因

①初级电压转移,产生高压触电。

a. 由于焊机绝缘破坏。如焊机受潮,绝缘老化损坏,使初级电压直接加在次级线圈上,造成高压电转移。

b. 由于保护接地或保护接零系统不牢,易触电。所谓保护接地,就是用导线将焊机的金属外壳与大地连接起来。当外壳一旦漏电时,外壳与大地形成一条良好的通路。

所谓保护接零,就是用导线将焊机的金属外壳与零线的干线相接。一旦电气设备因绝缘损坏而外壳带电时,绝缘破坏的这一相就与零线短路,产生的强大电流使该相保险丝熔断,切断该相电源,从而起到保护作用。

c. 接线错误。把初级电压的引线误接入低压端,增加了触电的危险。

②空载电压触电:手工电弧焊的空载电压为 70 ~ 90 V。在更换焊条、接触焊钳等带电部分时,两脚和其他部分对地面或金属之间绝缘不好而触电。

在金属容器内、船舱内或阴雨潮湿的地方焊接时,容易发生这类触电,碰到裸露的接线头、导线也会触电。

(2) 预防触电的安全措施

①隔离防护:电焊设备应有良好的隔离防护装置,避免人与带电导体接触。

②良好的绝缘:电焊设备和线路带电导体对地、对外壳都必须有良好的绝缘。

③良好接地接零系统:一旦漏电不至于发生触电事故,在接零线上不准装置熔断器或开关,以保证零线回路不中断。

(3) 触电急救解脱电源的注意事项

①救护人员不可直接用手、金属或潮湿的物件作为救护工具,而必须使用适当的绝缘

工具,救护人员最好用一只手操作,以防自己触电。

②防止触电者脱离电源后可能的摔伤,应考虑防摔的措施。

③如触电事故发生在夜间,应迅速解决临时照明问题。

2. 火灾、爆炸事故和电弧辐射的损伤

电弧焊接是高温明火作业,焊接时产生大量的热量和飞溅的火花,因此要严格防止火灾和爆炸事故。

(1)防止火灾和爆炸的主要措施

①高空作业要注意火花的飞向,焊接场地周围不得有易燃、易爆物质存在。

②严禁在有压力的容器上进行焊割作业。

③储存过易燃、易爆物品的容器和仓柜必须清洗干净,测爆合格后才能焊割。

④严禁将易燃、易爆管道作焊接回路使用。

⑤禁火区动火必须要经过安全、消防等部门审核批准后,才能施工。

由于电弧焊的特点,焊接时要受到电弧的光辐射和热辐射。同时焊接电弧的高温将使金属产生剧烈的蒸发,焊条和被焊金属在焊接时会产生烟气,在空气中氧化形成粉末、产生有毒气体,为此要采取一定的保护措施。

(2)防止电弧辐射的主要措施

①在焊接作业区严禁直视电弧,操作者及辅助工在操作时要戴好面罩。

②要穿好电焊工作服和电焊皮鞋,戴好电焊手套。

③工作场所周围用遮光板隔离,防止伤害他人。

④电焊场所必须有充分的照明并加强通风。

3. 电弧焊的安全操作规程

除了按劳动保护规定穿戴防护工作服、绝缘鞋和防护手套,并保持干燥和清洁外,在操作中还应注意以下几点。

(1)焊接工作前,应先检查焊机和工具是否完好,如焊钳和电缆的绝缘有无损坏,焊机外壳的接地是否良好等。

(2)在狭小的仓室或容器内焊接时,必须穿绝缘套鞋,垫上橡胶板或其他绝缘衬垫;应两人轮换工作,以便互相照顾,或设有一名监护人员,随时注意操作人员的安全动态,遇有危险时可立即切断电源进行抢救。

(3)身体出汗衣服潮湿时,切勿靠在带电的钢板或工件上。

(4)在潮湿地点焊接作业时,地面应铺上橡胶板和其他绝缘材料。

(5)更换焊条一定要戴皮手套,不要赤手操作。不要在焊接时调整焊接电流。

(6)在带电情况下,不要将焊钳夹在腋下而去搬弄被焊工件或将电缆软线绕挂在脖颈上。

(7)推拉闸刀时,头部不要正对电闸防止因短路造成的电弧火花烧伤面部。

(8)下列操作应切断电源开关:

①改变焊机接头时;

②更换焊件需要改接二次回线时;

③转移工作地点时;

④焊机发生故障要检修时;

⑤更换保险丝时。

(9)施焊作业完后应加强现场安全检查,确保完全后方可离开现场。

第三章 气焊基础工艺

第一节 气焊、气割常用的材料和设备

一、气焊、气割的发展和应用

气焊是利用气体火焰作为热源的焊接方法。

通常气焊时应用的设备包括氧气瓶、乙炔瓶(或溶解乙炔瓶)以及回火防止器等,应用的工具包括焊炬,减压器(氧气减压器、乙炔减压器合称减压器)及橡皮气管(氧气橡皮气管、乙炔橡皮气管合称橡皮气管)等。这些设备、工具在工作时的应用情况如图3-3-1所示。

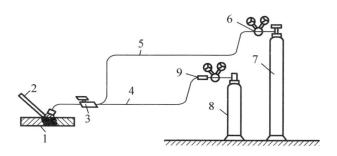

1—焊件;2—焊丝;3—焊炬;4—乙炔橡皮气管;5—氧气橡皮气管;
6—氧气减压器;7—氧气瓶;8—溶解乙炔瓶;9—回火防止器。
图3-3-1 气焊应用的设备和工具示意图

气焊主要用于焊接薄钢板、有色金属、补焊铸铁件和堆焊硬质合金,以及补焊磨损零、部件等。在船舶轮机设备的维护与管理中,还常用气焊的能量对金属材料做简单的热处理。

气焊的优点是使用的设备简单且搬运方便,并有较大的通用性,最适用于作业场地经常更换和没有电力供应的地方。气焊的不足之处是随着母材厚度的增加,其生产率下降,加热区较大,焊接变形较大,接头性能较差。因此,气焊在有些方面已被其他焊接方法取代,但由于气焊有它独特的特点,在工业生产中仍在一定范围内继续得到应用。

气割是气焊的孪生工艺方法,气割是利用气体火焰的热源将工件切割处预热到一定温度,然后通以高速切割氧流,使铁燃烧并放出热量实现切割的方法。除割炬外,气割时应用的设备和工具与气焊大体相同。

气割可分为表面切割(切割金属表面层)和分离切割(切割金属)。表面切割主要用于铸件和锻件表面的清理;分离切割是目前钢材下料的主要手段。此外,还可以进行水下钢材的切割等。

随着工业文明的发展,气割机械化程度日趋完善。半自动气割机已经被广泛使用,而

自动气割机(靠模式、光电跟踪式、数控式)已开始在大型工厂用于下料。

气体火焰加工是利用可燃气体与氧气混合燃烧时所放出的热量来进行加工的方法。它包括气焊、堆焊、钎焊、气割、气电切割、热熔炼、表面淬火、校正、喷涂,以及塑料和其他非金属的焊接等。这些方法在工业生产中广泛地用于制造和修理各种构件和产品。

气焊、气割或火焰加工所应用的乙炔、丙烷、氢气都是易燃易爆气体,而氧气与油脂或易燃物质接触容易引起自燃,造成火灾或爆炸。氧气瓶、溶解乙炔瓶、液化石油气瓶和乙炔发生器都属于有压力的容器。由于气焊,气割操作中需要与可燃气体和有压力的容器接触,同时又使用明火,因此,焊工应保证焊接设备、工具完好和遵守安全操作规程,这样才能杜绝爆炸和火灾事故的发生。

二、焊接材料

1. 氧气

氧气是一种无色、无味、无毒的气体,其分子式为 O_2。氧气本身是不能燃烧的,但它能帮助其他可燃物质燃烧。氧气具有很强的化学活泼性,它能同许多元素化合生成氧化物。燃烧就是氧和其他物质进行激烈化学反应的结果。气焊、气割正是利用可燃气体燃烧放出的热量作为热源的。

2. 乙炔

乙炔又称电石气,它是一种无色的碳氢化合物,其分子式为 C_2H_2。乙炔是易燃气体,其自燃点为 480 ℃,在空气中的着火温度为 428 ℃。乙炔是一种理想的可燃气体,1 个单位体积的乙炔必须要有 2.5 个单位体积的氧气助燃,才能达到完全燃烧。乙炔与氧气混合燃烧时,火焰温度可达到 3 200 ℃ 左右,比其他可燃气体燃烧时的温度都高。乙炔不仅是可燃气体,还是一种易爆炸的气体。当温度升高到 300 ℃ 以上或压力在 0.15 MPa 以上时,乙炔遇火就会爆炸。当温度超过 580 ℃ 或压力超过 0.15 MPa 时,乙炔就会自行爆炸。所以,乙炔发生器的工作压力极限不得超过 0.15 MPa。在容器中的乙炔遇到明火就会燃烧爆炸。乙炔和空气(乙炔含量为 2.2%~81%),或乙炔与氧气(乙炔含量为 2.8%~93%)的混合气体,只要遇到火星或明火就会爆炸。所以,在气焊、气割车间内,应注意通风。乙炔的爆炸与存放的容器形状和大小有关。容器的直径越小,则越不容易爆炸,在毛细管中,由于器壁冷却作用及阻力,爆炸的可能性大为降低。

乙炔能溶解在水或其他液体中。不同的液体,乙炔的溶解量也不同。如在 0.1 MPa 下,1 个单位体积的水中,只能溶解 1 个单位体积的乙炔,而在 1 个单位体积的丙酮内就能溶解约 25 个单位体积的乙炔。另外,随着气压的增加,乙炔溶解的倍数也随之增加。如在 0.5 MPa 下,1 个单位体积的水中就能溶解 5 个单位体积的乙炔,而在 1 个单位体积的丙酮内就能溶解 125 个单位体积的乙炔。瓶装的溶解乙炔就是利用丙酮的溶解作用而降低了它的气压。

乙炔和铜或银长时间接触后,在它们的表面上就会生成乙炔铜或乙炔银等化合物,这种化合物受到摩擦或冲击时,就会发生爆炸。因此,乙炔发生器、回火防止器、乙炔净化器、乙炔管接头和排气管等都不能用铜和银来制造,而只能用铜或银的含量低于 70% 的铜合金或银合金。乙炔还能和氯,次氯酸盐等化合,发生燃烧和爆炸。所以乙炔燃烧而引起火灾时,绝对禁止使用四氯化碳灭火器来灭火。

乙炔制取甚为方便,工业上是用电石和水反应产生的。其反应式为

$$CaC_2 + 2H_2O \longrightarrow C_2H_2 + Ca(OH)_2 + Q$$

3. 气焊丝

气焊时,焊丝的正确选用很重要,因为它不断地送入熔池内,并与熔化的母材熔合形成焊缝,所以焊缝的化学成分和质量在很大程度上和气焊丝的化学成分和质量有关。

(1) 对气焊丝的一般要求

① 焊丝的熔点应等于或略低于被焊金属的熔点。

② 焊丝的化学成分应基本上与焊件相匹配,以保证焊缝有足够的机械性能。

③ 焊丝应能保证焊缝具有必要的致密性,即不产生气孔、夹渣和裂纹等缺陷。

④ 焊丝熔化时,不应有强烈的蒸发和飞溅现象。

⑤ 焊丝表面应无油脂、锈蚀及油漆等污物。

(2) 气焊丝所含的化学元素

气焊丝中含有多种化学元素,这些元素的存在,对焊接过程和焊缝的性能有较大的影响。其中:

① 碳(C)是钢中的主要合金元素,随着含碳量的增加,钢的强度,硬度提高,耐磨性增加,但塑性降低。因此,常用低碳钢焊丝的含碳量规定小于 0.20%。

② 硅(Si)是脱氧剂和合金剂。钢中含适量的硅能提高钢的强度。若含量过高,就会降低钢的塑性和韧性。焊丝中的含硅量应控制在 0.07% 之内(合金钢焊丝例外)。

③ 锰(Mn)在钢中是合金剂、脱氧剂和脱硫剂。当钢中含锰量在 2% 以下时,锰主要起强化基体作用,可以提高强度和韧性。但含锰量超过 2% 时,将增加钢的淬火倾向。一般碳素钢焊丝的含锰量为 0.3%~0.55%,低合金钢或合金钢焊丝的含锰量可达 2%。

④ 铬(Cr)在合金钢和不锈钢中,是一种合金元素,能够提高钢的硬度,耐磨性和耐腐蚀性等。在低碳钢中,它是杂质,会被氧化成难熔的三氧化二铬,形成夹渣。因此,在一般碳素钢焊丝中含铬量不应大于 0.2%。

⑤ 镍(Ni)在合金钢和不锈钢中是合金元素,在一般钢中是有害杂质。因为焊接过程中,少量的镍会与硫结合,产生低熔点共晶。因此一般钢焊丝中规定含镍量在 0.30% 以下。

⑥ 硫(S)在钢中是一种极其有害的杂质,所以在一般焊丝中规定含硫量不大于 0.04%,优质焊丝中不大于 0.03%,高级优质焊丝中不大于 0.025%。

⑦ 磷(P)也是一种有害杂质,所以,一般焊丝中规定含磷量不大于 0.04%,优质焊丝中不大于 0.03%,高级优质焊丝中不大于 0.025%。

气焊丝的分类及其用途根据国家标准《熔化焊用钢丝》(GB/T 14957—94)的规定,焊丝可分为碳素结构钢焊丝和合金结构钢焊丝熔化,另外还有铸铁、有色金属和其他用途的焊丝。由于焊丝的化学成分直接影响焊缝金属的性能,因此应根据焊件材料的成分来选择焊丝。

(3) 焊丝的选用原则

① 考虑母材的机械性能,气焊丝的化学成分,直接影响到焊接接头的机械性能,因此,一般应根据焊件的成分来选用焊丝。但遇到某些合金元素在焊接过程中,易于被烧损或蒸发的情况时,就得选用该合金元素含量高一些的焊丝来补充其烧损或蒸发的一部分损失,以达到焊件原来的机械性能。因此,在选用焊丝时,首先要考虑到焊件的受力情况,使焊丝材料的选用符合焊件性能要求。

② 考虑焊接性:选用焊丝除了保证上述的要求以外,还要考虑到焊缝金属和母材的熔

合及其组织的均匀性。这与焊丝的熔点和母材的熔点之差有关。一般要求焊丝的熔点要等于或略低于母材的熔点。否则,在焊接过程中就容易形成烧穿、咬边或在焊缝金属中形成夹渣。对容易氧化的金属,如铝及铝合金等,易使表面氧化,导致成形不好,焊缝金属中还易形成夹渣等。焊丝填入焊缝后,焊缝金属和熔合线处的晶粒组织要细密,没有夹渣、气孔、表面裂纹及塌陷等缺陷,才符合焊丝质量要求。

③考虑焊件的特殊要求:焊接对介质和温度等有特殊要求的焊件,应选用能满足使用要求的焊丝。

为确保焊丝质量和避免混料,应取每捆焊丝的头尾进行化学分析,合格后方可入库。入库焊丝应按类别,牌号和规格分开;涂油后堆放在干燥的地方,以防焊丝表面生锈和腐蚀。

4. 气焊熔剂

气焊过程中,被加热后的熔化金属极易被周围空气中的氧或火焰中的氧氧化,生成氧化物,使焊缝中产生气孔和夹渣等缺陷。为了防止金属的氧化及消除已经形成的氧化物,在焊接有色金属、铸铁及不锈钢等材料时,气焊时必须加入气焊熔剂。

气焊熔剂在气焊过程中是直接加入到熔池中的,在高温下熔剂熔化与熔池内的金属氧化物或非金属夹杂物相互作用形成熔渣,浮在焊接熔池的表面,覆盖着熔化的焊缝金属,从而可以防止熔池金属的氧化并改善焊缝金属的性能。熔剂可以在焊前预先涂在焊件的待焊处或焊丝上,或者在气焊过程中,将焊丝在盛装熔剂的器皿中沾上熔剂,填加到熔池内。

(1)对气焊熔剂的要求

①熔剂应具有很强的反应能力,能迅速溶解某些氧化物或某些高熔点化合物,生成低熔点和易挥发的化合物。

②熔化的熔剂应黏度小,流动性好,熔渣的熔点和密度应比母材和焊丝低,焊接过程中浮于熔池表面,而不停留在焊缝金属中。

③熔剂应能减少熔化金属的表面张力,使熔化的焊丝与母材更容易熔合。

④熔化的熔剂在焊接过程中,不应析出有毒的气体或使焊接接头腐蚀。

⑤焊接后熔渣容易清除。

(2)气焊熔剂按作用分类

气焊熔剂按所起的作用不同,可分为化学反应熔剂和物理溶解溶剂两大类。由于不同的金属在焊接时会出现不同性质的氧化物,故必须选择相应的熔剂。

①化学反应熔剂:这类熔剂由一种或几种酸性氧化物或碱性氧化物所组成,所以又称为酸性熔剂或碱性熔剂。酸性熔剂(如硼砂,硼酸以及二氧化硅等),主要用作焊接铜及其合金、合金钢等。焊接时形成的氧化亚铜、氧化锌和氧化铁等是碱性氧化物,因此应采用酸性的硼砂和硼酸熔剂;碱性熔剂(如碳酸钾和碳酸钠等)主要用于焊接铸铁。由于熔池内形成了高熔点酸性的二氧化硅(熔点约1 350 ℃),所以应采用碱性熔剂。

②物理溶解溶剂:这类溶剂有氯化钾、氯化钠、氯化锂、氟化钾、氟化钠、硫酸氢钠等,主要用于焊接铝及其合金,焊接时,熔池表面形成一层不能被酸性或碱性熔剂中和的三氧化二铝薄膜,直接阻碍焊接过程的顺利进行。因此,必须用有物理作用的溶剂,将三氧化二铝溶解和吸收,从而获得高质量的焊接接头。

(3)常用的气焊熔剂

①不锈钢及耐热钢的气焊熔剂:即气剂101,使用该熔剂时应注意以下几点。

a. 施焊前应将施焊部分擦刷干净;

b. 焊前将熔剂用相对密度为 1.3 的水玻璃均匀搅拌成糊状;

c. 调好后用毛刷将熔剂均匀地涂在焊接处正反面,厚度不小于 0.4 mm 焊丝上亦应涂上;

d. 涂完熔剂后,约过 30 min 再进行施焊;

e. 熔剂用多少,调多少,以一个班次的用量为好,以免失效变质。

②灰铸铁气焊熔剂:即气剂 201,该熔剂的熔点约为 650 ℃,呈碱性。其能将气焊铸铁时产生的硅酸盐和氧化物有效地清除,起到加速金属熔化的作用。

铜气焊熔剂:即气剂 301,该熔剂的熔点约为 650 ℃,呈酸性,能有效地溶解氧化铜和氧化亚铜。常用于紫铜及黄铜的气焊。使用时应注意以下几点。

a. 焊前先把施焊部位擦刷干净;

b. 焊接时将焊丝一端煨热沾上熔剂即可焊接。

④铝气焊熔剂:即气剂 401,它的熔点约为 560 ℃,呈碱性,能有效地溶解三氧化二铝,在空气中能引起铝的腐蚀,故焊后必须将熔渣清除干净。该熔剂还可用于气焊铝青铜,使用时应注意以下几点。

a. 施焊前应将焊接部位及焊丝洗刷干净;

b. 焊丝涂上用水调成糊状的熔剂或焊丝一端煨热蘸取适量干焊剂,立即施焊;

c. 焊后必须将焊件表面的熔剂、熔渣月热水洗刷干净,最好焊后化学清洗,以免有残渣引起腐蚀;

d. 熔剂应储存在干燥处,谨防受潮。

根据母材和焊丝气焊时的情况,可自制气焊熔剂,以便更好地清除氧化物和保护熔化金属。例如焊接紫铜薄板,可采用 100% 脱水硼砂,焊接黄铜可以用硼酸甲酯 75%(按体积计算)和甲醇 25%(接体积计算)的混合液作气焊熔剂。

熔剂是根据母材在焊接过程中所产生的氧化物的种类来选用的,所选用的熔剂应能中和或溶解这些氧化物。例如,该金属焊接时生成的氧化物绝大多数是碱性的,则应使用酸性熔剂,以利于中和这些氧化物。反之,应使用碱性的熔剂。如果该金属焊接时生成的氧化物不能用中和的办法去除,则应选用能起物理溶解作用的溶剂来溶解。

熔剂应密封在玻璃瓶中。用多少,取多少,用后仍要盖紧瓶盖,以免受潮和脏物进入。

三、气焊常用的设备和工具

1. 氧气瓶

氧气瓶是一种储存和运输氧气用的高压容器,其构造如图 3-3-2 所示,它是由瓶体、瓶箍、瓶阀等组成的。瓶体是用 $42Mn_2$ 低合金钢锭经反复挤压、扩孔、拔伸、收口等工序制造。瓶体外部装有两个防震圈,瓶体和瓶帽外表面漆成天蓝色,并用黑漆写明"氧气"字样,以区别于其他气瓶。为使氧气瓶能平稳竖立的放置,在制造时把底部挤压成凹面形状。为使搬运时防止氧气瓶阀意外的碰撞,在瓶体上部收口

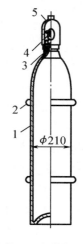

1—瓶体;2—防震圈;3—瓶箍;
4—瓶阀;5—瓶帽

图 3-3-2 氧气瓶的构造

处装置一个带有内螺纹的瓶帽。氧气瓶出厂前应对各个部件严格检查,并对瓶体进行水压试验。一般试验的压力应为工作压力的 1.5 倍。并在氧气瓶上部用钢印打上该瓶的容积和质量、制造年月、工作压力、出厂年月日等。此后,在使用过程中,还需定期对其进行检测,以确保气瓶的安全使用。

目前,我国常用的氧气瓶的规格为 40 L,另外还有 33 L、44 L 两种,外径均为 219 mm,高度分别为 1 370 mm、1 150 mm、1 490 mm,工作压力为 15 MPa,相当于常压下的 6 m³ 的氧气。

国产氧气瓶阀的构造分为两种,一种是活瓣式,另一种是隔膜式。隔膜式瓶阀气密性好,但容易损坏,使用寿命短。目前,主要采用的是活瓣式氧气瓶阀。其构造如图 3-3-3 所示。

使用氧气时,将手轮按逆时针方向旋转即可以开启氧气瓶阀,若按顺时针方向旋转则关闭瓶阀。旋转手轮时,阀杆也跟着转动,再通过开关板使活门一起旋转,造成活门向上或向下移动。活门向上移动,使气门开启,瓶内氧气从瓶阀的进气口进入,出气口喷出。活门向下压紧时,由于活门内嵌有用尼龙 1010 制成的气门,因此可使活门关紧。瓶阀活门的额定开启高度为 1.5~3 mm。

氧气瓶阀的故障及排除方法:氧气瓶阀由于长时间使用,通常会发生漏气或阀杆空转等故障。此故障往往是装上减压器后,开启氧气阀门时才易发现。一般瓶阀常见故障原因及排除方法如下。

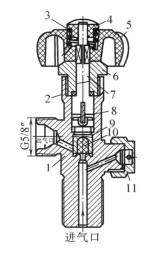

1—阀体;2—密封垫圈;3—弹簧;
4—弹簧压帽;5—手轮;6—压紧螺母;
7—阀杆;8—开关板;9—活门;
10—气门;11—安全装置。

图 3-3-3 活瓣式氧气瓶阀的构造

(1)压紧螺母的周围漏气

这是由于压紧螺母未压紧,要用扳拧紧;或密封垫圈破裂,要重新更换垫圈。

(2)气阀杆和压紧螺母中间孔周围漏气

这是由于密封垫圈破裂和磨损造成的,应重新更换,或将石棉绳在水中浸湿后把水挤出,在气阀杆的根部缠绕几圈,再拧紧压紧螺母。

(3)气阀杆空转,排不出气

这是由于开关板断裂或方套孔和阀杆的方棱磨损呈圆形,要更换或修理;或瓶阀内有水被冻结,要关闭阀门用热水或蒸汽缓慢的加温,使之解冻,严禁明火烘烤。

排除氧气瓶阀故障具有很高的危险性,应由专业人员操作,同时还应特别注意的是:一定要先把氧气阀门关闭以后,再进行修理或更换零件,以防止发生意外事故。氧气瓶在使用过程中更应注意如下几点。

(1)氧气瓶一般应直立放置,并必须安放稳固,防止倾倒。

(2)在压缩状态下的高压氧气与矿物油等油脂或易燃有机物质,如碳粉、纤维等接触时容易产生自燃,甚至引起火灾或爆炸。并且高速氧气流和金属微粒的碰撞能产生摩擦热,高速气流的静电火花放电,都有可能起火,因此,应严禁氧气瓶阀、氧气减压器、焊炬、割炬、氧气皮管等沾染上易燃物质和油脂等。

(3)取瓶帽时,只能用手或扳手旋取,禁止用铁锤等铁器敲击。

(4)在瓶阀上安装减压器之前,应拧开瓶阀吹掉出气口内杂质,并要轻轻地关闭阀门。上减压器后要缓慢地开启阀门,以防阀门开启得太快,导致高压氧气流速过急,产生静电火花而引起减压器燃烧或爆炸。

(5)在瓶阀上安装减压器时,和阀门连接的螺母,至少要拧上三牙以上,以防止开气时脱落。人体要避开阀门喷射方向,并要缓慢地开启阀门。

(6)夏季使用氧气瓶时必须把氧气瓶放在凉棚内,以免强烈的阳光照射。冬季不要放在距离火炉或暖气太近的地方,以防氧气受热膨胀,引起爆炸。

(7)冬季要防止氧气瓶冻结。如果氧气瓶已经冻结,只能用热水或蒸汽解冻,严禁用明火直接加热,也不准敲打,以免引起瓶阀断裂,在高压气流的冲击下,容易发生意外事故。

(8)氧气瓶内的氧气不能全部用完,最后要留 0.1~0.2 MPa 的氧气,以便充氧时鉴别气体的性质和吹除瓶阀口的灰尘,以及避免混进其他气体。

(9)氧气瓶在运送时必须戴上瓶帽,并避免互相碰撞,不能与可燃气体的气瓶、油料以及其他可燃物同车运输,在厂内运输应用专用小车,并固定牢。不能把氧气瓶放在地上滚动,以免发生事故。

(10)氧气瓶必须做定期检查,合格后才能继续使用。

2. 溶解乙炔瓶

由于溶解乙炔比由乙炔发生器直接得到的气态乙炔具有许多显著的优点,应用广泛。溶解乙炔瓶是一种储存和运输乙炔用的压力容器,其外形与氧气瓶相似,但它的构造比氧气瓶复杂。这是因为乙炔不能以高压压入普通的钢瓶内,而必须利用乙炔能溶解于丙酮($CH_3 \cdot COCH_3$。)的特性,采取必要的措施,才能将乙炔压入钢瓶内。溶解乙炔瓶的构造如图 3-3-4 所示,它主要由瓶体 5、瓶阀 3、瓶帽 2 及多孔性填料 6 等组成。

乙炔瓶的瓶体是由优质碳素钢或低合金钢板材经轧制焊接而成的。瓶体和瓶帽的外表面喷上白漆,并用红漆醒目的标注"溶解乙炔"和"火不可近"的字样。在瓶体内装有浸满丙酮的多孔性填料 6,能使乙炔稳定而又安全地储存于乙炔瓶内。使用时,打开瓶阀 3,溶解于丙酮内的乙炔就分解出来;通过瓶阀排出。而丙酮仍留在瓶内。瓶阀下面瓶口 1 中心的长孔内放置着过滤用的不锈钢丝网和石棉 4(或毛毡)。其作用是帮助作为溶质的乙炔从溶剂丙酮中分解

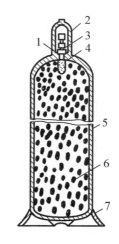

1—瓶口;2—瓶帽;3—瓶阀;4—石棉;
5—瓶体;6—多孔性填料;7—瓶座。
图 3-3-4 溶解乙炔瓶的构造

出。以往瓶内的多孔性填料是用多孔而质轻的活性炭、木屑、硅藻土、浮石、硅酸钙、石棉纤维等联合制成的,目前主要是硅酸钙。

为使瓶体能平稳直立地放置,在瓶体底部焊有瓶座 7。为防止搬运时溶解乙炔瓶阀及瓶体意外的碰撞,在瓶体上部装有一个带内螺纹的瓶帽 2,在外表装有两只防震箍。溶解乙炔瓶出厂前,除对各个部件严格检查外,还需对瓶体进行水压试验。乙炔瓶的工作压力为 1.5 MPa,设计压力为 3 MPa,一般试验的压力为设计压力的 2 倍,即试验压力应为 6 MPa,并在瓶的上部记载该瓶的容积和质量、制造年月、最高工作压力和水压试验压力及出厂年月等。在使用期间每 3 年进行一次技术检验。使用中的乙炔瓶,不再进行水压试验,只做气

压试验。气压试验的压力为 3.5 MPa,所用气体为纯度不低于 97% 的干燥氮气。试验时将乙炔瓶浸入地下水槽内,静置 5 min 后检查,如发现瓶壁渗漏,则予报废。除做压力检查外,还要对多孔性填料(硅酸钙)进行检查,发现有裂纹和下沉现象时,应重新更换填料。溶解乙炔瓶的容量一般为 40 L,一般乙炔瓶中能溶解 6~7 kg 乙炔。溶解乙炔不能从乙炔瓶中随意大量取出,每小时所放出的乙炔应小于瓶装容量的 1/7。

乙炔瓶阀是控制乙炔瓶内乙炔进出的阀门。它的构造如图 3-3-5 所示。主要由阀体 6、阀杆 2、压紧螺母 3、活门 4、密封垫圈 5 等组成。乙炔瓶阀没有旋转手轮,活门 4 的开启和关闭是利用方孔套筒扳手,将阀杆 2 上端的方形头旋转,使嵌有尼龙 1010 制成的密封垫料 5 的活门向上(或向下)移动而达到的。当方孔套筒扳手按逆时针方向旋转时,活门向上移动而开启瓶阀,相反则关闭瓶阀。乙炔瓶阀体由低碳钢制成。阀体下端加工成带螺纹的锥形尾,以便旋入瓶体。乙炔瓶阀的进气口内还装有羊毛毡制成的过滤件 7 和铁丝制成的滤网,将分解出来的乙炔进行过滤,吸收乙炔中的水分和杂质。

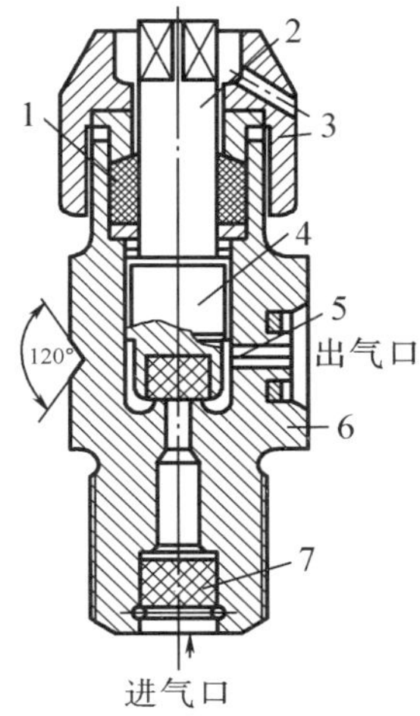

由于乙炔瓶阀的阀体旁侧没有连接减压器的侧接头,因此必须使用带有夹环的乙炔瓶专用减压器。

1—防漏垫圈;2—阀杆;3—压紧螺母;4—活门;
5—密封垫圈;6—阀体;7—过滤件。
图 3-3-5　乙炔瓶阀构造

溶解乙炔瓶在使用时除必须遵守氧气瓶的使用要求外,还应严格遵守下列各点。

(1)溶解乙炔瓶不应遭受剧烈的振动和撞击,以免瓶内的多孔性填料下沉而形成空洞,影响乙炔的储存,引起溶解乙炔瓶的爆炸。

(2)溶解乙炔瓶在使用时应直立放置,因卧置时会使丙酮随乙炔流出,甚至会通过减压器而流入乙炔橡皮气管和焊、割炬内,引起燃烧和爆炸。

(3)溶解乙炔瓶体表面的温度不应超过 30~40 ℃,因为温度高,会降低丙酮对乙炔的溶解度,而使瓶内的乙炔压力急剧增高。

(4)乙炔减压器与溶解乙炔瓶的瓶阀连接必须可靠,严禁在漏气的情况下使用。否则会形成乙炔与空气的混合气体,一触明火就会发生爆炸事故。

(5)溶解乙炔瓶内的乙炔不能全部用完,当高压表读数为零,低压表读数为 0.01~0.03 MPa 时,应将瓶阀关紧,防止漏气。

(6)使用压力不得超过 0.15 MPa,输出流速不应超过 1.5~2.5 mL/h,以免导致供气不足,甚至带走丙酮太多。

3. 减压器

(1)减压器作用

减压器是将储存在气瓶内的高压气体减压到所需要的压力,在工作过程中,使工作压力自始至终保持稳定状态,这项工作需要通过减压器的自动调节来完成。

(2) 减压器的分类

减压器按用途不同可分为集中式和岗位式两类；按构造不同可分为单级式和双级式两类；按工作原理不同可分为正作用式和反作用式两类。

目前，国产的减压器主要是单级反作用式和双级混合式（第一级为正作用式，第二级为反作用式）两类。

(3) 减压器的工作原理

本书以 QD-1 型氧气减压器为例，解释其工作原理（图 3-3-6）。减压器在非工作状态（图 3-3-6(a)）时，调压螺钉 1 逆时针方向旋出，此时调压弹簧 2 处于松弛状态，当氧气瓶阀开启时，高压氧气通过进气口流入高压气室，由于减压活门 6 被副弹簧压紧在活门座上，所以高压气体不能流入低压气室内。

减压器处于工作状态（图 3-3-6(b)）时，顺时针方向旋转调压螺钉 1，将减压活门 6 顶开，此时高压氧气就从缝隙中流入低压气室。高压气体从高压气室流入低压气室时，由于体积的膨胀而使压力降低，这就是减压器的减压作用。在使用过程中，如果气体输出量减少，即低压气室压力增高，通过弹性薄膜装置 4 压缩调压弹簧 2，带动减压活门向下移动，使开启度逐渐减小；反之，减压活门的开启度就会逐渐增大。其结果保证了低压气室内氧气的工作压力（即输出压力）稳定，这就是减压器的稳压作用。减压器的稳压作用能保证进气口压力在规定范围内变化，而出气口的流量从最小值变化到最大值时，其输出压力的波动不超过 15%。当氧气瓶中氧气的压力下降时，由于对减压器活门关闭的作用力逐渐减小，使减压活门的开启度逐渐增大，这样就使低压气室内氧气的工作压力稳定。这种自动调节作用就是反作用式减压器的特点。

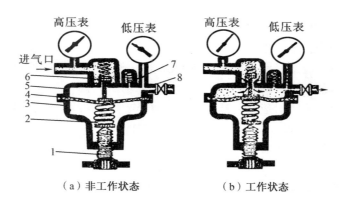

1—调压螺钉；2—调压弹簧；3—罩壳；4—弹性薄膜；5—本体
6—减压活门；7—安全阀；8—出气接头。

图 3-3-6 QD-1 型氧气减压器工作原理图

(4) 安全使用规则

①安装减压器之前。要略开氧气瓶阀门吹除污物，以防灰尘和水分带入减压器内，然后才能装上减压器。在开启气瓶阀时，瓶阀出气口不得对准操作者或其他人，以防止高压气体突然冲出而伤人。减压器出气口与气体橡皮管接头处必须用铁丝或卡箍拧紧，以免送气后脱开伤人。

②应预先将减压器调压螺钉旋松后才能打开氧气瓶阀，开启氧气瓶阀时要缓慢进行，

不要用力过猛,以防高压气体损坏减压器及高压表。

③开启氧气瓶阀后,检查各部位有无漏气现象,压力表工作是否正常。

④调节工作压力时,应缓慢地旋转调压螺钉,以防高压气体冲坏弹性薄膜装置或使低压表损坏。

⑤减压器上不得沾染油脂,如有油脂,必须擦拭干净后才能使用。

⑥减压器在使用过程中如发现冻结,应用热水或蒸汽解冻,不许用明火烘烤。

⑦停止工作时,应先松开减压器的调压螺钉,再关闭氧气瓶阀,并把减压器内的气体慢慢放尽,这样可以保护副弹簧和减压活门免受损坏。

⑧减压器必须定期检修,压力表必须定期校验,以确保调压的可靠性和压力表读数的准确性。

⑨氧气压力表和乙炔压力表不得调换使用。

4. 焊炬

焊炬又称焊枪,是气焊的主要工具。它的作用是将可燃气体和氧气按一定的比例均匀地混合,并以一定的速度从焊嘴喷出,形成一定能率、一定成分、适合焊接要求和燃烧稳定的火焰。焊炬的好坏直接影响焊接质量,因此要求焊炬应有良好的调节和保持氧气与可燃气体的比例及火焰大小的性能,并使混合气体喷出速度等于或大于燃烧速度,以使火焰稳定地燃烧,同时焊炬的质量要轻,使用时安全可靠。等压式焊炬燃烧气体的压力和氧气的压力是相等的,各不依靠,因此称为等压式。它的优点是不易发生回火。

目前国产的焊炬均为射吸式,它不但适用于低压乙炔(低压乙炔发生器供气),也适用于中压乙炔(中压乙炔发生器供气)和溶解乙炔瓶装的乙炔。而等压式焊炬就不能用于低压乙炔,因此限制了它的使用范围,目前等压式焊炬已很少应用。

本书以 H01-6 型焊炬为例做介绍。H01-6 型焊炬属于射吸式焊炬。能焊接厚度为 1~6 mm 的低碳钢板材。焊炬备有 5 个焊嘴,可根据不同的板厚进行选用。焊炬结构如图 3-3-7 所示。它主要由主体 12、乙炔调节阀 5、氧气调节阀 11、喷嘴 15、射吸管 3、混合气管 2、焊嘴 1、手柄 10、乙炔管接头 7 及氧气管接头 8 等部分组成。主体的左上侧装有乙炔调节阀 5 及其阀针 13。顺时针或逆时针方向旋转这两种调节阀,可使阀针前后位移,来控制氧气与乙炔的开放或关闭,同时可以调整其流量,以便控制焊接火焰的能率。喷嘴是根据射吸式原理,将氧气与乙炔按一定的比例混合,并以一定的流速从射吸管 3 射出,进入混合气管 2 再从焊嘴 1 喷出。射吸管用的射吸管螺母 4 紧固在焊炬主体的左侧,焊嘴靠螺纹旋紧在混合气管的左端,而混合气管的右端与射吸管采用银钎料钎焊。乙炔进气管 6 和氧气进气管 9 也采用银钎料钎焊方法连接在主体的右上侧,并在进气管的另一端焊上乙炔管接头 7 和氧气管接头 8,供连接橡皮气管用。进气管的前后侧装有胶木手柄 10,供焊工握住焊炬用。

H01-6 型焊炬的工作原理是:打开氧气调节阀 11,氧气即从喷嘴快速射出,并在喷嘴 15 外围形成真空造成负压(吸力),再打开乙炔调节阀 5,乙炔即聚集在喷嘴的外围。由于氧射流负压的作用,聚集在喷嘴外围的乙炔很快被氧气吸入射吸管 3 和混合气管 2,并从焊嘴 1 喷出。

射吸式焊炬的特点是利用喷嘴的射吸作用,使高压氧气(0.1~0.8 MPa)与压力较低的乙炔(0.001~0.1 MPa)均匀地按一定比例(体积比约为1:1)混合,并以相当高的流速喷出。所以不论是低压乙炔,还是中压乙炔,都能保证焊炬的正常工作。

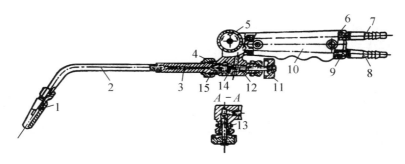

1—焊嘴;2—混合气管;3—射吸管;4—射吸管螺母;5—乙炔调节阀;6—乙炔进气管;
7—乙炔管接头;8—氧气管接头;9—氧气进气管;10—手柄;11—氧气调节阀;
12—主体;13—乙炔阀针对性;14—氧气阀针;15—喷嘴。

图 3-3-7　H01-6 型焊炬的构造

(1)焊炬使用时的注意事项

①根据焊件的厚度选择适当的焊炬及焊嘴,并用扳手将焊嘴拧紧,拧到不漏气为止。

②使用前应检查焊炬射吸性能。检查时,先接上氧气皮管,乙炔皮管暂不接。然后打开乙炔调节阀和氧气调节阀,当氧气从焊炬流出时,用手指按在乙炔进气管接头上,若手指上感到有足够的吸力,则表明焊炬射吸力是正常的;相反,如果没有吸力,甚至氧气从乙炔管接头中倒流出来,则说明射吸力不正常,必须进行修理,否则严禁使用。

③将乙炔皮管接在乙炔管接头上,并和氧气皮管一起用卡子或细铁丝扎紧。

④关闭各气体调节阀,检查焊嘴及各气体调节阀处是否漏气。

⑤以上检查合格后开始点火。点火时先把氧气调节阀稍微打开,然后再打开乙炔调节阀,再用点火枪点火,并随即调整火焰的大小和形状至正常状态。如果调整不正常或有灭火现象,应检查是否漏气或管道堵塞,并进行修理。

⑥使用过程中若发生回火,应迅速关闭乙炔调节阀,同时关闭氧气调节阀。等回火熄灭后,再打开氧气调节阀,吹除残留在焊炬内的余焰和烟灰,并将焊炬的手柄前部放在水中冷却。

⑦停止使用时,应先关乙炔调节阀,然后再关闭氧气调节阀,以防止发生回火和产生烟灰。

⑧焊炬的各气体通路均不许沾染油脂,以防氧气遇到油脂而燃烧爆炸。另外,焊嘴的配合面不能碰伤,以防止因漏泄而影响使用。

⑨使用完毕后,应将焊炬挂在适当的地方,最好将橡皮气管拆下,把焊炬放在工具箱内。

(2)常见故障及消除方法

①"放炮!"(叭叭响声)和连续灭火

这是因为焊炬使用时间过长,乙炔中的杂质,特别是氢氧化钙等烟灰在射吸管内壁上附着太厚所引起的,这不仅影响了乙炔的畅通,更为严重的是影响氧气射流射吸能力的发挥。消除时,要用比射吸管孔径细一些的齐头钢丝,刮除里面的烟灰,特别是射吸管孔端部 10 mm 处,更要清除干净。

②射吸能力小,火焰较小

有两种情况:一是调节氧气流的氧气阀针尖灰分太厚,要及时清除掉;二是氧气阀针尖弯曲和射吸管孔与氧气阀针孔不同轴,要调直。

③没有射吸能力,同时还出现逆流现象

这主要是射吸管孔处有杂质,或焊嘴堵塞。如果焊嘴没有堵塞,应把乙炔皮管卸下来,用手堵住焊嘴,开启氧气调节阀使之倒流,将杂质从乙炔管接头吹出。必要时,可把混合气管卸下来,清除内部杂质。如果焊嘴堵塞,可用钢丝通针及砂布将飞溅物清理干净。

④点燃后的火焰时大时小

这是由于氧气阀针杆的螺纹磨损,配合间隙过大,使针尖和射吸阀针孔不同轴造成的,要重新更换。

⑤乙炔接头处倒流

这主要是与氧气阀针相吻合的喷嘴松动漏气,要拧紧。

⑥在焊接大件或预热焊件时,会出现连续灭火等现象

这是因为焊嘴和混合管温度过高或焊嘴松动。应关闭乙炔,将焊嘴浸入水中冷却或拧紧焊嘴。最好将石棉绳用水润湿后,把焊嘴和混合气管缠绕包裹住。

5. 回火防止器

在气焊或气割过程中,发生的气体火焰进入喷嘴内逆向燃烧的现象通常叫作回火。若逆向燃烧的火焰进入乙炔瓶内,就会发生燃烧爆炸事故。因此乙炔瓶一定要装置回火保险器。它的作用是:当焊炬或割炬发生回火时,它可以防止火焰回烧进入溶解乙炔瓶(或乙炔发生器),或阻止火焰在乙炔管道内燃烧,从而保障乙炔发生器或溶解乙炔瓶等的安全。

发生回火的原因有以下几种:

(1)焊、割嘴被金属飞溅物堵塞,致使火焰喷射不正常。燃烧速度大于气体流出的速度。

(2)焊、割嘴和焊、割炬过热,混合气体受热膨胀、压力增高,使混合气体流动的阻力增大。

(3)乙炔压力过低或橡皮管堵塞。

(4)焊、割炬失修,阀门不严密,造成氧气倒流至乙炔管道内。

6. 橡皮管及辅助工具

(1)橡皮管

气焊、气割时用的橡皮管,必须能够承受足够的气体压力,并要求质地柔软,质量轻,以便于工作。目前国产的橡皮管是用优质橡胶掺入麻织物或棉织纤维制成的。根据输送的气体不同,橡皮管可分为氧气皮管和乙炔皮管两种。氧气皮管的工作压力为1.5 MPa,试验压力为3.0 MPa,爆破压力不低于6 MPa。乙炔皮管的工作压力为0.3 MPa。根据有关规定,氧气与皮管为红色,乙炔皮管为绿色或黑色。通常氧气皮管的内径为8 mm,乙炔皮管的内径为10 mm。橡皮管的长度一般不小于15 m。若操作地点离气源较远时,可根据实际情况,将两副橡皮管用管接头连接起来使用。但必须用卡子或细铁丝扎牢。

新的橡皮管首次使用时,要先把橡皮管内壁的滑石粉吹干净,以防焊炬的各通道被堵塞。在使用橡皮管时,应注意不得使其沾染油脂,以免加速老化,并要防止火烫和折伤。已经严重老化的橡皮管应停止使用,及时更换新的。乙炔皮管和氧气皮管不得互相代用。

(2)橡皮管接头

橡皮管接头是橡皮管与减压器、焊炬以及乙炔发生器和乙炔供给点等的连接接头。为保持接头处的气密性,橡皮管接头的连接嘴上车有数条凹槽,这样可以保证橡皮管可以用卡子或铁丝扎牢在连接嘴上而不脱落。接头的螺母是用来将接头直接旋到减压器和焊炬上去的。为了区别氧气皮管的接头和乙炔皮管的接头,在乙炔皮管接头的螺母表面刻有1~2条槽。

(3)点火枪

点火枪是气焊、气割时点火的工具,形式和构造较多。用点火枪点火比较安全方便。对于某些着火点较高的可燃气体(如液化石油气),必须用明火点燃。当用火柴点燃时,必须把划着了的火柴,从焊嘴或割嘴的后面送到焊嘴或割嘴上,以免手被烧伤。

(4)护目镜

气焊时应戴护目镜操作。护目镜的作用主要是保护焊工的眼睛不受火焰亮光的刺激,以便清楚地观察熔池和进行操作,还可以防止飞溅物溅入眼内。护目镜的颜色和深浅,应根据焊工的视力、焊炬的大小和被焊材料的性质来选用。一般宜用3号~7号的黄绿色镜片。

(5)其他工具

① 清理焊缝用的工具,如钢丝刷、凿子、手锤、锉刀等;
② 连接和启闭气体通路的工具,如钢丝钳、活扳手、卡子及铁丝等;
③ 清理焊嘴和割嘴用的工具,如通针等。每个焊工都应具备粗细不等的三棱式钢质通针一组,以便清除堵塞焊嘴或割嘴内的脏物。

第二节 焊炬的火焰和气焊工艺

一、焊接火焰

1. 焊接火焰的分类

焊接火焰是可燃气体或可燃液体蒸气与氧气混合燃烧而形成的。气焊要求焊接火焰有足够的温度,体积要小,焰芯要直,热量要集中,还要求其具有保护性,以防止空气中的氧、氮对熔滴和熔池的氧化和污染。

乙炔与氧混合燃烧所形成的火焰称为氧乙炔焰。氧乙炔焰具有很高的温度(约3 200 ℃),加热集中,因此是目前气焊中主要采用的火焰。液化气体(例如丙烷)燃烧的火焰,主要用于金属切割。氢与氧混合燃烧所形成的火焰是氢氧焰,主要用于铅的焊接。

乙炔在氧气中的燃烧过程可分为两个阶段:首先,在加热作用下乙炔分解,反应式为

$$C_2H_2 \longrightarrow 2C + H_2$$

然后,乙炔依靠混合气中的氧,按下列反应式发生第一阶段的燃烧(一次燃烧),即

$$2C + H_2 + O_2 \longrightarrow 2CO + H_2$$

第二阶段的燃烧是依靠空气中的氧按下式(二次燃烧)进行的,即

$$CO + H_2 + O_2 \longrightarrow CO_2 + H_2O$$

乙炔在氧气中燃烧的过程是一个放热过程,也就是反应中放出了热量。

根据燃烧时氧气和乙炔的比值,燃烧的火焰按性质可分为中性焰、碳化焰和氧化焰三

种形式,其构造和形状如图 3-3-8 所示。

(1) 火焰的组成

火焰由焰芯、内焰和外焰三部分组成,如图 3-3-8 所示。

① 焰芯:焰芯呈尖锥形,色白而明亮,轮廓清楚。焰芯由氧气与乙炔组成,焰芯的内部分布着乙炔分解所生成的碳粒,炽热的碳粒发出明亮的白光,因此有明亮而清楚的轮廓。在焰芯内部进行着第一阶段的燃烧。焰芯虽然很亮,但温度只有 800~1 200 ℃,这是由于乙炔分解而吸收了部分热量的缘故。

② 内焰:内焰位于碳素微粒层外面,呈蓝白色,有深蓝色线条。它是来自焰芯的碳和氢气与氧气激烈燃烧的部分,生成物是一氧化碳和氢。内焰处在焰芯前 2~4 mm 部位,燃烧最激烈,温度最高。可达到 3 100~3 150 ℃。一般就利用这个温度区域进行焊接,故称为焊接区。内焰中的气体主要含 60%~66% 的一氧化碳和 30%~34% 的氢气,对许多金属的氧化物具有还原作用,所以焊接区又称为还原区。

③ 外焰:内焰的外面是外焰,它和内焰没有明显的界线,只能从颜色上略加区别。外焰的颜色从里向外由淡紫色变为橙黄色。在这里进行的是第二阶段燃烧,把来自内焰未燃烧的一氧化碳和氢气与空气中的氧气化合充分燃烧,变成二氧化碳和水蒸气。外焰温度为 1 200~2 500 ℃。

④ 火焰的温度分布:火焰的温度是沿着火焰轴线而变化的,火焰温度最高处距离焰芯末端 2~4 mm,最高温度可达 3 200 ℃ 左右。离此处越远,火焰温度越低,如图 3-3-9 所示。火焰在横向断面上的温度是不同的,断面中心温度最高,越向边缘,温度越低。由于中性焰的焰芯和外焰温度较低,而内焰温度最高且内焰具有还原性,可以改善焊缝的机械性能,所以采用中性焰焊接大多数金属及其合金时,均利用内焰。

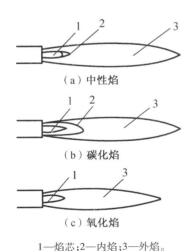

1—焰芯;2—内焰;3—外焰。

图 3-3-8 氧乙炔焰和构造和形状

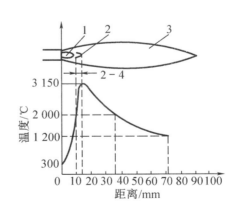

1—焰芯;2—内焰;3—外焰。

图 3-3-9 中性焰的温度分布情况

(2) 中性焰

中性焰是氧乙炔混合比为 1.1~1.2 时燃烧所形成的火焰,在一次燃烧区既无过量氧又无游离碳。当氧气与丙烷的混合比值为 3.5 时,也可得到中性焰。

(3) 碳化焰

氧与乙炔的混合比小于1.1时燃烧所形成的火焰称为碳化焰。火焰中含有游离碳,具有较强的还原作用,也有一定的渗碳作用。碳化焰可明显地分为焰芯、内焰和外焰三部分,如图3-3-8(b)所示。

碳化焰的整个火焰比中性焰长而柔软,乙炔的供给量越多,火焰越长,越柔软,挺直度也越差。当乙炔过剩量很大时。由于缺乏使乙炔充分燃烧所必需的氧气,火焰开始冒黑烟。碳化焰的焰芯呈蓝白色,也由氧气和乙炔组成。内焰呈淡白色,它由一氧化碳、氢气和碳素微粒组成。外焰呈橙黄色,它由水蒸气、二氧化碳、氧气、氢气和碳素微粒组成。

碳化焰的最高温度为2 700~3 000 ℃。由于火焰中有过剩的乙炔,它可以分解为氢气和碳,在焊接碳钢时,游离状态的碳会渗到熔池中去,增高焊缝的含碳量。另外,过多的氢气会进入熔池,促使焊缝产生气孔及裂纹。因此碳化焰不能用来焊接低碳钢及低合金钢。但轻微碳化焰应用较广,它可以应用于中合金钢、高合金钢、铝及其合金等材料的焊接。

(4) 氧化焰

氧与乙炔的混合比大于1∶2时燃烧所形成的火焰称为氧化焰。氧化焰中有过量的氧,在尖形焰芯外面形成了一个有氧化性的富氧区。其火焰构造和形状如图3-3-8(c)所示。

氧化焰的焰芯呈淡紫蓝色,轮廓也不太明显。由于氧化焰在燃烧过程中氧的浓度极大,氧化反应进行得非常激烈,所以焰芯和外焰都缩短了。氧化焰没有碳素微粒层,外焰呈蓝紫色,火焰挺直,燃烧时发生急剧的"嘶嘶"噪声。氧化焰的大小决定于氧的压力和火焰中氧的比例。氧的比例越大,则整个火焰越短,噪声也越大。

氧化焰的最高温度可达3 100~3 300 ℃。由于氧气的供应量较多,整个火焰具有氧化性。所以,焊接一般碳钢时,会造成熔化金属的氧化和合金元素的烧损,使焊缝产生气孔,并增强熔池的沸腾现象,从而降低了焊缝的质量。因此这种火焰较少采用。但焊接黄铜和锡青铜时,利用轻微氧化焰的氧化性,生成氧化物薄膜,覆盖在熔池表面,则可阻止锌、锡的蒸发。由于氧化焰温度很高,故在火焰加热及气割时,为了提高效率,也常使用氧化焰。

2. 各种火焰的适用范围

焊接不同的材料,要使用不同性质的火焰才能获得优质的焊缝。各种金属材料气焊时所采用的火焰见表3-3-1。

表3-3-1 各种金属材料气焊火焰的选择

焊件材料	应用火焰	焊件材料	应用火焰
低碳钢	中性焰或轻微碳化焰	铬镍不锈钢	中性焰或轻微碳化焰
中碳钢	中性焰或轻微碳化焰	紫铜	中性焰
低合金钢	中性焰	锡青铜	轻微氧化焰
高碳钢	轻微碳化焰	黄铜	氧化焰
灰铸铁	碳化焰或轻微碳化焰	铝及其合金	中性焰或轻微碳化焰
高速钢	碳化焰	铅、锡	中性焰或轻微碳化焰
锰钢	轻微氧化焰	镍	碳化焰或轻微碳化焰
镀锌铁皮	轻微氧化焰	蒙乃尔合金	碳化焰
铬不锈钢	中性焰或轻微碳化焰	硬质合金	碳化焰

二、气焊冶金过程中的反应

熔焊时,在焊接热源的作用下,焊件上所形成的具有一定几何形状的液体金属部分称为熔池。气焊时,熔池中的金属与熔剂、母材、表面杂质(氧化膜、油污等)、火焰气流,以及周围空气等发生强烈而复杂的化学反应和物理作用,最后凝固形成焊缝金属的整个过程称为气焊冶金过程。

在气焊冶金过程中发生的反应可分为化学反应和物理反应两种。

(1)化学反应
①氧化反应,它将造成熔池中金属和合金元素的烧损;
②还原反应,使熔池中的金属氧化物脱氧还原;
③碳化反应,造成熔池渗碳,改变焊缝性能。

(2)物理反应
①金属元素的相互渗透和扩散;
②熔池冷凝时有气体的聚集逸出;
③熔渣上浮并覆盖在熔池表面;
④熔池金属飞溅。

三、气焊焊接接头的种类和坡口形式

用焊接的方法连接的接头称为焊接接头,它可分为焊缝区、熔合区和热影响区三个区域。

1. 气焊焊接接头的种类

常用的气焊接头有卷边接头、对接接头、搭接接头及角接接头等。焊接接头的形式可根据焊件厚度、结构形式、强度要求和施工条件等情况决定。

气焊时主要采用的接头形式是对接接头。气焊厚度为 0.5~1 mm 的薄钢板时,宜采用卷边接头及角接接头;当板厚小于或等于 3 mm 时,亦可采用不开坡口的对接接头;当焊件厚度大于 5 mm 时,只有在不得已的情况下,才采用气焊,一般情况下应该采用电弧焊或其他焊接。

方法:当板厚小于或等于 4 mm 时,可采用搭接接头或 T 形接头,但由于这种接头焊后会使焊件产生较大的变形,所以很少采用,通常都选用电弧焊或气体保护焊的方法施焊。

2. 气焊焊接接头的坡口形式

气焊接头的坡口形式与尺寸见表 3-3-2。

表 3-3-2 气焊接头的坡口形式与尺寸

接头形式	坡口形式	各种尺寸/mm		
		板厚	间隙	卷边
对接接头	卷边	0.5~1	—	1~2
	不开坡口	1~3	0.5~0.5	—
角接接头	卷边	0.5	—	1~2
	不开坡口	<4	—	—

此外为了保证焊接质量,首先要对焊接接头处和焊丝做好清洁工作。其清除方法可以用喷砂或直接采取火焰烘烤后用钢丝刷清理,彻底清除氧化物、铁锈、油漆、油污及水分等。气焊前必须对焊件进行定位焊。薄板定位焊如图3-3-10(a)所示,定位焊的长度为5~7 mm,间距为50~100 mm。为了避免变形,应注意正确的定位焊接顺序。对于较厚的板,定位焊的长度则为20~30 mm,间距为200~300 mm,定位焊一般是从两端开始向中间进行,如图3-3-10(b)所示。管子的定位焊:管径的大小不同,定位焊的点数也有所不同。一般管径小于70 mm的管子,两点定位即可,管径在300~500 mm时,应定位焊3~5处。定位顺序应采取对称且不论管径大小,气焊时的起焊点都应选择在两定位点的中间。

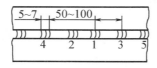
(a)薄板定位焊顺序

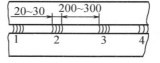
(b)较厚板定位焊顺序

图3-3-10 定位焊顺序

四、气焊焊接工艺参数

气焊焊接工艺参数的正确选择是保证气焊接头质量的重要技术依据。气焊焊接工艺参数通常包括焊丝的牌号、直径、熔剂、火焰性质与能率、焊嘴的倾角、焊接方向和焊接速度等。

1. 焊丝直径的选择

焊丝直径应根据焊件的厚度和坡口形式、焊缝位置、火焰能率等因素来决定。在火焰能率确定的情况下,焊丝粗细决定了焊丝的熔化速度。如果焊丝过细,则焊接时往往发生焊件尚未熔化,而焊丝已熔化下滴的现象,造成未熔合、焊波高低不平、焊缝宽窄不一等缺陷;如果焊丝过粗,则熔化焊丝所需要的加热时间增长,同时增大了对焊件加热的范围,造成热影响区组织过热,使焊接接头质量降低。

在多层焊时,第一、二层应选用较细的焊丝,以后各层可采用较粗的焊丝。一般平焊应比其他焊接位置选用粗一号的焊丝,右焊法比左焊法选用的焊丝要适当粗一些。焊丝直径常根据焊件厚度来初步选择,试焊后再调整确定。

低碳钢焊丝直径与钢板厚度的关系见表3-3-3。

表3-3-3 低碳钢焊丝直径与钢板厚度的关系

焊件厚度/mm	1~2	2~3	3~5
焊丝直径/mm	不用焊丝或1~2	2	3~4

2. 气焊火焰的性质和能率的选择

(1)火焰性质的选择

火焰性质是根据焊件材料的种类及其性能来选择的。一般来说,气焊时对于需要尽量减少元素烧损和增碳的材料,应选用中性焰;对于允许和需要增碳及还原气氛的材料,可选用碳化焰;对于母材含有低沸点元素(Sn、Zn等)的材料,需要生成氧化物薄膜,覆盖在熔池表面,以保护这些元素不再蒸发,则应选用氧化焰。也可参照表3-3-1选用。例如,焊接低碳钢和低合金钢时要求使用中性焰;焊接灰铸铁、高碳钢和硬质合金堆焊时应选用碳化焰;而焊接黄铜时,为防止锌的蒸发应使用氧化焰。焊缝金属的质量和焊缝的强度与火焰的性质有关。因此,在整个焊接过程中应不断调节火焰成分,保持火焰性质,以得到满意的焊接接头。

(2)火焰能率的选择

火焰能率是以每小时可燃气体(乙炔)的消耗量(L/h)来表示的。其物理意义是:单位时间内可燃气体所提供的能量(热能)。

焊接不同的焊件时,要选择不同的火焰能率。如焊接较厚的焊件,熔点较高的金属,导热性较好的铜、铝及其合金时,就要选用较大的火焰能率,才能保证焊件焊透;反之,焊接薄板时,为防止焊件被烧穿,火焰能率应适当减小。平焊缝可比其他位置焊缝选用稍大的火焰能率。在实际生产中,在保证焊接质量的前提下,为了提高生产率,应尽量选择较大的火焰能率。

火焰能率的大小,主要取决于氧乙炔混合气体的流量。流量的粗调靠更换焊炬型号和焊嘴号码。流量的细调则靠调节气体调节阀。焊嘴号码的选择,要根据母材的厚度、熔点和导热性能等因素来决定。

3. 焊嘴倾角的选择

焊嘴的倾角是指焊嘴中心线与焊件平面之间的夹角α,见图3-3-11。焊嘴倾角的大小主要是根据焊嘴的大小、焊件厚度、母材的熔点和导热性及焊缝空间位置等因素综合决定。焊嘴倾角大,热量散失少,焊件得到的热量多,升温快;反之,热量散失多,焊件受热少,升温慢。

因此,在焊接厚度大、熔点较高或导热性较好的焊件时,焊嘴倾角要选得大一些;反之,焊嘴倾角可选择得小些。焊接碳素钢时焊嘴倾角与焊件厚度的关系见图3-3-11。

焊嘴倾角在气焊过程中是要经常改变的,焊接开始时,为了较快地加热焊件和迅速形成

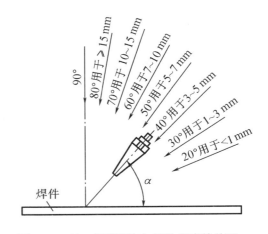

图3-3-11 焊嘴倾角与焊件厚度的关系

熔池,焊嘴的倾角可为80~90°。熔池形成后转成正常焊接角度。到焊接即将结束时,为了填满熔池,而又不使焊缝收尾处过热,应将焊嘴倾角减小,使焊嘴对准焊丝或熔池交替地加热。

4. 焊接速度的选择

焊接速度对生产率和产品质量都有影响。一般来说,对于厚度大,熔点高的焊件,焊接速度要慢些,以免产生未熔合的缺陷;而对于厚度小、熔点低的焊件,焊接速度要快些,以免烧穿和使焊件过热,降低焊缝质量。

焊接速度的快慢应根据焊工操作的熟练程度和焊缝位置等具体情况而定。在保证焊接质量的前提下,应尽量加快焊接速度,以提高生产率。

第三节　气焊操作技术

一、气焊的基本操作要领

1. 氧乙炔焰的点燃、调节和熄灭

点燃火焰时,应先稍许开启氧气调节阀,然后再开乙炔调节阀,两种气体在焊炬内混合后,从焊嘴喷出,此时将焊嘴接近火源即可点燃。开始点燃时,如果氧气压力过大或乙炔不纯就会连续发出"叭叭"的声音或不易点燃的现象。

刚点燃的火焰通常为碳化焰。然后根据所焊材料的种类和厚度,分别调节氧气和乙炔调节阀,直至获得所需要的火焰性质和火焰能率。火焰形状不得歪斜或发出"吱吱"的声音。若发现火焰不正常时,要用通针把焊嘴内的杂质清除干净,使火焰正常后才可进行焊接。

需要熄灭火焰时,应先关闭乙炔调节阀,后关闭氧气调节阀。否则,就会出现大量的碳灰,甚至会导致窝火,留下事故隐患。

2. 火焰位置

施焊时应掌握火焰喷射的方向,要使焊缝两侧金属的温度始终保持平衡,以免接缝不在熔池正中间,而偏向温度高的一侧,凝固后使焊缝成形歪斜。火焰焰芯的尖端要距离熔池表面 3～5 mm,自始至终通过改变各种焊接因素,尽力保持熔池的大小,形状不变。

3. 起焊

起焊时,焊件温度较低,焊嘴倾角应大些,以利于对焊件进行预热,同时可使火焰在起焊处往复移动,保证焊接处温度均匀升高。如果两焊件厚度不同,火焰应稍微偏向厚件,使焊缝两侧温度基本相同,熔化一致。接缝处可刚好落在熔池中心线上。当起点处形成白亮而清晰的熔池时,即可加入焊丝,并向前移动焊炬进行正常焊接。

4. 焊接过程中填充焊丝的方法

正常焊接时,焊工不但要密切注意熔池的形成情况,且要将焊丝末端置于外层火焰中进行预热。当焊丝熔滴送入熔池后,要立即将焊丝略微抬起,让火焰向前移动,形成新的熔池,然后再继续向熔池加入焊丝,如此循环就形成了焊缝。为获得优良的焊接接头,应使熔池的形状和大小始终保持一致。

如果火焰能率大、焊接温度高、熔化速度快,则焊丝应经常保持在焰芯前端,使熔化的焊丝熔滴连续加入熔池;如果火焰能率小、熔化速度慢,则加入焊丝的速度也要相应减慢。当使用熔剂焊接时,还应用焊丝搅拌熔池,以便使熔池中的氧化物和非金属夹杂物漂浮到熔池表面。

当焊接间隙大的和薄壁的焊件时,应将火焰焰芯直接对着焊丝,使焊丝阻挡部分热量,同时焊嘴做上下跳动,防止焊缝边缘或熔池前面过早熔化。

5. 焊嘴和焊丝的摆动

正常气焊时,焊丝与焊件表面的倾斜角一般为 30°～40°,焊丝与焊嘴中心线的夹角为 90°～100°,并且焊嘴和焊丝应做均匀协调的摆动这样才可获得优质、美观的焊缝。通过摆动,既能使焊缝金属熔透、熔匀,又可避免焊缝金属的过热或过烧。焊嘴摆动有三个方向:

(1) 沿焊缝方向做前进运动,不断地熔化焊件和焊丝而形成焊缝。

(2)在垂直于焊缝的方向做上、下跳动,以调节熔池的温度。

(3)在焊缝宽度方向做横向摆动(或打圆圈运动),以使坡口边缘很好地熔透,焊缝不出现烧穿或过热等缺陷。

同样,在焊接时,焊丝除做前进运动外,还要做上下跳动。当使用熔剂时,焊丝还应做横向摆动,搅拌熔池。焊丝末端必须均匀协调地在高温区和低温区间做往复跳动,否则会造成焊缝高低不平,宽窄不匀等现象。

焊嘴和焊丝的摆动方法与幅度与焊件厚度、材质、空间位置及焊缝尺寸有关。平焊时焊嘴与焊丝常见的几种摆动方法如图3-3-12所示。图3-3-12(a)、(b)、(c)适用于各种材料较厚大焊件的焊接及堆焊,图3-3-12(d)适用于各种薄板焊件的焊接。图中所示的方法,可根据具体情况灵活应用。

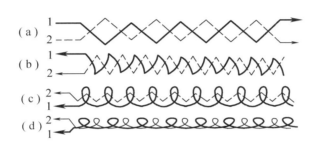

1—焊嘴;2—焊丝。

图3-3-12 焊嘴和焊丝的摆动方法

6. 接头与收尾

(1)接头

焊接中途停顿后,又在焊缝停顿处重新起焊和焊接时,通常把与原焊缝重叠的部分称为接头。接头时,应用火焰将原熔池周围充分加热,待已冷却的熔池及附近的焊缝金属重新熔化,形成新的熔池后,方可熔入焊丝。并注意焊丝熔滴应与已熔化的原焊缝金属充分熔合。焊接重要焊件时,必须重叠8~10 mm,方可得到满意的焊接接头。

(2)收尾

焊到焊缝的终端时,结束焊接的过程称为收尾。收尾时,由于焊件的温度较高,散热条件较差,故应减小焊嘴的倾角和加快焊接速度,并多加入一些焊丝,以防止熔池面积扩大,避免烧穿。收尾时,还可用温度较低的外焰保护熔池,直至熔池填满,方可使火焰慢慢离开熔池。总之,气焊收尾的要领是:倾角小、焊速增、加丝快、熔池满。

7. 左焊法和右焊法

气焊操作时,按照焊炬移动方向和焊炬与焊丝前后位置的不同,可分为左焊法(图3-3-13)和右焊法(图3-3-14)两种。

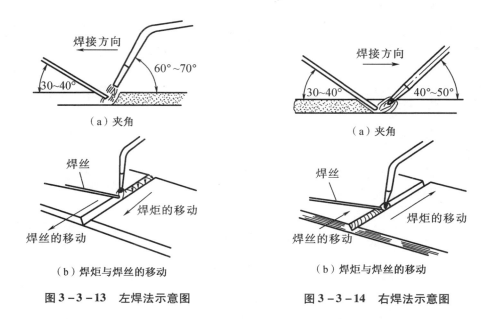

图 3-3-13 左焊法示意图　　图 3-3-14 右焊法示意图

(1) 左焊法

焊炬从右向左移动,称为左焊法或左向焊。这时焊炬火焰背着焊缝而指向未焊部分,并且焊炬火焰跟在焊丝后面。采用左焊法,焊工能够很清楚地看到熔池的上部凝固边缘,并可以获得高度和宽度较均匀的焊缝。由于焊接火焰指向焊件未焊部分,故对金属起着预热的作用,因此焊接薄板时生产效率较高。这种焊接方法操作方便,容易掌握,应用也最普遍。缺点是焊缝易氧化,冷却较快,热量利用率低,因此适用于焊接 5 mm 以下的薄板和熔点低的金属。

(2) 右焊法

右焊法是焊接过程中焊炬从左向右,焊炬在焊丝的前面,焊接火焰指向焊件已焊部分的操作方法,如图 3-3-14 所示。

由于这种方法的火焰指向焊缝,并遮盖整个熔池,使熔池和周围的空气隔离,故能防止焊缝金属氧化,减少气孔,使焊缝金属缓慢地冷却,从而改善焊缝的组织。同时,由于焰芯距熔池较近以及火焰受坡口和焊缝的阻挡,使火焰的热量较为集中,火焰能率的利用率也较高,这样可增加熔深并提高生产率。缺点主要是这种方法不易掌握和对焊件没有预热作用等。所以,一般较少采用这种方法。它只适用于焊接厚度较大,熔点较高的焊件。

二、空间各种位置的焊接方法

焊接位置就是熔焊时,焊件接缝所处的空间位置(如平焊、立焊、横焊和仰焊位置等),可用焊缝倾角和焊缝转角来表示。所谓焊缝倾角就是焊缝轴线与水平面之间的夹角,如图 3-3-15 所示。所谓焊缝转角就是通过焊缝轴线的垂直面与坡口的二等分平面之间的夹角,如图 3-3-16 所示。

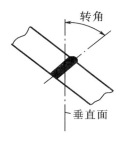 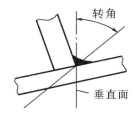 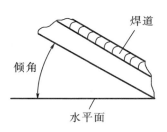

图 3-3-16 焊缝转角　　　　　　　　　　　图 3-3-15 焊缝倾角

在焊接时,经常会遇到各种位置的焊接。有时在同一条焊缝上(如水平固定管对接焊缝)就会遇到几种不同的焊接位置。焊接位置不同,操作方法也就不同。

1. 平焊

平焊就是在焊缝倾角为 0°~5°、焊缝转角为 0°~10°的焊接位置(图 3-3-17)进行的焊接。

对接接头的平焊是气焊的基础,其操作方法如图 3-3-18 所示。

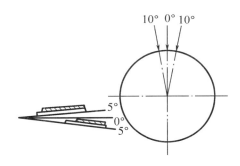 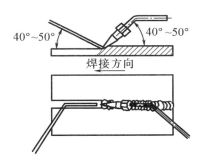

图 3-3-17 平焊位置　　　　　　　　　　图 3-3-18 平焊操作示意图位置

在操作过程中应注意下列事项:

(1)要待焊接处熔化并形成熔池时方可加入焊丝,焊接处只加热到红色时,还不能加入焊丝。当焊丝端部粘在熔池边缘上时,不要用力拔焊丝,用火焰加热粘住的地方,焊丝即自然脱离。如熔池凝固后还需继续施焊时,应将原熔池周围加热,待熔池变得清晰明亮后,再加入焊丝继续施焊。

(2)焊接过程中,如发现熔池突然变大,且没有流动金属时,即表明焊件已被烧穿,这是由于焊炬移动过慢而造成的。此时应迅速提起焊炬,加大焊速,减小焊嘴倾角,多加焊丝,将穿孔填满,再继续施焊。

(3)如发现熔池过小或不能形成熔池,焊丝熔滴不能和焊件熔合,而仅仅敷在焊件表面时,表明热量不足。这是由于焊炬移动速度过快造成的。此时应降低焊接速度,增大焊嘴倾角,待形成正常熔池后再向前焊接。

(4)如熔池不清晰且具有气泡,出现火花飞溅或熔池内金属沸腾的现象时,说明火焰性质不对,应及时将火焰调节成中性焰,然后再进行焊接。

(5)如熔池内液体金属被吹出,说明气体流量过大或焰芯离熔池太近,此时应立即调整火焰能率或使焰芯与熔池保持正确距离。

总之,在整个焊接过程中,要正确地掌握工艺参数和操作方法,控制熔池温度和焊接速度,防止产生未焊透、过热,甚至烧穿等缺陷。

2. 立焊

立焊就是在焊缝倾角为 80°~90°、焊缝转角为 0°~180° 的焊接位置(图 3-3-19)所进行的焊接。

立焊是比较困难的焊接位置,因为熔池内的液态金属容易下淌,焊缝较难成形,焊缝的高低宽窄不易控制,较难得到均匀平整的焊波。立焊主要采用自下而上的焊接方法,在某些情况下,也可采用自上而下的焊接方法。立焊的操作方法如图 3-3-20 所示。

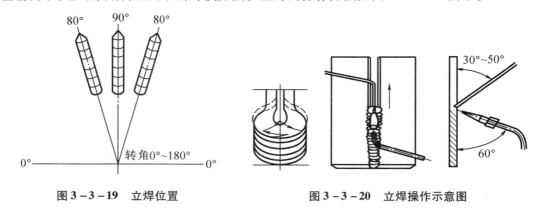

图 3-3-19 立焊位置　　　　图 3-3-20 立焊操作示意图

立焊的操作要领如下:

(1)应该采用比平焊小 15% 左右的火焰能率来进行焊接。

(2)要严格控制熔池温度,不能使熔池面积太大,熔深也不能太深。

(3)焊炬要沿焊接方向向上倾斜,与焊件成 60° 的夹角,以借助火焰气流的吹力来托住熔池,不使熔池金属下淌。

(4)在一般情况下,焊炬不做横向摆动,而仅做上下跳动,这样便于控制熔池温度,使熔池有冷却的机会,保证熔池受热适当。而焊丝则在火焰气流范围内进行环形运动,将熔化金属均匀地一层层堆敷上去。

(5)焊接过程中,由于操作失调,液体金属即将下泄时,应立即把火焰向上提起,待熔池温度降低后,再继续进行焊接。一般为了避免熔池温度过高,可以把火焰较多地集中在焊丝上,同时增加焊接速度来保证焊接过程的正常进行。

(6)焊接厚度为 2~4 mm 不开坡口的焊件时,为了保证熔透,应在起焊点充分预热,并熔化出一个直径接近焊件厚度的小孔,然后用火焰在小孔边缘加热熔化焊丝,填充圆孔下边的熔池,并一面向上扩孔,一面填充焊丝完成焊接。焊接厚度为 5 mm 以上开坡口的焊件时,最好烧穿一个小孔,将钝边熔化掉,以便焊透。焊接厚度为 2 mm 以下的薄件时,不可以穿孔焊接,以免烧成大洞,难以补焊。

3. 横焊

横焊就是在焊缝倾角为 0°~5°、焊缝转角为 70°~90° 的对接焊焊接位置(图 3-3-21(a))进行的焊接;或焊倾角为 0°~5°、焊缝转角为 30°~55° 的角焊缝焊接位置(图 3-3-21(b))进行的焊接。

横焊要在焊件的立面或倾斜面上进行焊接,其操作方法如图 3-3-22 所示。

横焊操作也是比较难掌握的,主要困难是熔池金属下淌,使焊缝上边容易形成咬边,下边容易形成焊瘤和未熔合等缺陷,见图 3-3-23。

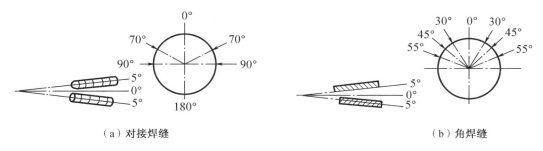

图 3-3-21 横焊位置图

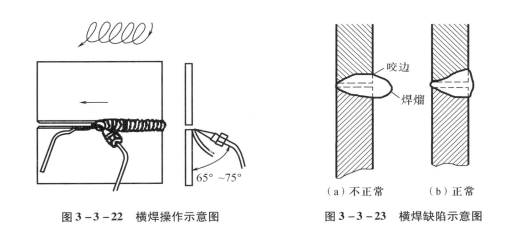

图 3-3-22 横焊操作示意图　　图 3-3-23 横焊缺陷示意图

横焊时除了选用较小的火焰能率(比立焊还要小些)外还要掌握以下要领:

(1)应适当控制熔池温度。

(2)焊嘴应向上倾斜,火焰与焊件间的夹角保持在 65°~75°(图 3-3-21),利用火焰吹力托住熔化金属以防其下淌。

(3)焊接薄件时,焊炬一般不做摆动,但焊丝要始终浸在熔池中;焊接较厚焊件时,焊炬可做小的环行摆动,焊丝仍要始终浸在熔池中,并不断地把熔化金属向熔池上边推去,焊丝来回做半圆形(或斜环形)摆动,并在摆动过程中被焊炬加热熔化,免得熔化金属堆积在熔池下面而形成咬边及焊瘤等缺陷。

4. 板材的气焊

厚度小于 2 mm 的薄钢板,最好采用卷边对接接头,这时可不用焊丝,只需用火焰将卷边部分熔化即可,如图 3-3-24 所示。焊接过程中应正确选用气焊工艺参数,焊嘴的倾角要小些(10°~20°),并注意熔池温度,如果发现局部间隙过大而使焊缝凹下时,可适当填充些焊丝。有时因板材卷边而使加工困难,此时也可采用不卷边对接接头,如图 3-3-25 所示。

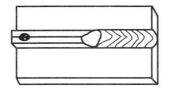
图 3-3-24 薄板卷边对接焊

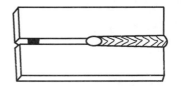
图 3-3-25 薄板不卷边对接焊

薄板对接焊时,应防止焊件过热及烧穿,焊嘴的倾角要小些(约 20°~30°),焊接火焰不要直接对着焊件,可略偏向焊丝,并均匀地填充焊丝和掌握焊接速度。焊炬应根据熔池的温度不断地上下跳动。

两块厚度为 4 mm 的钢板对接焊时,其方法是将两块钢板放平并对齐,留有 2 mm 的间隙,先进行定位焊,然后采用左焊法施焊。当焊缝较短时,可由一端连续焊向另一端,如图 3-3-26 所示。当焊缝较长时,为防止起焊端产生裂纹,可在起头处向相反方向施焊 20~30 mm 之后,再向正方向施焊,如图 3-3-27 所示。

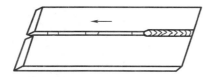
图 3-3-26 前进连续法示意图

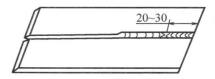
图 3-3-27 反向起头焊法示意图

若焊缝较长或焊缝呈环形时,为减少焊接变形,除进行必要的定位焊外,还应采用跳焊法或逐步退焊法等工艺。

5. 管子的气焊

管子在气焊时,一般均采用对接接头。管子的用途不同,对其焊接质量的要求也不同。重要管子(如电站锅炉管)的焊接,要求单面焊双面成形,以满足较高工作压力的要求;对于中压以下的管子(如水管、风管),因工作压力较低,对焊缝只要求不漏,且达到一定的强度即可;对于一般较重要管子的气焊,当壁厚小于 2.5 mm 时,可不开坡口,若壁厚大于 2.5 mm,为使焊缝全部焊透,需将管子开成"V"形坡口,并留有钝边。

焊件的钝边和间隙大小要适当,若钝边太厚,间隙太小时,焊缝不易焊透,这样就会降低接头强度;钝边太薄,间隙太大时,容易烧穿,使管子内壁产生焊瘤,这就减少了管子的有效截面,增加了气体或液体在管内的流动阻力。因此气焊管子时,既要保证焊透,又要防止烧穿而产生焊瘤。接头处一般可焊两层,以防焊缝内、外表面凹陷和过分凸出。焊缝的余高不得超过管子外壁表面 1~2 mm(或为壁厚的 1/4),其宽度应盖过坡口边缘每边 1~2 mm,并应均匀圆滑过渡到母材。

1. 可转动管子的气焊

管子可以自由转动,焊缝熔池就可始终控制在方便的位置(如平焊位置)上施焊。若管壁小于 2 mm 时,最好处于水平位置施焊。对于管壁较厚和开有坡口的管子,通常采用上坡焊,而不应处于水平位置焊接。因为管壁厚,填充金属多,加热时间长,若熔池处于水平位置,不易得到较大的熔深,不利于焊缝金属的堆高,同时焊缝成形也不好。

若采用左焊法,则应始终控制在与管子垂直中心线成20°~40°角的范围内进行焊接(图3-3-28),这样可以加大熔深,并能控制熔池形状,使接头全部焊透,同时,被填充的熔滴金属自然流向熔池下边,便于焊缝成形和保证焊接质量。

若采用右焊法,火焰就吹向熔化金属部分,为了防止熔化金属因火焰吹力而造成的焊瘤,熔池应控制在与垂直中心线成10°~30°角的范围内,如图3-3-29所示。

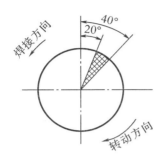
图3-3-28 左向爬坡焊

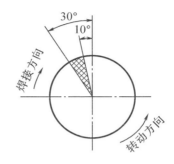
图3-3-29 右向爬坡焊

当焊接直径为200~300 mm的管子时,为防止变形,应采用交叉间隔的对称焊法。

2. 固定管气焊

(1)垂直固定管气焊

垂直固定管的对接接头为横焊缝,根据管壁的薄厚,垂直固定管常采用不开坡口或单边V形坡口等接头形式。开有坡口的管子,若采用左焊法时需进行多层焊,垂直固定管横焊接头的操作特点与直线横焊基本相同,所不同的是焊工应随着环形焊缝的前进而不断变换位置,始终保持焊嘴、焊丝和管子切线方向的夹角不变,以便更好地控制熔池的形状。

(2)水平固定管气焊

水平固定管的气焊比较困难,因为在操作时它包括了所有的焊接位置(图3-3-30),所以也称全位置焊接,施焊操作特点可参见本节前述。由于焊缝呈环形,在施焊中,应随着焊缝空间位置的改变,逐渐地将焊嘴和焊丝绕着管子旋转,而焊丝与管子切线的夹角基本不变(通常应保持90°),焊嘴、焊丝与管子切线的夹角也基本不变(一般为45°)。但根据管壁的厚薄和熔池形状变化的情况,在实际操作中也可适当调整和灵活掌握,以保持不同位置时熔池的形状,使之既熔深熔透,又不至于过烧和烧穿。

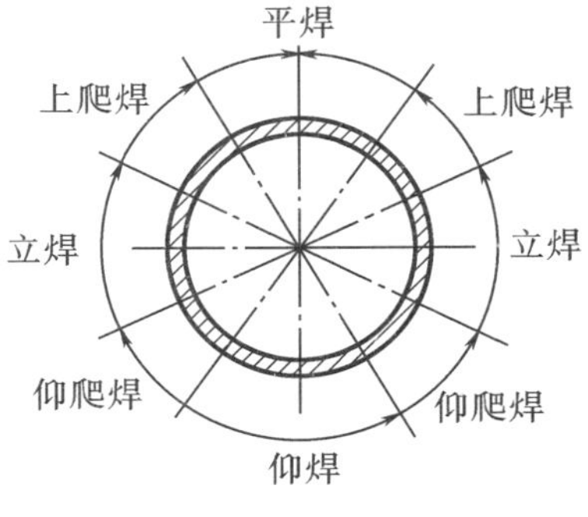

图3-3-30 水平固定管全位置焊接的分布情况

水平固定管的焊接,应先进行定位焊,然后再正式焊接。当焊前半圈时,起点、终点都要超过管子的垂直中心线5~10 mm,焊后半圈时,起点和终点都要和前段焊缝搭接一段,以防止在起焊点和弧坑处产生缺陷。搭接的长度为10~20 mm,如图3-3-31所示。

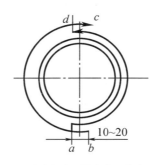

a、d 为先焊半圈的起点和终点
b、c 为后焊半圈的起点和终点

图 3-3-31　水平固定管的焊接方法

第四节　火焰钎焊

一、火焰钎焊的机理

钎焊就是将焊件和钎料加热到高于钎料熔点、低于母材熔点的温度,利用液态钎料润湿母材,填充接头间隙并与母材相互扩散实现连接焊件的一种方法。按其所采用的热源不同,钎焊可分为火焰钎焊、感应钎焊、炉中钎焊及真空钎焊等。其中以火焰钎焊的应用较为普遍。

火焰钎焊是使用可燃气体与氧气(或压缩空气)混合燃烧的火焰进行加热的一种钎焊方法。这种钎焊方法虽与其他钎焊方法所用的热源不同,但它们都具有以下相同的钎焊机理。

1. 熔化钎料的填缝机理

钎焊时,钎料是依靠毛细管的作用在钎缝间隙内流动的,这种液态钎料对母材浸润和附着的能力称之为润湿性。通过大量实践证明,影响钎料润湿性的因素有以下几个方面。

(1) 钎料和母材成分的影响

一般说来,当液态钎料与母材在液态或固态下均不发生作用时,则它们之间的润湿性很差。如果液态钎料能与母材相互溶解或形成化合物,则钎料便能较好地润湿母材。例如,银和铁互不作用,结果银在铁上的润湿性极差。而银在 779 ℃时能溶于铜(3%),故银在铜上的润湿性良好。

(2) 钎焊温度的影响

钎焊温度升高,有助于提高钎料对母材的润湿性,但是钎焊温度太高,钎料的润湿性太好,往往会发生钎料的流散现象。

(3) 金属表面氧化物的影响

金属表面的氧化物将阻碍钎料与母材的直接接触,使液态钎料团聚成球状,这样润湿现象就不容易产生。所以钎焊时必须将金属表面的氧化物彻底清除干净。

(4) 母材表面粗糙度的影响

通常钎料在粗糙表面的润湿性比在光滑表面上要好,这是由于纵横交错的细纹对液态钎料起着特殊的毛细管作用,促进了钎料沿钎焊面的流动。不过当钎料与母材相互作用很强烈时,这些细纹将迅速被液态钎料所溶解,致使表面粗糙对润湿性的影响也就表现得不明显了。

2. 钎料与母材的相互作用

钎焊时熔化的钎料在填缝过程中与母材发生相互作用,这种作用可归结为下列两种。

(1)母材溶解于液态钎料中

凡钎料和母材在液态下能够相互溶解的,则钎焊时母材就能溶解于钎料中。例如将铜散热器浸入液态锡钎料中钎焊时发现,随着钎焊次数的增多和钎焊温度的升高,液态钎料中的铜量也相应增加。这说明溶解作用在钎焊过程中是存在的。

(2)钎料向母材中扩散

钎焊过程中,在母材溶解于液态钎料的同时,也出现钎料向母材中扩散的现象。例如,用黄铜钎焊铜时,在接近液态钎料的母材中,发现有锌在铜中的固溶体。与此类似,用锡钎料钎焊铜或铜合金时,在母材与钎料的交界面上,发现有金属间化合物。这都证明在钎焊时发生着钎料向母材扩散的过程。综上所述,钎焊时钎料与母材相互溶解、扩散的结果就形成了钎缝。

3. 火焰钎焊的种类

火焰钎焊时,通常采用氧乙炔焰来加热,也有采用喷灯(用汽油、酒精或煤油作燃料)或空气与汽油燃烧火焰来加热的。

二、火焰钎焊用钎料和钎剂

1. 对钎料的基本要求

(1)钎料熔点应比母材的熔点低 40～60 ℃,接头在高温下工作时,钎料熔点应高于工作温度。

(2)钎料应具有良好的润湿性,并有与母材相互扩散、溶解的能力,以利于填满接头的间隙,获得牢固的钎焊接头。

(3)应能满足接头的机械性能和物理、化学性能要求,如抗拉强度、导电性、耐蚀性及抗氧化性等。

(4)钎料的热膨胀系数应与母材相近,以避免在钎缝中产生裂纹。

2. 火焰钎焊用的钎料

钎料按其熔点不同可分为软钎料和硬钎料两类。硬钎料的熔点在 450 ℃ 以上,常用于火焰钎焊。这种钎料一般用于工作温度和强度要求较高的焊件的钎焊。用于火焰钎焊的硬钎料主要是银钎料、铜锌钎料和铜磷钎料等。

(1)银钎料

它是 Ag、Cu 和 Zn 的合金,并有少量的 Cu 和 Ni 等。这种钎料由于熔点低,润湿性好,操作容易,强度高、导电性和耐蚀性优良,所以得到了广泛应用。它可以钎焊铜及其合金、钢铁、不锈钢、耐热合金、硬质合金等。火焰钎焊常用的银铜锌钎料有料 302、料 303 和料 304 等。

(2)铜锌钎料

这种钎料的机械性能和熔点与锌的含量有关。它具有较好的抗腐蚀性能,配合钎剂可钎焊铜、含锌较少的黄铜、钢及铸铁等。

(3) 铜磷钎料

这种钎料具有良好的漫流性,适用于钎焊铜和黄铜,但不能钎焊黑色金属,因为它不能润湿黑色金属表面,并且在钎缝靠基本金属的边界处,易生成脆性的磷化铁(Fe_3P),使钎缝变脆。这种钎料钎焊的接头能很好地在拉伸状态下工作,并且有良好的导电性。但钎缝塑性差,故处于弯曲、冲击状态下工作的接头不宜采用。

3. 钎剂的作用

钎剂就是钎焊时使用的熔剂,它在钎焊过程中所起的作用如下:

(1) 减小液态钎料的表面张力,以改善液态钎料对母材的润湿性;

(2) 清除钎料和母材表面的氧化物;

(3) 保护焊件和液态钎料在钎焊过程中不被氧化。

4. 火焰钎焊用的钎剂

钎剂可分为软钎剂和硬钎剂两大类。用于火焰钎焊的是硬钎剂。在使用铜锌钎料时,常用的硬钎剂以硼砂为主,银钎剂由硼化物和氟化物组成,配合银钎料,主要用来钎焊铜及其合金、钢和不锈钢等。由于钎焊不锈钢和耐热合金钢时,表面有难以去除的钛、铬等氧化物薄膜,所以在钎剂中必须加入具有去膜能力更强的氟化物和硼化物。

三、火焰钎焊工艺

1. 钎焊接头形式的选择

钎焊接头形式有对接、搭接、T字接、卷边及套接等,如图3-3-32所示。对接形式钎焊接头的强度比母材低,只适用于钎焊不重要的或低负荷的焊件,常用的是搭接、套接、T字接和卷边等接头形式。这些接头的接触面积大,能够承受较大的负荷。接触面积大小要根据焊件的厚度及工作条件来确定。

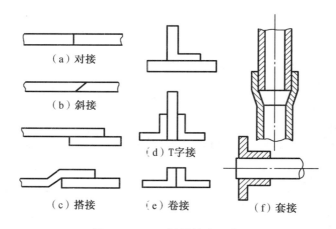

图3-3-32 钎焊接头形式

2. 钎焊接头间隙的选择

钎焊接头间隙的大小,对钎缝的致密性和强度有着重要的影响。间隙过大,会破坏毛细管的作用;间隙过小,会妨碍液态钎料的流入,使钎料不能充满整个钎缝。钎焊接头间隙的大小,与母材和所选用的钎料、钎剂的种类,以及钎焊方法、钎焊温度和钎料的安置方式有关。钎焊异种金属接头时,还应考虑金属膨胀系数的影响。

3. 钎料和钎剂的选择

钎焊接头的性能和质量,在很大程度上取决于所用的钎料和钎剂。因此火焰钎焊时,必须根据钎焊接头的使用要求和母材的种类来选用合适的钎料和钎剂。

选择钎料时,主要考虑钎焊接头的强度、耐蚀性、导电性、导热性、钎料对母材的润湿性、钎料与母材的相互作用以及工作温度等。

选择钎剂时,不仅要考虑钎焊金属的种类,还要考虑所用钎料的类型和钎焊的方法等。

4. 焊前清理

钎焊前如果焊件清洗不干净,在钎缝处存有污物,就会产生钎料填不满钎缝或结合不良的缺陷,从而使钎焊接头强度下降,因此钎焊前必须将焊件清洗干净。焊件表面的油污可用丙酮、酒精、汽油或四氯化碳等有机溶剂清洗。此外,用热的碱溶液除油也可得到良好的效果。如铁、铜镍合金的零件可浸入 80~90 ℃ 的 10% NaOH 的水溶液中(8~10 min)或浸入 100 ℃ 的 10% Na_2CO_3 水溶液中(8~10 min)除油。对于小型复杂或大批零件,可用超声波来清洗。

焊件表面的锈斑及氧化皮通常用锉刀、砂布、砂轮、喷砂或化学侵蚀等方法清除。化学侵蚀主要是用酸或碱来溶解金属氧化物。化学侵蚀的方法适用于大批生产,但使用时要防止焊件表面侵蚀过度。化学侵蚀后需立即进行中和处理,然后在冷水或热水中冲洗干净,并加以干燥。

5. 氧乙炔焰钎焊操作技术

(1)先用轻微碳化焰的外焰加热焊件,焰芯距焊件表面 15~20 mm,以增大加热面积。

(2)当钎焊处被加热到接近钎料熔化温度时,可立即涂上钎剂,并用外焰加热使其熔化。

(3)待钎剂熔化后,立即将钎料与被加热到高温的焊件接触,并使其熔化渗入到钎缝的间隙中。当液态钎料流入间隙后,火焰焰芯与焊件的距离应加大到 35~40 mm,以防钎料过热。

(4)为了增加母材和钎料之间的溶解和扩散能力,应适当提高钎焊温度。但温度过高会引起钎焊接头过烧,故钎焊温度一般以高于钎料熔点 30~40 ℃ 为宜。同时还应根据焊件的尺寸大小,适当控制加热持续的时间。

(5)对钎焊后易出现裂纹的焊件,钎焊后应立即进行保温缓冷或作低温回火处理。

(6)钎焊后应迅速将钎剂和熔渣清除干净,以防腐蚀。

6. 火焰钎焊的应用实例——硬质合金刀具的钎焊

硬质合金刀具单件或小批制造时,通常采用氧乙炔火焰钎焊刀片。不过钎焊的硬质合金刀片,往往容易产生裂纹,刀片在使用过程中易破碎。这是由于刀片的线膨胀系数比刀杆的线膨胀系数小,在钎焊过程中产生很大的内应力而引起的。为防止裂纹产生,除正确设计刀槽和选用钎料外,还应正确掌握钎焊操作工艺。

(1)刀槽

常用刀槽形状见图 3-3-33。刀槽可以用铣床或刨床加工,要求加工面的粗糙度不低于 Ra 6.3。刀槽内的棱角处应带有小圆弧,以避免刀体产生裂纹。

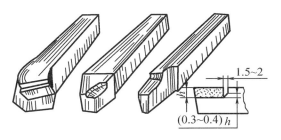

图 3-3-33　常用刀槽形状

(2)焊前清理

刀片的清理通常采用喷砂处理,或在碳化硅砂轮上轻轻磨去钎焊面的表层。切不可用机械方法夹住刀片在砂轮机或磨床上磨削,以免刀片产生裂纹。更不能采用化学机械研磨方法,这样会将刀片表面的钴腐蚀掉,使钎料很难润湿刀片,造成钎焊接头强度下降,甚至根本焊不牢。

刀槽在钎焊前应将毛刺去除掉,并进行喷砂处理,或用汽油、丙酮清洗,以便去除油污。

(3)钎料和钎剂的选择

钎焊硬质合金刀片时,一般选用料 103 铜锌钎料,也可以采用丝 221 锡黄铜焊丝或丝 224 硅黄铜焊丝。钎剂采用脱水硼砂。当使用脱水硼砂时为了降低其熔点,可采用 60% 硼砂加 40% 硼酸。当钎焊碳化钛含量较高的硬质合金刀片时,可在硼酸中加入 10% 左右的氟化钾或氟化钠,以提高钎剂的活性。

(4)操作方法

其操作要点如图 3-3-34 所示。

(1)将刀片放入刀槽后,用氧乙炔火焰加热刀槽四周,并少许加热刀片,一直加热到接近钎料熔化的温度。

(2)用轻微氧化焰将焊丝加热后沾上钎剂硼砂。

(3)继续加热刀槽四周,当出现深红色时,应立即将沾有钎剂的钎料送入火焰下的接头缝隙处,并接触缝隙边沿,使其快速熔化并渗入和填满间隙。

图 3-3-34 硬质合金刀片钎焊示意图

(4)为防止刀头材料被烧蚀,加热时,应用焊丝挡住刀头的方向,使其温度不至于过高。

(5)钎焊后应立即将刀具埋入草木灰中缓冷,以避免产生裂纹,或直接放入 370~420 ℃的炉中进行低温回火,保温 2~3 h,这对减小应力和消除裂纹起着很大的作用。

第五节 气割技术

一、氧气切割的过程

气割是利用气体火焰的热能将钢件切割处预热到一定温度,然后喷出高速切割氧流,使铁燃烧并放出热量实现切割的方法。氧气切割是常用的切割方法。

氧气切割包括下列三个过程:

1. 气割开始时,先用预热火焰将切割处的金属预热到燃烧温度(燃点)。

2. 向被加热到燃点的金属喷射切割氧,使金属在纯氧中剧烈地燃烧。

3. 金属氧化燃烧后,生成熔渣并放出大量的热,熔渣被切割氧吹掉,所产生的热量和预热火焰的热量,将下层金属加热到燃点,这样持续下去就将金属逐渐地割穿。随着割炬的移动,就割出了所需的形状和尺寸。

由此看来,金属的气割过程是预热——燃烧——吹渣的过程。其实质是金属在纯氧中燃烧的过程,而不是金属的熔化过程。

二、氧气切割的条件

为了使氧气切割过程能顺利地进行下去,被割金属材料应具备以下几个条件。

1. 金属材料的燃点应低于熔点

如果金属材料的燃点高于熔点,则在燃烧前金属已经熔化。由于液态金属流动性很大,这样将使切口很不平整,造成切割质量低劣,严重时甚至使切割过程无法进行。所以,被割金属材料的燃点低于熔点,是保证切割过程顺利进行的最基本条件。

例如,纯铁的燃点为1 050 ℃,而熔点为1 535 ℃;低碳钢的燃点约为1 350 ℃,而熔点约为1 500 ℃。它们完全满足这个条件,所以纯铁和低碳钢均具有良好的气割条件。

钢中随着含碳量的增加,其熔点降低,燃点增高,故使气割不易进行。例如,当碳钢的含碳量为0.70%时,其熔点和燃点差不多都等于1 300 ℃;当含碳量大于0.70%时,因燃点比熔点高,所以不易气割。

铜、铝及铸铁的燃点均比熔点高,所以不能用普通氧气切割的方法进行切割。

2. 金属氧化物的熔点应低于金属的熔点

气割时生成的氧化物的熔点必须低于金属的熔点,并且要黏度小,流动性好,这样才能把金属氧化物从割缝中吹掉。相反,如果生成的金属氧化物熔点比金属熔点高,则高熔点的金属氧化物将会阻碍下层金属与切割氧气流的接触,使下层金属不易被氧化燃烧,这样就使气割过程难以进行。如高铬或铬镍不锈钢、铝及其合金、高碳钢、灰铸铁等氧化物的熔点也均高于材料本身的熔点,所以这些材料就不能采用氧气切割的方法进行切割。

3. 金属的导热性要差

如果被割金属的导热性太好,则预热火焰及金属燃烧所产生的热量会很快地被传导散失,致使切割处温度不易达到金属的燃点,这样就会使气割过程不能开始或难以继续进行。如铜、铝等有色金属,因具有较高的导热性,故不能采用普通的气割方法进行切割。

4. 金属燃烧时应是放热反应

金属在切割氧流中燃烧是放热反应,其对下层金属起到预热作用,放出的热量越多,预热作用也就越大,越有利于气割过程的顺利进行。如切割低碳钢时,由金属燃烧所产生的热量就占70%左右,而由预热火焰所供给的热量仅占30%左右。由此可见,金属燃烧时放出的热量在切割过程中所起的作用是相当大的。若金属燃烧是吸热反应,则下层金属得不到预热,气割过程就不能进行。

5. 金属中含阻碍切割过程进行和提高淬硬性的成分及杂质要少。

三、常用金属材料的气割性能

纯铁及含碳量小于0.50%的碳钢具有优良的切割性能。但随着含碳量的增加,燃点接近熔点,淬硬倾向增大,气割性能将恶化。

铸铁的气割性能不好,不能用一般的氧气切割方法进行切割。其原因是:
① 铸铁含碳、硅量较高,燃点高于熔点;
② 气割时生成的二氧化硅熔点高、黏度大、流动性差;
③ 碳燃烧生成的一氧化碳和二氧化碳会降低氧气流的纯度。

高铬钢和铬镍不锈钢的气割性能不好,不能用一般的氧气切割方法进行切割。其原因是燃烧时所生成的高熔点氧化物(Cr_2O_3、NiO)覆盖在切口表面,阻碍着气割过程的进行。

铜、铝及其合金也不能用气割方法进行切割。其原因是：

①铜、铝及其合金导热性好；

②燃点高于熔点，其氧化物熔点很高；

③金属在燃烧时放出的热量少。

因此，氧气切割主要用来切割低碳钢和低合金钢。至于铸铁、高铬钢、铬镍不锈钢、铜、铝及其合金等金属材料，常用其他方法（如氧熔剂切割及等离子弧切割等）来进行切割。

四、割炬

1. 割炬的作用及其分类

割炬的作用是将可燃气体与氧气以一定方式和比例混合后，形成具有一定热能和形状的预热火焰，并在预热火焰中心喷射切割氧进行气割。它是气割工件的主要工具。

割炬按预热火焰中可燃气体和氧气混合的方式不同分为：射吸式和等压式两种。其中以射吸式割炬使用最为普遍。按用途不同可分为：普通割炬、重型割炬、焊割两用炬等。

2. G01-30 型割炬

G01-30 型割炬是常用的一种射吸式割炬，它能切割 2~30 mm 厚的低碳钢板。割炬备有三个割嘴，可根据不同的板厚进行选用。

（1）割嘴的构造

G01-30 型割炬的构造如图 3-3-35 所示。

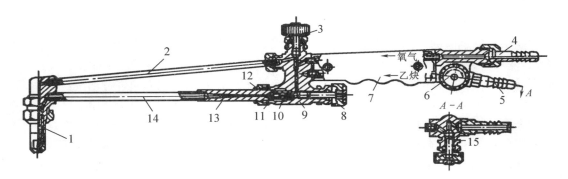

1—割嘴；2—切割氧气管；3—切割氧调节阀；4—氧气管接头；5—乙炔管接头；
6—乙炔调节阀；7—手柄；8—预热氧调节阀；9—主体；10—氧气阀针；
11—喷嘴；12—射吸管螺母；13—射吸管；14—混合气管；15—乙炔阀针。

图 3-3-35　G01-30 型射吸式割炬的构造

割炬主要由主体 9、乙炔调节阀 6、预热氧调节阀 8、切割氧调节阀 3、喷嘴 11、射吸管 13、混合气管 14、切割氧气管 2、割嘴 1、手柄 7，以及乙炔管接头 5 与氧气管接头 4 等部分组成。

G01-30 型割炬的结构可分为两部分：一是预热部分，其构造与射吸式焊炬相同，另一个是切割部分，它是由切割氧调节阀、切割氧气管以及割嘴等组成的。

割嘴构造与焊嘴不同，如图 3-3-36 所示。焊嘴上混合气体喷孔是个小圆孔，所以气焊火焰的外形呈圆锥形。割嘴上的混合气体喷孔呈环形（组合式割嘴）或梅花形（整体式割嘴），因此气割火焰的外形呈环状分布。

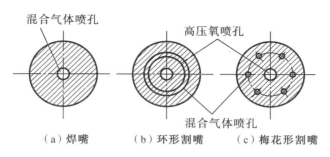

图 3-3-36 割嘴与焊嘴的截面比较

(2) 割嘴的工作原理

气割时先稍微开启预热氧调节阀 8,再打开乙炔调节阀 6,并立即进行点火。然后增大预热氧流量,使氧气与乙炔在喷嘴 11 内混合,混合气经混合气管 14 从割嘴 1 喷出,形成环形预热火焰,对割件进行预热,待起割处被预热至燃点时,立即开启切割氧调节阀 3,此时氧气射流将割缝处的熔渣吹除,割炬不断移动,即在割件上形成割缝。

G01-100 型和 G01~300 型射吸式割炬的构造和工作原理与 G01-30 型割炬相同。其区别仅在于割炬的尺寸和割嘴大小不同,C01-100 型和 G01-300 型割炬可以分别切割 10~100 mm 和 100~300 mm 厚的割件。

3. 割炬的使用和维修

使用割炬时应注意以下几点:

(1) 应根据割件的厚度,选用合适的割嘴装于割嘴接头上,并扳紧割嘴螺母。

(2) 装配割嘴时,必须使内嘴和外嘴保持同心,这样才能使切割氧射流位于预热火焰的中心,而不至于发生偏斜。

(3) 射吸式割炬经射吸情况检查正常后,方可把乙炔皮管接上,并要用细铁丝扎紧。

(4) 使用等压式割炬时,应保证乙炔有一定的工作压力。

(5) 点火后,当开预热氧调节阀调整火焰时,若火立即熄灭,其原因是各气体通道内存有脏物或射吸管喇叭口接触不严,以及割嘴外套与内嘴配合不当。处理办法是将射吸管螺母拧紧。无效时,可拆下射吸管,清除各气体通道内的脏物及调整割嘴外套与内套间隙,并拧紧。

(6) 火焰调整正常后,割嘴头发出有节奏的"叭、叭"声,但火焰并不熄灭。少开切割氧时火焰不灭,能勉强切割,但切割氧开大时,火焰就立即熄灭。其原因是割嘴芯(六方和圆芯螺钉接头处)漏气。处理方法是拆下割嘴外套,轻轻拧紧嘴芯便可。如果仍然无效,可再拆下外套,并用石棉绳垫上。

(7) 点火后火焰虽调整正常,但一打开切割氧调节阀时,火就立即熄灭。其原因是割嘴头和割炬配合面不严。处理方法是将割嘴再拧紧一些。若仍无效,再拆下割嘴,用细砂纸放在手心上轻轻地研磨嘴头配合面,直到配合严密。

(8) 割嘴通道应经常保持清洁、光滑,孔遭内的污物应随时用通针清除干净。当环形割嘴的外套与内嘴发生偏心和风线不直时,应将外套拆下,用木槌轻轻地朝偏心相反方向敲打内嘴肩部,以校正内嘴和修正风线,直至调整同心后方可继续使用。

(9) 当发生回火时,应立即关闭切割氧调节阀,然后关闭乙炔和预热氧调节阀。在正常工作停止时,应先关切割氧调节阀,再关乙炔和预热氧调节阀。

五、气割工艺和操作方法

1. 气割工艺参数的选择

气割工艺参数主要包括切割氧压力、气割速度、预热火焰能率、割嘴与割件间的倾斜角,以及割嘴离开割件表面的距离等。

(1) 切割氧的压力

切割氧的压力与割件厚度、割嘴号码以及氧气纯度等因素有关。割件愈厚,要求切割氧的压力愈大,割件较薄时,则所需切割氧的压力可适当降低。但氧气压力是有一定范围的,若氧气压力过低,会使气割过程中的氧化反应减缓,同时在割缝的背面会形成难以清除的熔渣黏结物,甚至不能将割件割穿,相反,若氧气压力过大,不仅造成浪费,而且还将对割件产生强烈的冷却作用,使切口表面粗糙,割缝加宽,气割速度反而降低。随着割件厚度的增加,选择的割嘴号码和氧气压力均要相应地增大。

氧气的纯度对气体消耗量、切口质量和气割速度有很大影响,氧气纯度降低,金属氧化缓慢,使气割时间增长,而且气割单位长度割件的氧气消耗量也增加。例如在氧气纯度为 97.5%～99.5% 时,氧气纯度每降低 1% 时,气割 1 m 长的割缝,气割时间将增加 10%～15%,氧气消耗量将增加 25%～35%。

(2) 气割速度

气割速度与割件厚度和使用的割嘴形状有关。割件愈厚,气割速度愈慢;相反,则气割速度应愈快。气割速度太慢,会使割缝边缘熔化;气割速度过快,则会产生很大的后拖量或割不穿。气割速度正确与否,主要根据割缝的后拖量来判断。所谓后拖量,就是在氧气切割过程中,割件的下层金属比上层金属燃烧迟缓的距离,如图 3-3-37 所示。由于各种原因,后拖量现象总是不可避免的,尤其气割厚板时更为显著。因此合适的气割速度,应以使切口产生的后拖量比较小为原则,以保证气割质量和降低气体的消耗量。

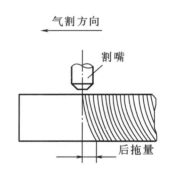

图 3-3-37 气割方向与后拖量

(3) 预热火焰的能率

预热火焰的作用是把金属割件加热,并始终保持在氧气中燃烧的温度,同时使钢材表面的氧化皮剥离和熔化,便于切割氧流与铁接触。

气割时,预热火焰应采用中性焰或轻微氧化焰。碳化焰因有游离状态的碳,会使切口边缘增碳,故不能使用。在切割过程中,要随时调整预热火焰,以防止预热火焰发生变化。

预热火焰能率与割件厚度有关。一般来说割件愈厚火焰能率应愈大,但它们之间并不是成正比的关系。气割厚钢板时,由于气割速度较慢,为了防止割缝上缘熔化,应相对采用较弱些的火焰能率,若火焰能率过大时,会使割缝上缘产生连续珠状钢粒,甚至熔化成圆角,同时造成割件背面黏附的熔渣增多,而影响气割质量;在气割薄钢板时,因气割速度快,应相对采用稍大些的火焰能率,但割嘴应离割件远些,并要保持一定的倾斜角度,若火焰能率过小时,割件得不到足够的热量,将使气割速度减慢,甚至使气割过程中断,而必须重新预热起割。

(4)割嘴与割件间的倾斜角

割嘴与割件间的倾斜角对气割速度和后拖量有着直接的影响。当割嘴沿气割前进方向后倾一定角度时,能将氧化燃烧而产生的熔渣吹向切割线的前缘,这样可充分利用燃烧反应产生的热量来减少后拖量,从而促使气割速度的提高。尤其是气割薄板时,应充分利用这一特性,割嘴倾斜角的大小,主要根据割件的厚度来定,如果倾斜角选择不当,不但不能提高气割速度,反而使气割困难,同时还会增加氧气的消耗量。

一般气割 4 mm 厚以下的钢板时,割嘴可后倾 25°~45°,气割 4~20 mm 厚的钢板时,割嘴可后倾 20°~30°,气割 20~30 mm 厚的钢板时,嘴应垂直于割件,气割大于 30 mm 厚的钢板时,开始气割时应将割嘴向前倾斜 20°~30°,待割穿后再将割嘴垂直于割件进行正常切割,当快割完时,割嘴应逐渐向后倾斜 20°~30°。割嘴的倾斜角与割件厚度的关系如图 3-3-38 所示。

2. 割嘴离开割件表面的距离

割嘴离开割件表面的距离,要根据预热火焰的长度及割件的厚度来定。通常火焰焰芯离开割件表面的距离应保持在 3~5 mm,因为这样加热条件最好,割缝渗碳的可能性也最小。如果焰芯触及割件表面,不但会引起割缝上缘熔化,而且会使割缝渗碳的可能性增加。

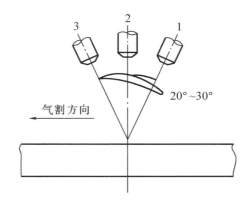

1—厚度为 4~20 mm 时;2—厚度为 20~30 mm 时
3—厚度大于 30 mm 开始气割时。

图 3-3-38　割嘴的倾斜角与割件厚度的关系

一般来说,切割薄板时,由于切割速度较快,火焰可以长些,割嘴离开割件表面的距离可以大些;切割厚板时,由于气割速度慢,为了防止割缝上缘熔化,预热火焰应短些,割嘴离割件表面的距离应适当小些,这样可以保持切割氧流的挺直度和氧气的纯度,有利于切割质量的提高。

除上述五个因素外,影响气割质量的因素还有钢材质量及其表面状况(氧化皮、涂料等)、割件的割缝形状(直线、曲线或坡口等)、可燃气体的种类及供给方式,以及割嘴形式(直线形或缩放形)等。切割时应根据实际情况掌握应用。

六、手工气割操作技术

1. 气割前的准备

(1)气割前要认真地检查工作场地是否符合安全生产的要求,检查溶解乙炔瓶(或乙炔发生器)和回火保险器的工作状态是否正常。若使用射吸式割炬,应将乙炔皮管拔下,检查割炬是否有射吸力。若无射吸力,应修理好后才能使用。然后将气割设备按一定的操作规程连接好,开启乙炔瓶阀和氧气瓶阀,调节减压器,将氧气和乙炔气调节到所需要的工作压力。

(2)将割件垫高并与地面保持一定距离,切勿在离水泥地面很近的位置气割,以防水泥爆溅伤人。将割件表面的污垢、油漆以及铁锈等清除干净,切割时,为防止操作者被飞溅的氧化铁渣烧伤,可用挡板遮住。

(3) 根据割件的厚度正确选择割炬和割嘴号码,并点火调整好火焰的性质(中性焰)及长度。然后试开切割氧调节阀,观察风线(切割氧气流)的形状。风线应为笔直而清晰的细圆柱体,并要有适当的长度,这样才能使切口表面光滑干净,宽窄一致。如果风线形状不规则,应关闭所有的阀门,用通针修整割嘴的内表面,使之光滑。

2. 操作姿势

开始气割时,首先点燃割炬,随即根据割件厚度调整好预热火焰,然后进行切割。

手工气割操作因各人的习惯不同,可以是多种多样的。对于初学者可按照以下姿势练习:双脚成外八字形蹲在工件的一侧,右臂靠住右膝盖,左臂空在两腿中间,以便在切割时移动方便。右手握住割炬手把,并以右手的大拇指和食指握住预热氧调节阀,以便于调整预热火焰和当发生回火时及时切断预热氧。左手的大拇指和食指握住并开切割氧调节阀,其余三指平稳地托住射吸管,以便掌握方向。上身不要弯得太低,呼吸要平稳,两眼应注视着割线和割嘴,并着重注视切口前面的割线,沿着割线从右向左进行切割。这种气割方法称之为"抱切法"。

3. 气割操作技术

开始气割时,先将起割点预热到燃烧温度(割件发红),但有时为了起割方便,一般可将割件表面加热到熔化的温度,然后慢慢开启切割氧调节阀。若看到铁水被氧流吹动,便可加大切割氧气流,待听到割件下面发出"啪、啪"的声音时,则说明割件已被割穿。这时应按割件的厚度,灵活掌握气割速度,沿着割线向前切割。

气割过程中,应保持火焰焰芯离开割件表面的距离为 3~5 mm。割嘴与割件间的距离在整个气割过程中应保持均匀,否则会影响气割质量。

手工气割时,可将割嘴沿气割方向后倾 20°~30°,以提高气割速度,气割质量在很大程度上与气割速度有关,从熔渣的流动方向可以判断气割速度是否合适。气割速度正常时,熔渣的流动方向基本上与割件表面相垂直,如图 3-3-39(a)所示。当气割速度过快时,将使熔渣成一定角度流出,即产生较大的后拖量,如图 3-3-39(b)所示。

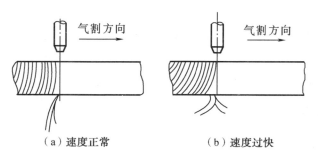

(a) 速度正常　　　　　(b) 速度过快

图 3-3-39　熔渣流动方向与气割速度的关系

气割较长的直线或曲线形板材时,一般切割 300~500 mm 后,需移动操作位置。此时应先关闭切割氧调节阀,将割炬火焰离开割件,然后移动身体位置。继续气割时,割嘴一定要对准割缝的接割处,并预热到燃点,再缓慢地开启切割氧。薄板气割时,可先开启切割氧流,然后将割炬的火焰对准切割处继续气割。

气割临近终点时,割嘴应向气割方向后倾一定角度,使割缝下部的钢板先割穿,并注意余料的下落位置,然后将钢板全部割穿,这样收尾的割缝较平整。气割过程完毕后,应迅速关闭切割氧调节阀,并将割炬抬起,再关闭乙炔调节阀,最后关闭预热氧调节阀。如果停止工作的时间较长,应将氧气瓶阀门关闭,松开减压器调压螺钉,并将氧气皮管中的氧气放出。结束工作时,应将减压器卸下,并将乙炔瓶阀关闭。

气割过程中,若发生鸣爆及回火时,应迅速关闭切割氧调节阀(以防止氧气倒流入乙炔管内),使回火熄灭。如果此时割炬内还在发出"嘘嘘"的响声;说明割炬内回火尚未熄灭,这时应迅速将乙炔调节阀关闭。经几秒钟后,再打开预热氧调节阀,将混合管内的碳粒和余焰吹尽,然后重新点燃,继续气割。鸣爆和回火现象一般是由于割嘴过热和氧化铁熔渣飞溅堵住割嘴所致。因此在制止回火后,应用剔刀剔除粘在割嘴上的熔渣,用通针通切割氧喷射孔和预热火焰的氧和乙炔的出气孔,并将割嘴放在水中冷却,使其恢复正常。

七、常见典型零件的切割工艺

1. 薄钢板的气割

气割 4 mm 厚以下的钢板时;因钢板较薄,所以不仅氧化铁渣不易吹掉,且已冷却后氧化铁渣粘在钢板背面更不易铲除。如果切割速度过慢或预热火焰能率过高,不仅使钢板变形过大,而且钢板正面棱角易被熔化,往往形成前面割开而后面又熔合在一起的现象。气割薄板时,为了得到较好的效果,必须注意以下几点:

(1)采用 G01-30 型割炬及小号割嘴,预热火焰能率要小;
(2)割嘴应后倾,与钢板成 25°~45°角;
(3)割嘴与割件表面的距离应保持 10~15 mm;
(4)气割速度要尽可能地快。

2. 中等厚度钢板的气割

气割 4~20 mm 中等厚度的钢板时,一般选用 G01-100 型割炬,操作工艺除前面介绍的以外,还应注意使切割氧风线的长度最好超过割件板厚的 1/3,割嘴与割件表面的距离大致等于焰芯长度加上 2~4 mm。为提高气割效率,割嘴可向后倾斜约 20°~30°。切割钢板越厚,后倾角越小。

3. 大厚度钢板的气割

气割大厚度的钢板时,由于割件上下受热不一致,下层金属的燃烧比上层金属慢,这样就使切口易形成较大的后拖量,甚至割不穿。另外,熔渣易堵塞切口下部,影响气割过程的顺利进行。因此气割大厚度钢板时应采取下列措施:

(1)选用切割能力较大的割炬及较大号割嘴,以提高火焰能率。

(2)氧气和乙炔要保证充足供应,不能中断。为确保氧气充足供应,通常采用气体汇流排,即将多个氧气瓶并联起来供气。为保证氧气压力稳定,可选用流量较大的双级式氧气减压器。

(3)气割前,先要调整好割嘴与割件的垂直度(割嘴与割线两侧平面成 90°夹角),以减少机械加工量。

(4)起割时,预热火焰能率要大,先由割件边缘棱角处开始预热,见图 3-3-40(a)。待割件预热到燃烧温度时,再逐渐开大切割氧调节阀,并将割嘴倾斜于割件,见图 3-3-40(b)。待割件边缘全部切透时,加大切割氧气流,并使割嘴垂直于割件,同时割嘴沿割线向前移动。气割速度要慢,为使切割过程顺利进行,割嘴可做横向月牙形摆动,见图 3-3-40(c)。此时割缝表面质量下降。

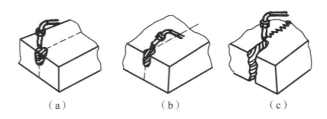

图 3-3-40　大厚度钢板气割过程示意图

(5) 气割过程中应掌握好气割工艺参数,否则将会影响切口质量。

(6) 气割过程中,若遇到割不穿的情况时,应立即停止气割,以免气涡及熔渣在割缝中旋转,使割缝产生凹坑。重新起割时应选择另一方向作为起割点。整个气割过程必须保持均匀一致的速度,以免影响切口的质量。同时应随着乙炔压力的变化,及时调节预热火焰,以保持一定的预热火焰能率。

(7) 气割临近结束时,速度可适当放慢些,这样就可以使后拖量减少和易将整条割缝完全割断。

4. 钢管的气割

(1) 可转动管子的气割

可转动管子气割时,应分段进行,即每割一段后暂停一下,将管子稍加转动后再继续气割。开始气割时,应先用预热火焰将管侧部位预热,割嘴与管子表面垂直,如图 3-3-41 所示位置 1。待割透管壁后,割嘴立即上倾至与起割点切线成 70°~80° 的位置。在气割每一段割缝时,割嘴随割缝向前移的同时应不断改变位置,以保证这一气割角度不变,如图 3-3-41 中 2~4 所示。

分段气割转动管子时,直径较小的管子可分 2~3 次割完,直径较大的管子可适当多分割几次,但分割次数不宜太多。

(2) 水平固定管子的气割

由于固定管子不可转动,因此气割时应从管子的底部开始向上分成两半气割,如图 3-3-42 所示。即沿图中切割方向(1)割到水平位置后,关闭切割氧,再将割嘴移到管子下部,沿图中切割方向(2)继续气割。气割时割嘴位置的变化,如图 3-3-42 中 1~7 所示。这种由下至上的切割方法,不仅可以清楚地看见割线,而且割炬移动方便,当气割终了时,割炬正好处于水平位置,从而可避免割炬被已切断的管子砸坏。

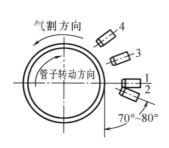

图 3-3-41　可转动管子气割示意图

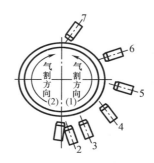

图 3-3-42　固定管子气割示意图

5. 圆钢的气割

气割圆钢时，先从圆钢的一侧开始预热，并使预热火焰垂直于圆钢表面。开始气割时应慢慢地打开切割氧调节阀，同时将割嘴转到与地面相垂直的位置，并加大切割氧气流，使圆钢割穿。割嘴在向前移动的同时，还要稍做横向摆动。每个切口最好一次割完。若圆钢直径较大，一次割不穿时，可采用如图 3-3-43 所示的分瓣气割法，分 2~3 次切割。

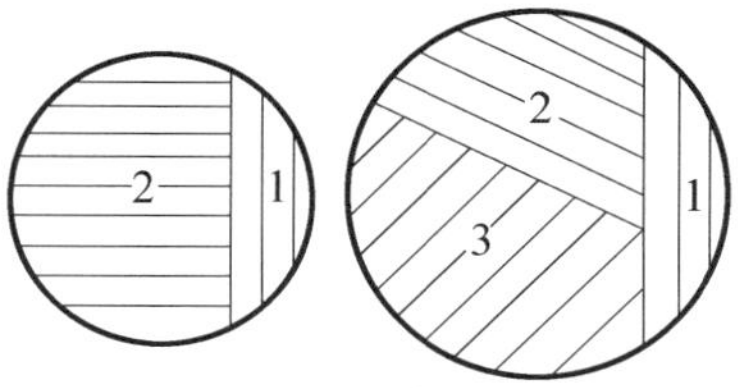

(a) 分两瓣切割　　(b) 分三瓣切割

图 3-3-43　圆钢分瓣气割法

6. 法兰的气割

气割法兰时，一般先割外圆，后割内圆。为提高切口质量可采用简易划规式割圆器进行切割。气割前，先用样冲在圆中心打个定位眼，然后根据割圆半径，定好划规针尖与割嘴中心切割氧喷射孔之间的距离，再点火进行气割。气割外圆时先在钢板边缘点着火，然后慢慢地将割嘴移向法兰的中心，待划规针尖落入定位眼后，便可将割嘴沿圆周旋转一圈，法兰即从钢板上落下。

气割内圆前应将法兰搁起，不过支撑物不应放在切割线的下方。起割时应先在内圆上开气割孔，这时火焰应调大些或调成弱氧化焰，以加快预热速度。为防止飞溅的熔渣堵塞割嘴，要求割嘴应后倾 20°左右，并使割嘴离开割线一定距离。当割件被预热到燃点时，便可开启切割氧调节阀，但不要开足，然后边割边增加切割氧压力，将割件割穿。接着将割嘴慢慢移向割线，同时将划规针尖放入定位眼孔内，便可移动割炬，将内圆割下。

在实际生产中，为了节省钢材，往往是将不同直径的法兰放在一起套裁的，即大法兰的内圈就是小法兰的外圆。因此在大法兰内圆开气割孔时，割嘴离割线的距离应尽可能小些，以免过多的割伤内圆，而使小法兰的外圆加工不出来。

八、机械气割

机械气割与手工气割相比，具有劳动强度低，气割质量好，生产效率高及成本低等优点，因此机械气割的应用范围越来越广。

机械气割设备可分为移动式半自动气割机和固定式自动气割机两大类。移动式半自动气割机有小车式和仿形式等。固定式自动气割机有直角坐标式气割机、光电跟踪气割机及数字程序控制气割机等。CG1-30 型小车式气割机是常用气割机的一种，本书以其为例，介绍半自动切割机的使用。

CG1-30 型半自动气割机是一种小车式半自动气割机，它能气割板厚为 5~60 mm 的直线和直径为 200~2 000 mm 的圆周割件，气割速度为 50~750 mm/min（无级调速）。CG1-30 型半自动气割机具有构造简单、质量轻、可以移动、操作维护方便等优点，因此获得了广泛的应用。

1. CG1-30 型半自动气割机的构造

该机构造如图 3-3-44 所示。其主要由机身 2、割炬 6、气体分配器 17、横移架 3、升降架 4、压力开关阀 16 及控制板 11 等部分组成。机身 2 采用铝合金制成，具有质量轻、强度高等优点。在机身内安装了电动机 7 和减速机构，电动机为直流伺服电机，它直接与减速机构连接，以带动滚动轴承旋转。减速机构由两对蜗轮、蜗杆和一对正齿轮组成，通过它驱动一对开槽的主动轮 5。另一对从动轮也开有沟槽，并可根据需要在气割圆件时，捻松蝶形螺母使从动轮自动转换方向。

在机身上装有横移架3、气体分配器17和控制板11等装置。

横移架是由横移手轮1、移动杆21以及移动手柄20等组成的。旋转横移手轮就可以使移动杆左右移动,松开移动手柄可使整个横移架上下移动,便于对割炬进行上下粗调节,改变割炬与割件间的距离。

在移动杆的另一侧装有升降架4,用蝶形螺母23将割炬6紧固在升降架的下端,当旋转横移手轮时,可使升降架连同割炬做横向移动,同时可旋转调节手轮24使割炬垂直方向升降,并可松开螺母,使割炬在45°范围内进行调节,以便气割坡口。

气割机的割炬备有三个大小不同的割嘴,在气割不同厚度钢板时选用。

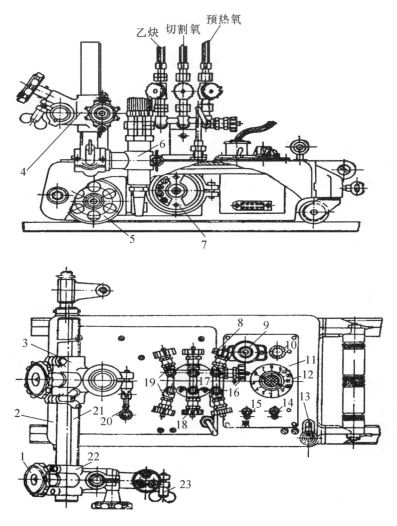

1—横移手轮;2—机身;3—横移架;4—升降架;5—主动轮;6—割炬;7—电动机;8—切割氧调节阀;9—电源插座;10—指示灯;11—控制板;12—速度调节器;13—离合器手柄;14—起割开关;15—倒顺开关;16—压力开关阀;17—气体分配器;18—预热氧调节阀;19—乙炔调节阀;20—移动手柄;21—移动杆;22—升降架;23—蝶形螺母。

图3-3-44 CG1-30型半自动气割机的构造

气体分配器17的主要作用是将氧气和乙炔供给割炬使用。它包括有氧气和乙炔的进口接头及七个调节阀：两个预热氧调节阀18、两个切割氧调节阀8、两个乙炔调节阀19、压力开关阀16。压力开关阀与切割氧相连，当开启压力开关阀时，压力开关在切割氧喷射后，就接通电源进行工作。气割完毕时，切割氧就停止喷射，使压力开关复原，达到切割与小车行走同步动作的目的。因而只有当切割时，压力开关才能起作用。若不使用压力开关阀，可用起割开关14来直接接通电源和切断电源。

控制板11是用来操纵气割机工作的。控制板上装有起动、停止用的起割开关14和使电动机倒顺转的倒顺开关15，以及调节气割速度用的速度调节器12。由于采用了可控硅调速线路，因而调节范围广，且均匀、稳定。在控制板上还装有交流220 V的电源插座9及指示灯10等。

在气割机控制板旁边装有离合器手柄13，主要用于气割前对准割线和正确固定导轨。当松开离合器时，电动机空转，小车不动，推上离合器后小车才能行走。

CG1-30型半自动气割机可以进行直线和圆形割件以及坡口的气割。进行直线和坡口气割时，必须采用导轨。该设备有两根1 800 mm长的导轨，以便气割时交替接长使用。

气割圆形割件时，必须将半径架装在机体上，并将定位针放入样冲眼中。根据圆形割件的半径尺寸旋紧定位螺钉，同时抬高定位针，使靠近定位针这一边的滚轮离开割件悬空，利用另两只滚轮围绕定位针旋转进行气割。应该指出，气割小圆割件时，要将定位针放在割炬的同一面；气割大圆割件时，将定位针放在割炬的相反一面。

2. 气割机的使用

（1）气割前应做好以下准备工作

①将电源（220 V交流电）插头插入控制板上的插座内。电源接通后，指示灯亮。

②将氧气、乙炔皮管接到气体分配器上，并调节好氧气和乙炔的使用压力，进行供气。

③直线气割时，将导轨放在气割钢板上，然后将气割机轻放在导轨上，使有割炬的一侧向着气割工，并校正好导轨，调节好割炬与割线之间的距离以及割炬的垂直度。气割坡口时，应调好割嘴与割件的倾斜角度。气割圆件时，应装上半径架，调好气割半径，抬高定位针，并使靠近定位针的滚轮悬空。

④根据割件厚度选用割嘴并拧紧。

⑤当采用双割炬气割时，应将氧气和乙炔气管与两组调节阀接通。

（2）操作方法

①将离合器手柄推上，并开启压力开关阀，使切割氧与压力开关的气路相通，并将起割开关扳在停止位置。

②扳动倒顺开关，放在需要的位置，根据割件厚度调整气割速度，点火后调整好预热火焰能率。

③将割件预热到燃点后，开启切割氧调节阀，割穿割件。同时由于压力开关的作用，使电动机的电源接通，气割机行走，气割工作开始。气割时，若不使用压力开关阀，可直接用起割开关来接通和切断电源。

④气割过程中，可随即旋转升降架上的调节手轮，以调节割嘴到割件间的距离。

⑤气割结束时，应先关闭切割氧调节阀，此时压力开关失去作用，使电动机的电源切断，接着关闭压力开关阀和预热火焰。必须注意，不能先关闭压力开关阀，否则由于高压氧气被封在管路内，使压力开关继续工作，这样电动机的电源就不能被切断。

整个工作结束后,应切断控制板上的电源和停止氧气及乙炔的供应。

3. 气割机的维护与保养

①气割机应放在通风干燥处避免受潮,室内不应有腐蚀性气体存在。
②气割机的减速箱,一般应半年加一次润滑油。
③下雨天切勿在露天使用气割机,以防电气系统受潮引起触电事故。
④使用前应做好清理检查工作机身,割炬及运动部件必须调整好间隙,不能松,同时,检查紧固件有无松动现象,如有,应及时加以紧固。
⑤气割工休息或长时间离开工作场地时,必须切断电源,以免电机因过热被烧坏。
⑥必须有专人负责使用和维护保养,并定期进行检修。

九、气割切口的表面质量

当自动、半自动及手工火焰切割厚度在 5～150 mm 的低碳钢、中碳钢及普通低合金钢的轧制钢材时(不包括一般自由切割),其切割面质量共分七项指标,每项分四个等级,即 0 级、1 级、2 级、3 级。这七项指标分别是:表面粗糙度、平面度、上边缘熔化程度、挂渣、缺陷、不直度、垂直度。

在实际的工作中,要提高气割切口的质量,可注意如下几点。

1. 选择合适的切割氧压力

切割氧压力过大时,不仅使切口表面粗糙,而且浪费氧气;相反,切割氧压力过小时,会使氧化铁渣不易被吹掉,造成切口的熔渣容易粘在一起不易被清除。因此必须根据割件的厚度,选择合适的切割氧压力。

2. 选择适当的预热火焰能率

预热火焰能率过大时,钢板切口表面的棱角易被熔化掉,尤其在气割薄件时会产生前面割开,后面又粘连在一起的现象;火焰能率过小时,气割过程容易中断,而且切口表面不整齐。

3. 割炬要端平

气割时割炬应端平,使割嘴与割线两侧的夹角成90°,这样割完后切口与割件平面就垂直。若割炬前高后低或前低后高,割嘴与割线两侧的夹角就不成90°,这样气割后就会造成切口偏斜。

4. 气割速度要适当

气割速度太快时,将会产生较大的后拖量和火花向后,甚至造成割不穿,割渣向上飞,易发生回火现象,气割速度太慢时,钢板两侧的棱角易被熔化掉,同时浪费气割气体,较薄的割件易产生较大的变形以及粘连现象,割后熔渣不易清除。气割速度是否适当,可通过观察熔渣的流动情况和听气割时产生的声音加以判断。

5. 操作要正确

手持割炬时,人要蹲稳,割炬要捏紧,呼吸要均匀,手勿抖动,并严格沿割线进行气割,以保证割缝的直线性。

6. 维护好工具

割炬要经常保持清洁,不应有氧化铁渣的飞溅物粘在嘴头上,尤其割嘴内孔要保持光滑,风线要有一定挺度而且不能歪斜。所用工具保持完好状态。

第六节　气焊安全技术

一、使用气焊、气割设备的安全知识

1. 安全电压的概念

当使用半自动或自动气割机时,如果气割工不严格遵守安全操作规程,就有发生触电的危险。当人体通过 10 mA 以下的工频交流电时,就能引起麻或痛的感觉,但还能摆脱电源,当人体通过大于 20 mA 的工频交流电时,会使人感觉麻痹或剧痛,引起心室颤动,呼吸困难,自己不能摆脱电源,将有生命危险。通过人体的电流大小,不仅取决于线路中的电压,而且和人体电阻有关。人体电阻包括自身电阻及人身上的衣服和鞋子等附加电阻。干燥的衣服、鞋子和干燥的工作场地,能使人体电阻增加;相反,会使人体电阻降低。自身电阻也不是固定不变的,它与人的精神状态有很大关系,人在疲劳过度或神志不清时,自身电阻会显著降低。因此人体电阻变化是很大的,大致在 800 ~ 5 000 Ω 之间变化。当人体电阻降到 800 Ω 时,根据欧姆定律,40 V 的电压对人就有致命的危险。因此,我国规定安全电压为 36 V。机械气割机的电源一般都是 220 V 或 380 V。因此,在气割过程中,为防止触电事故的发生,气割工必须严格遵守用电安全操作规程。

2. 使用机械气割机的安全注意事项

为避免触电事故发生,操作机械气割机时必须注意以下几点。

(1)操作前必须检查气割机等用电设备的机壳是否接地,以免由于漏电而造成触电事故。

(2)气割机的安装、检查和修理应由电工进行,气割工不得私自拆修。

(3)推拉闸刀开关时,应戴好干燥的皮手套,同时头部需要偏斜些,以防推拉闸刀时,脸部被电弧火花灼伤。

(4)使用手提工作行灯时,其电压不应超过 36 V。

(5)下雨天不得在室外操作气割机,以防漏电。

(6)遇到有人触电时,切不可用手去拉触电者,应迅速切断电源。如果触电者处于昏迷状态,应立即进行人工呼吸,或者送到医院进行抢救。

3. 使用气瓶的安全知识

气焊和气割用的气瓶常用的有氧气瓶和溶解乙炔瓶,使用时其各自的安全技术要点列于表 3 – 3 – 4。

表 3 – 3 – 4　使用气瓶的安全知识

气瓶类型	安全技术要点
氧气瓶	(1)不得靠近热源; (2)勿曝晒; (3)要有防震圈,且不使气瓶跌落或受到撞击; (4)要戴安全帽,以防止摔断瓶阀造成事故; (5)氧气瓶,可燃气瓶与明火距离应大于 10 m; (6)气瓶内气体不可全部用尽,应留有余压 0.1 ~ 0.2 MPa; (7)氧气瓶严禁沾染油污; (8)打开瓶阀时勿操作过快; (9)瓶阀冻结时,可用热毛巾、热水或水蒸气加热解冻,严禁火焰加热
溶解乙炔瓶	(1)同氧气瓶的 1 ~ 6 条; (2)只能直立,不得卧放,以防丙酮流出

4. 气焊与气割的安全技术要点

（1）每个氧气减压器和乙炔减压器上只允许接一把焊炬或一把割炬。

（2）氧气皮管和乙炔皮管必须区分，不可混用。氧气皮管为红色，乙炔皮管为绿色或黑色，这样若发生事故就能立即采取措施。新橡皮管使用前，应先用压缩空气将管内的杂质和灰尘吹尽，以免堵塞焊嘴或割嘴，影响气体流通。在工作中要防止沾上油脂或触及灼热金属。

（3）氧气皮管和乙炔皮管如果横跨通道或轨道时，应从它们的下面穿过或吊在空中，以免被车轮碾压坏。

（4）氧气瓶集中存放的地方，不允许在 10 m 以内有明火作业和吸烟，更不允许电焊机的地线从氧气瓶上通过。

（5）气焊或气割在操作前，应检查氧气皮管、乙炔皮管与焊炬或割炬的连接是否有漏气现象，并检查焊嘴或割嘴有无堵塞现象，必要时可用通针将嘴通一下。点火时可先开适量的乙炔，后开少量的氧气，这样不易产生丝状黑烟。点火时应用火柴或专用打火枪，禁用香烟蒂点火，当心手部的烧伤。

（6）气焊或气割工作结束后，应将氧气瓶阀和乙炔瓶阀关紧，再将减压器调节螺钉拧松。

（7）气焊工、气割工必须穿戴规定的工作服、手套和护目镜等。

（8）若气焊或气割储存过汽油或其他油类的容器时，需将容器上的孔盖全部打开，先用碱水将容器内壁清洗干净，再用压缩空气吹干，如有必要，应考虑测爆，要充分做好防护工作。

（9）在大型容器内作业时，若工作未完成，严禁将焊炬或割炬放在里面，以防焊炬或割炬的气阀及皮管接头漏气，致使容器内储存大量的乙炔和氧气，一旦接触火种将会立即引起燃烧和爆炸。

（10）在高空气焊或气割时，必须使用合格的安全带。高空作业处的下面不能有其他人工作或站立，以防被落下的物体砸伤。

（11）在气焊过程中，若发生回火时，必须立即先关闭乙炔调节阀，然后再关闭氧气调节阀，切割过程中若遇到回火时，应先关闭切割氧调节阀，然后再关闭乙炔和氧气调节阀，这样回火就会很快被熄灭。稍微等一下以后，再打开氧气调节阀，吹出残留在焊炬或割炬内的余焰和碳质微粒，然后再继续工作。

二、劳动保护

1. 气焊过程中的有害因素

气焊过程中产生的有害因素比手工电弧焊要少一些。仅在气焊黄铜、铝等有色金属和火焰钎焊时会有一些烟尘和有毒气体产生。这些有害因素主要来自焊接材料本身，如气焊黄铜时锌的蒸发造成焊接区域产生大量的锌烟，气焊铝和火焰钎焊时所用的熔剂和钎剂中含有的氟化物等。

2. 劳动保护的意义

劳动保护就是要把人体同生产中的危险因素和有毒因素隔离开来，创造安全、卫生和舒适的劳动环境，以保证工人身体健康和安全生产。气焊和气割过程中的有害因素，如果在空气中滞留的时间较长时，将会直接影响工人的身体健康。

3. 劳动保护的措施

气焊或气割时,为改善工作场地的劳动卫生条件,可采用以下劳动保护措施。

(1) 通风

通风可分为全面通风和局部通风两种方法,除大型焊接车间采用全面通风外,一般在气焊和气割场所均采用局部通风,即排烟罩、排烟焊枪强力小风机等手段。

(2) 个人保护

气焊和气割操作时用于个人保护措施的防护用品见表 3-3-5。高空作业时也应具有相应的防护装备,如安全帽,安全带等。

表 3-3-5 气焊和气割操作时的防护用品

防护措施	保护部位	品种	说明
眼镜	眼	普通眼镜 墨镜 镀膜眼镜	镜片,镜架通塑应能挡住正射、侧射或底射光。镜片材料可用无机或有机合成材料(如聚碳酯)
口罩	口、鼻	氯纶布口罩 静电口罩 送风口罩	氯纶布阻尘率 90% 以上,阻力 6 Pa。静电滤料是带负电过氯乙烯纤维无坊薄膜
护耳器	耳	低熔点蜡处理的棉花、超细玻璃棉、软聚氯乙烯耳塞,耳罩	降低噪声 20~30 dB
工作服	躯干、四肢	棉布工作服	—
工作帽	头		—
毛巾	颈		—
手套	手、臂	棉、革	—
鞋	足	棉、革	—

第四章 碳弧气刨

第一节 碳弧气刨、工具及材料的使用

一、碳弧气刨设备和工具的使用

1. 碳弧气刨的操作特点

碳弧气刨是利用石墨棒或碳极与工件间产生的电弧将金属熔化,并用压缩空气将其吹掉,实现在金属表面上加工沟槽的一种方法。如图3-4-1所示。

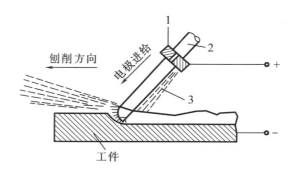

1—刨钳;2—电极;3—压缩空气气流。
图3-4-1 碳弧气刨

碳弧气刨可用来挑焊根、开坡口、返修焊缝缺陷、切割铸铁及有色金属等。其操作特点如下。

(1)与风铲相比,利用碳弧气刨开坡口和挑焊根可提高工效4倍以上,尤其开U形坡口时效果更为显著。

(2)使用风铲时操作者的劳动强度很大,如用手要承受剧烈的震动,风铲还会产生很强的噪声,操作者易引起耳聋职业病。碳弧气刨可大大降低工人的劳动强度,但在气刨过程中仍会发出较刺耳的噪声。

(3)利用碳弧气刨刨除焊缝缺陷时,操作者可用肉眼直接观察缺陷是否被刨净,因此提高了焊缝返修的合格率。

(4)工具、设备简单,操作简易方便,但是属于明弧操作,需戴面罩。

(5)气刨过程中会产生较大的烟雾,对操作者的健康有一定影响,故应加强工作场所的换气通风。

2. 气刨电源

碳弧气刨时需利用电弧的高温来熔化金属,即在碳棒和工件之间产生与手工电弧焊相同的电弧,因此需要用一台焊机作为供电的电源。

碳弧气刨的供电电源应该满足下列两个条件。

（1）直流弧焊电源 碳弧气刨所用的电极是碳极或石墨极，外表并无药皮，电弧引燃后没有电弧稳定燃烧的添加剂。若采用交流弧焊电源，电弧不能稳定地燃烧，气刨工作无法正常进行，所以一定要选用直流弧焊电源。

（2）电源容量较大 碳弧气刨所用的碳棒直径通常比焊条直径要粗（表3-4-1），所以要使用较大的电流。此外，由于在气刨过程中碳棒本身不熔化，电弧燃烧的时间较长，故供电焊机连续通电的时间比手工弧焊时要长得多。因此，碳弧气刨时要选用容量较大的焊机，常用焊机的额定电流应在500 A以上。

表3-4-1 碳棒规格及适用电流

断面形状	规格/mm	适用电流/A	断面形状	规格/mm	适用电流/a
圆形	Φ3×355	150~180	圆形	Φ16×355	—
圆形	Φ3.5×355	150~180	扁形	3×12×355	200~300
圆形	Φ4×355	150~200	扁形	4×8×355	—
圆形	Φ5×355	150~250	扁形	4×12×355	—
圆形	Φ6×355	180~300	扁形	5×10×355	300~400
圆形	Φ7×355	200~350	扁形	5×12×355	350~450
圆形	Φ8×355	250~400	扁形	5×15×355	400~500
圆形	Φ9×355	350~500	扁形	5×18×355	500~600
圆形	Φ10×355	400~550	扁形	5×20×355	450~550
圆形	Φ12×355	—	扁形	5×25×355	550~600
圆形	Φ14×355	—	扁形	6×20×355	—

碳弧气刨的电源可以是弧焊发电机或弧焊整流器，常用焊机型号有AXI-500、ZXG500等。

3. 气刨枪

气刨枪的作用是夹持碳棒、传导电流和输送压缩空气。常用的有焊钳式气刨枪、扁碳棒气刨枪和圆周送风式气刨枪三种，如图3-4-2所示。

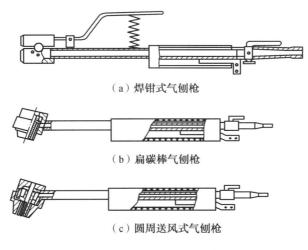

（a）焊钳式气刨枪

（b）扁碳棒气刨枪

（c）圆周送风式气刨枪

图3-4-2 碳弧气刨枪

(1) 焊钳式气刨枪

钳口端部钻有小孔,压缩空气从小孔喷出,并集中吹在碳棒电引,当碳棒伸出长度在较大范围内变化时,能始终吹在碳棒电弧的后侧。

优点:压缩空气紧贴着碳棒吹出,当碳棒伸出长度在较大范围内变化时,能始终吹到熔化的铁水上,把铁水吹走;同时碳棒前面的金属不受压缩空气的冷却,碳棒伸出长度调节方便,可适用于各种直径的碳棒。

缺点:只能向左或向右进行单一方向的气刨,在某些使用场合显得不够灵活。

(2) 扁碳棒气刨枪

可夹持扁碳棒,其结构简单,只有一套可换的黄铜喷嘴,喷嘴在连接套中能做360°的回转。连接套与枪体之间用螺纹连接,可适当转动。故气刨枪的头部可根据需要转成各种位置。气刨枪的枪体及电器接头都用绝缘材料保护。这种气刨枪轻巧灵活,制造也较方便。

(3) 圆周送风式气刨枪

枪体头部有分瓣弹性夹头,圆周方向有若干个方形出风槽,压缩空气由出风槽沿碳棒四周吹出,碳棒冷却均匀。刨削时熔渣从槽的两侧吹出,刨槽前端无熔渣堆积,便于看清刨削方向。圆周送风式气刨枪能同时使用圆形和扁形碳槽,适合在各种位置操作,手柄及枪体头部的裸露部分(如压帽等)绝缘良好,枪体质量轻,使用方便。

4. 空气导管

碳弧气刨所需的压缩空气由空气导管输送。碳弧气刨枪上部需同时接上电源导线和压缩空气橡皮管。为防止电源导线发热,并便于操作,常采用风电合一的软管,见图3-4-3。风电合一的碳弧气刨软管可利用压缩空气来冷却导线,解决了大电流通过导线时的发热问题,还可减小导线截面。这种软管具有质量轻、使用灵活方便、节省材料和制作方便等优点。

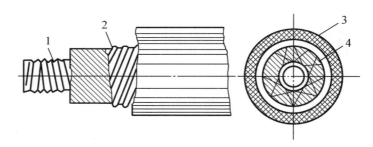

1—弹簧管;2—外附加钢丝;3—夹线胶管;4—多股导线。

图3-4-3 风电合一的碳弧气刨软管

二、碳棒的规格及选用

1. 碳棒的种类

碳棒在碳弧气刨时作为电极,用来传导电流和引燃电弧。对碳棒的要求是耐高温、导电性能良好、不易断裂、断面组织细致、成本低和含灰分少。为了便于更好地传导电流,常用镀铜实心碳棒,也可采用报废的石墨电极加工成的碳棒。

根据外形的不同,碳棒有圆碳棒和扁碳棒两种。圆碳棒主要用在焊缝反面挑焊根和清焊根;扁碳棒刨槽较宽,适于大面积的刨槽或刨平面,也可用于开坡口、刨焊瘤和切割大量金属的场合。

2. 碳棒的规格和适用电流

碳棒的长度均为 355 mm,直径(圆形)和断面(扁形)有各种不同的规格,以满足各种刨削的需要。碳棒的截面越粗,所使用的刨削电流也越大。常用碳棒的规格及适用电流见表 3-4-1。

第二节 碳弧气刨操作技能

一、碳弧气刨前的准备工作

1. 劳动防护和安全

碳弧气刨和手工电弧焊操作一样,都是利用电弧来加热金属的,在作业过程中同样可受到弧光辐射和飞溅金属的烫伤,因此在作业前应穿戴和焊工相同的劳动防护用品,戴面罩,并遵守和焊工相同的安全操作规程。

2. 设备、材料和工具

(1)气刨电源

选用 AXI-500 型直流弧焊发电机或 ZXG-500 型弧焊整流器。

(2)碳棒

分别选用各种规格的圆碳棒和扁碳棒,并在操作训练中加以比较。

(3)钢板

工件采用 Q235-A 低碳钢板,其厚度为 16~18 mm,长×宽为 500 mm×200 mm。

(4)辅助工具

石笔、錾子、直尺等。

3. 碳弧气刨设备的外部接线

气刨前,应将气刨电源、空气导管、气刨枪和工具等用电缆线进行连接,并接上网络电源,如图 3-4-4 所示。

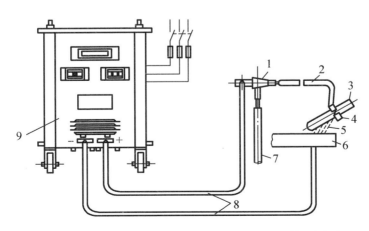

1—接头;2—风电合一软管;3—碳棒;4—刨枪钳口;5—压缩空气气流;
6—工件;7—进气胶管;8—电缆线;9—弧焊整流器。

图 3-4-4 碳弧气刨外部接线图

4. 选择碳弧气刨工艺参数

碳弧气刨的工艺参数包括电源极性、碳棒直径和刨削电流、刨削速度、压缩空气压力电弧长度、碳棒和工件倾角及碳棒的伸出长度等。

（1）电源极性

气刨 Q235-A 低碳钢时采用直流反接（工件接负极），此时熔化金属流动性好，刨削过程稳定，刨槽光滑。

（2）碳棒直径与刨削电流

碳棒直径与刨削电流值决定于被刨钢板的厚度，见表 3-4-2。

表 3-4-2 碳棒直径、刨削电流和钢板厚度的关系

钢板厚度/mm	碳棒直径/mm	电流强度/A
1~3	4	160~200
3~5	6	200~270
5~10	6	270~320
10~15	8	320~360
15~20	8	360~400
20~30	10	400~600

刨削电流的大小主要影响刨槽的尺寸。电流大，槽宽和槽深均会增加，尤其使槽深显著增加。但采用大电流可提高刨削速度，并能获得较光滑的刨槽质量。

碳棒直径的大小，除取决于被刨钢板的厚度外，还与所要求的刨槽宽度有关，一般碳棒直径应比所要求的槽宽小 2~4 mm。

（3）刨削速度

刨削速度增加时，刨槽的深度变浅、宽度变狭，若刨削速度过快时，不仅刨槽的深度和宽度达不到要求，且易使碳棒与前端金属相碰形成短路。碳棒短路时，因短路电流大，碳棒的温度升得很高，其端头就会脱落，粘在未熔化的金属上，形成"夹碳"缺陷。若刨削速度过慢，金属的熔化量多而集中，压缩空气不易吹净，铁水容易粘在刨槽的两侧，形成"粘渣"缺陷。

通常，刨削速度以 0.5~1.2 m/min 为宜。若为手工碳弧气刨，刨削速度由操作者自行掌握，此时则以不出现夹碳、粘渣等缺陷并获得合乎要求的刨槽深度和宽度为合适的刨削速度。

（4）压缩空气压力

压缩空气压力增加，刨削有力，熔渣容易吹除干净，常用压力为 0.4~0.6 MPa。

所需的压缩空气可直接利用车间内现成的压缩空气管道供给，也可使用单独的空气压缩机产生。压缩空气内所含水分和油分应加以限制，含量太多会使刨槽质量变坏，必要时可加过滤装置。

（5）电弧长度

操作时尽量采用短弧，可提高生产率和碳棒的利用率。但弧长太短，则易产生夹碳缺陷。故碳弧气刨时的弧长应保持在 1~2 mm。

(6) 碳棒与工件倾角

碳棒与工件的倾角常取 30°~45°,如图 3-4-5 所示。倾角增加,则槽深也增加。

(7) 碳棒的伸出长度

碳棒从钳口导电嘴到电弧端的长度称为碳棒的伸出长度,如图 3-4-6 所示。伸出长度长,钳口离电弧远,压缩空气吹到熔池的风力便不足,不能顺利地吹走熔渣;伸出长度太短,也会引起操作的不便。

通常,碳棒的伸出长度以 80~100 mm 为宜。碳棒烧损 20~30 mm,就需要调整其伸出长度。

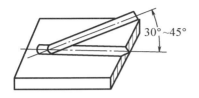
图 3-4-5 碳棒与工件的倾角

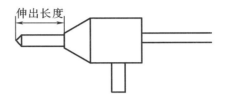
图 3-4-6 碳棒的伸出长充

二、碳弧气刨的操作技术

1. U 形坡口的刨削方法

要求刨削的 U 形坡口的形状和尺寸如图 3-4-7 所示。

碳弧气刨的全过程包括引弧、气刨、收弧和清渣等几个工序。

(1) 引弧

引弧前,先用石笔在钢板上沿长度方向每隔 40 mm 画一条基准线,按图 3-4-7 所示的碳弧气刨外部接线图接线,然后启动焊机。由于引弧时短路电流较大,事先应送风冷却碳棒,否则碳棒会很快发红。此时钢板还处于冷却状态,来不及熔化,故易造成夹碳缺陷。

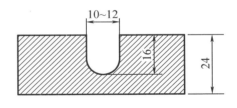
图 3-4-7 U 形槽口尺寸

若对引弧处的槽深要求不同,引弧时碳棒的运动方式也不一样。若要求引弧处的槽深与整个槽的深度相同时,可只将碳棒向下进给,暂时不往前运行,如图 3-4-8(a)所示,待刨到所要求的槽深时,再将碳棒平稳地向前移动;若允许开始时的槽深可浅一些,则将碳棒一边往前移动,一边往下送进,如图 3-4-8(b)所示。

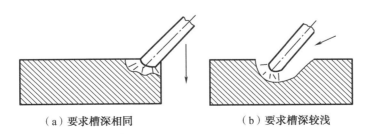

(a) 要求槽深相同　　　　(b) 要求槽深较浅

图 3-4-8 引弧时碳棒的运动方式

(2) 气刨

引弧以后,可将电弧长度控制在 1～2 mm,碳棒沿着钢板表面所划的基准线做直线往前移动,既不能做横向摆动,也不能做前后往复摆动,因为摆动时不容易保持操作平稳,刨出的刨槽也不整齐光洁。

操作要领:准、平、正。

准——气刨时对刨槽的基准线要看得准,眼睛还应盯住基准线,使碳棒紧沿着基准线往前移动,同时还要掌握好刨槽的深浅。气刨时,由于压缩空气和空气的摩擦作用会发出"嘶嘶"的响声,当弧长发生变化时,响声也随之变化。因此在操作时,焊工可凭借响声的变化来判断和控制弧长的变化。若能够保持均匀而清脆的"嘶嘶"声,表示电弧稳定,弧长无变化则所刨出的刨槽既光滑又深浅均匀。

平——气刨时手把要端得平稳,不应上、下抖动,否则刨槽表面会出现明显的凹凸不平。同时,手把在移动过程中要保持速度平稳,不能忽快忽慢。

正——气刨时碳棒夹持要端正。碳棒在移动过程中与工件的倾角要保持前后一致,不能忽大忽小。碳棒的中心线要与刨槽的中心线相重合,否则会造成刨槽的形状不对称,影响质量,如图 3-4-9 所示。

如果一次刨槽宽度不够,可以增大碳棒直径,或者重复多刨几次,以达到所要求的宽度。

如果一次刨槽不够深,则可继续顺着原来的浅槽往深处刨,每段刨槽衔接时,应在原来的弧坑上引弧,以防止触伤刨槽或产生严重凹陷。

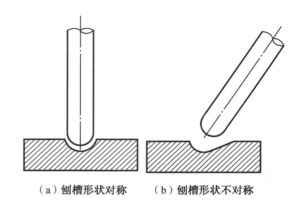

(a) 刨槽形状对称　　(b) 刨槽形状不对称

图 3-4-9　刨槽形状

控制刨槽尺寸的方法可分为轻而快操作法和重而慢操作法两种。

轻而快操作法——气刨时手把下按轻一点,刨出的刨槽深度较浅,而刨削速度则略快一些,这样得到的刨槽底部呈圆形,有时近似 V 形,但没有尖角部分。采用这种轻而快的手法又取较大的电流时,刨削出的刨槽表面光滑,熔渣容易清除。对一般不太深的槽(如在 12～16 mm 厚度钢板上刨 4～6 mm 的槽),采用这种方法最合适。如果刨削速度太慢,即采用轻而慢的操作法,则碳弧的热量会把槽壁的两侧熔化,引起粘渣缺陷。

重而慢操作法——气刨时手把下按重一点,往深处刨,刨削速度则稍慢一些。采用这种操作法时,如果取大电流,则得到的刨槽较深;如果取小电流,所得到的槽型与轻而快操作法得到的槽型相似。采用重而慢操作法,碳弧散发到空气中的热量较少,由于刨削速度较慢,通过钢板传导散失的热量较多,同时由于碳弧的位置深,离刨槽的边缘远,所以不会引起粘渣。但是操作中如将手把按得过重,会造成夹渣缺陷。另外,由于刨槽较深,熔渣不容易被吹上来,停留在后面的铁水往往会把电弧挡住,使电弧不能直接对准未熔化的金属上面。这样,不仅刨削效率下降而且刨槽表面不光滑,还会产生粘渣。所以采用这种刨削操作方法,对操作技术上的要求较高。

刨削中的重要技术关键是排渣。

气刨时,由于压缩空气是从碳弧后面吹来,如果操作中压缩空气的方向稍微偏一点,熔渣就会离开中心偏向槽的一侧。如果压缩空气吹得很正,那么渣就会被吹到电弧的正前部,而且一直往前,直到刨完为止。此时刨槽两侧的熔渣最少,可节省很多的清渣时间,但技术较难掌握,并且还会影响刨削速度,同时前面的基准线容易被熔渣盖住,影响刨削方向的准确性。因此,通常采用的刨削方式是将压缩空气吹偏一点,使大部分熔渣能翻到槽的外侧。但不能使熔渣吹向操作者一侧,否则会造成烧伤。

(3)收弧

收弧时应防止熔化的铁水留在刨槽里。因为熔化的铁水含碳和氧的量都较高,而碳弧气刨的熄弧处往往也是以后焊接时的收弧处,收弧处又容易出现气孔和裂纹,所以,如果不把这些铁水吹净,焊接时就容易产生弧坑缺陷。收弧的方法是先断弧,过几秒钟以后,再把压缩空气气门关闭。

U形坡口的气刨顺序

若钢板厚度在16 mm以下需开U形坡口,则一次刨削即成。

钢板厚度大于16 mm需开较宽的U形坡口时,若坡口的深度不超过7 mm,则可以一次刨成底部,而后分别加宽两侧,如图3-4-10所示。

若钢板厚度超过20 mm且要求U形坡口开得很大时,合适的刨削顺序如图3-4-11所示。

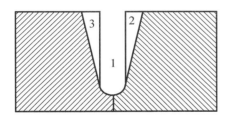
图3-4-10 宽U形坡口的刨削顺序

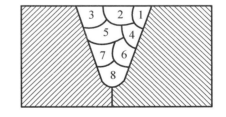
图3-4-11 厚板开U形坡口的刨削顺序

(4)清渣

碳弧气刨结束后,应用錾子、扁头或尖头手锤及时将熔渣清除干净,便于下一步焊接工作顺利进行。

2.挑焊根的刨削方法

采用手工电弧焊或自动埋弧焊焊接厚度大于12 mm的钢板时,通常都要双面焊。由于每条焊缝根部的质量一般较差,含有较多的杂质,为保证焊接质量,应该在正面焊缝焊完以后,将焊件翻转,在反面将正面焊缝的根部铲除干净,然后再焊反面焊缝。铲除正面焊缝根部的工作称为挑焊根。

挑焊根可以利用碳弧气刨的方法进行。它的操作方法和开小U形坡口相似,但是应该挑到看见正面焊缝为止。一种容器内、外环焊缝挑焊根的方法,如图3-4-12所示。

3.清除焊接缺陷的刨削方法

重要焊件的焊缝经无损检验后,若发现有超标缺陷,应将缺陷清除后再进行返修补焊。清除焊缝缺陷的方法,目前在生产中常用的是碳弧气刨。

气刨焊缝缺陷前,焊接检验人员应首先在缺陷位置上做出标记,焊工就在标记位置一层一层往下进行气刨,此时不过分要求刨槽质量,但要对每一层仔细检查看有无缺陷。如发现缺陷,可轻轻地再往下刨一、二层,直到将缺陷全部刨净为止。刨除焊缝缺陷后的槽形,如图 3-4-13 所示。

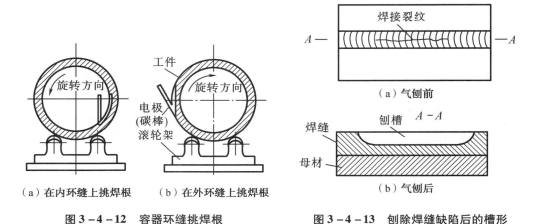

(a) 在内环缝上挑焊根　　(b) 在外环缝上挑焊根

图 3-4-12　容器环缝挑焊根

图 3-4-13　刨除焊缝缺陷后的槽形

三、碳弧气刨缺陷及其识别

1. 夹碳

碳弧气刨时,如果刨削速度过快或碳棒向下进给过猛,碳棒的头部就会顶到铁水和未熔化的金属上,造成短路,熄灭电弧。由于短路电流较大,碳棒的温度会升得很高,碳棒再往前送或向上提起时,头部就会脱落,并粘在未熔化的金属上。这种现象叫作夹碳,是碳弧气刨时常见的一种缺陷,如图 3-4-14 所示。

预防措施:将刨削速度严格控制在选定的范围之内,注意引弧动作,手把操作要稳,掌握碳棒送进速度,不要造成短路。

2. 粘渣

碳弧气刨时,压缩空气压力不足又使用大电流时若刨削速度过慢,则单位长度金属得到的热量增多,金属的熔化量多而集中,压缩空气吹不

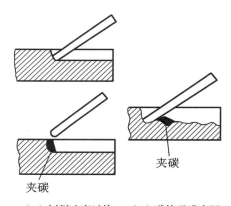

(a) 刨削速度过快　　(b) 碳棒送进太猛

图 3-4-14　夹碳

净,熔渣就会粘在刨槽的两侧,这种缺陷叫作粘渣,如图 3-4-15 所示。此外,刨削时的倾角太小,熔渣会被吹到电弧的前面,得不到压缩空气的及时冷却、吹除,也会造成粘渣。

预防措施:气刨时压缩空气的压力保持在 0.4~0.6 MPa;气刨电流控制小一些或适当提高刨削速度;碳棒与工件之间的倾角掌握在 30°~45°。

3. 刨槽形状不符合要求

碳弧气刨时,如果碳棒的中心线与槽口中心线不重合,碳棒歪向一侧,刨槽的形状就不对称,如图 3-4-9 所示。如果碳棒的移动速度忽快忽慢或有时做横向摆动,刨出的刨槽就

会宽窄不均。如果刨削时碳棒上下摆动,操作不稳,则刨出的刨槽就会深浅不均,如图 3-4-16 所示。刨削时操作者注意力不集中,刨槽离开了原来的基准线,叫作刨偏。

刨槽形状不对称,刨削宽窄、深浅不均及刨偏等现象,统称为刨槽形状不符合要求。

预防措施:努力提高操作技术水平,工作时操作者应思想集中,全神贯注。

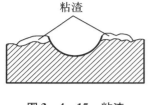

图 3-4-15 粘渣

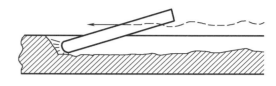

图 3-4-16 刨槽深浅不均

4. 铜斑

碳弧气刨时,如果所用碳棒表面的镀铜质量不好,或气刨过程中压缩空气中断,冷却效果变坏,碳棒表面的铜皮会脱落至刨槽中,这种缺陷叫作铜斑。如图 3-4-17 所示。

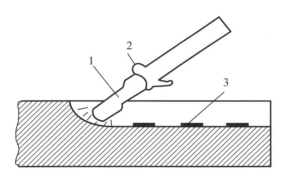

1—碳棒;2—铜皮;3—铜斑。

图 3-4-17 铜斑

预防措施:选用镀铜质量好的碳棒,气刨过程中不得中断送气并保持足够的压缩空气压力。

操作注意事项:

(1)手工电弧焊和碳弧气刨虽然都利用电弧热量来加热金属,但却是两种不同的加工方法,前者是将两块钢板焊接在一起,后者是在一块钢板的表面上开沟槽。

(2)碳弧气刨要求刨削出的内壁光滑、没有缺陷、几何尺寸符合要求的沟槽,为下一步的焊接工作打下基础,但沟槽并不是作为一种产品来验收的。

(3)目前国内碳弧气刨大都是手工操作,因此沟槽质量主要取决于工人的操作技能和选取恰当的气刨工艺参数。

(4)碳弧气刨的劳动防护与手工电弧焊相同。

第五章　埋弧自动焊

第一节　埋弧自动焊设备及焊前准备

埋弧自动焊是电弧在焊剂层下燃烧时进行焊接的一种机械化焊接方法。埋弧自动焊的焊接过程如图 3-5-1 所示。

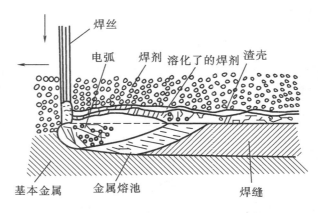

图 3-5-1　埋弧自动焊焊接过程示意图

埋弧焊具有生产效率高,焊接质量稳定,劳动强度低,无弧光刺激,有害气体和烟尘少,节省材料等优点。因此,它在造船、锅炉、压力容器、大型钢结构、桥梁和工程机械等产品的制造中应用最广泛。

一、埋弧自动焊机

常用的埋弧自动焊机主要有 MZ-100、MZI-1000 型两种。现以 MZ-1000 型埋弧自动焊机为例介绍。

构成:由 MZT-1000 型自动焊接小车、MZP-1000 型控制箱和 BXZ-100、型焊接变压器三部分组成。

性能特点:送丝方式为等速送丝式,焊丝直径 3~6 mm,送丝速度 0.8~3.4 cm/s,焊接速度 0.4~2.5 cm/s,焊接电流 400~1 200 A。

适应范围:适合于焊接水平位置或与水平倾斜 15°的各种有坡口、无坡口的对接、搭接和角接焊缝,并可借助转胎进行圆筒形焊件的内、外形焊缝的焊接。

1. MZT-1000 型自动焊接小车

它由机头、控制盘、焊剂漏斗、焊丝盘和台车等五部分组成。如图 3-5-2 所示,机头上装有焊丝输送机构、焊丝矫直机构、导电机构和调整机构等。

焊丝输送机构是由直流电动机 26,经减速箱内的蜗杆蜗轮,带动焊丝送进滚轮 22 转动。装在杠杆 10 一端的压紧轮 12 把来自焊丝盘 5 的焊丝压紧在送丝滚轮上,将焊丝送进。

调节螺母 24 可以改变弹簧 25 的压缩程度,以调节对焊丝的压紧力。滚轮 13 和 21 与送丝滚轮 22 相配合可以将焊丝矫直,调节螺钉 23 可以移动滚轮 13 的位置,以调节矫直的程度。焊丝矫直后的弯曲度,在 200 mm 以内应不大于 2.5 mm。

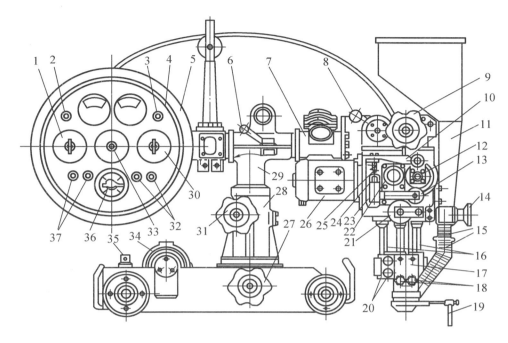

图 3-5-2　MZT-1000 型自动焊接小车示意图

导电嘴 17 安装在伸缩臂 16 下端,其高度可通过手轮 9 在 85 mm 范围内上下调节。供电机构包括可动与不可动的两块导电衬套,导电衬套装在导电嘴内,可动衬套由弹簧压紧在不可动衬套上。衬套的内径可根据焊丝直径更换,用螺帽 18 可以调节压紧力。焊接电缆用螺钉 20 接到不可动衬套上。

焊剂漏斗 11 经过软管 15,将焊剂送到导电机构的漏斗中,使焊剂撒布在焊丝周围,并堆积到适当的厚度。在焊剂漏斗上装有焊接方向指示针 19,焊剂漏斗可装 12 kg 焊剂,其下部的阀门 14 可以控制焊剂的输送流量。

转动手柄 8,可以使机头在垂直于焊缝的平面内转动,最大转角 45°。

控制盘 4 和焊丝盘 5 分别装在横臂 7 两端。控制盘上装有焊接电流表和电压表。旋钮 1 调节电弧电压,旋钮 30 调节焊接速度。一对按钮调节焊接电流大小。2 为启动按钮,3 为停止按钮。空载时调节焊丝向上、向下用按钮 37。开关 36 控制台车行走方向。松动手柄 6 可使机头、控制盘和焊丝盘绕横梁转动 ±45°。松开手轮 31,可使立柱 29 绕套筒 28 转动 ±90°。转动手轮 27,可使柱身横向移动 ±30 mm。

台车由直流电动机 34 通过减速箱和离合器驱动,其速度可在 25.0~166.7 cm/min 范围内均匀调节。用手柄 35 脱开离合器后,台车可以轻便地推动。

2. MZP-1000 型控制箱

内装有电动机-发电机组、中间继电器、交流接触器、变压器、整流器、镇定电阻和开关。

3. 焊接电源

埋弧自动焊可以分别采用交流或直流弧焊电源。采用交流电源时,一般配用 BX2 - 1000 型弧焊变压器。采用直流时,可配用 AP - 1000 型弧焊发电机或 ZXG - 10000 型弧焊整流器。

4. 外部接线

MZ - 1000 型埋弧自动焊机使用交流焊接电源与直流焊接电源时,其外部接线分别如图 3 - 5 - 3 和图 3 - 5 - 4 所示。

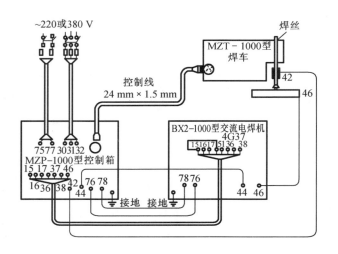

图 3 - 5 - 3　MZ - 1000 埋弧自动焊机外部接线图(交流焊接电源)

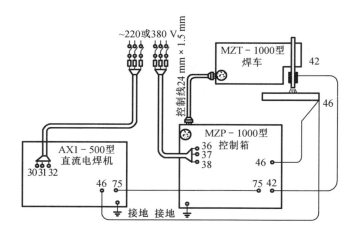

图 3 - 5 - 4　MZ - 1000 埋弧自动焊机外部接线图(直流焊接电源)

5. 常见故障及排除方法(表3-5-1)。

表3-5-1 埋弧自动焊机常见故障与排除方法

故障性质	产生原因	防止措施
按焊丝向上或向下按钮时,送丝电动机不逆转	1. 焊丝电动机有毛病; 2. 电动机电源线路接点断开或损坏	1. 修理送丝电动机; 2. 检查电源线路接点
按启动按钮后,不见电弧产生,焊丝将机头顶起	焊丝与焊件未形成电接触	清理接触部位
按启动按钮,线路工作正常,但不引弧	1. 焊接电源未接通; 2. 电源接触器不良; 3. 焊丝与焊件不良	1. 接通焊接电源; 2. 检查修复接触器; 3. 清理焊丝与焊件的接触点
启动后,焊丝一直上抽	1. 机头上电弧电压反馈引线未接或断开; 2. 焊接电源未启动	1. 接好引线; 2. 启动焊接电源
启动后焊丝粘住焊件	1. 焊丝与焊件接触太紧; 2. 焊接电压太低或焊接电流太小	1. 保证接触可靠但不要过紧; 2. 调电流、电压到适当值
线路工作不正常,焊接工艺参数正确,但焊丝给送不均,电弧不稳	1. 焊丝给送压紧轮磨损或压得太松; 2. 焊丝被卡住; 3. 焊丝给送机构有毛病; 4. 网路电压波动太大; 5. 导电嘴导电不可靠,焊丝脏	1. 调整或更换焊丝给送滚轮; 2. 清理焊丝,使其顺畅; 3. 检查送丝机构,找出毛病修复; 4. 焊机应使用专用线路,使网路电压稳定; 5. 更换导电嘴,清除焊丝上脏物
启动小车不动或焊接过程中下次突然停止	1. 离合器未合上; 2. 行车速度旋钮在最小位置; 3. 空载焊接开关在空载位置	1. 合上离合器; 2. 将行车速度调到需要值; 3. 拨到焊接位置
焊丝没有与焊件接触,焊接回路即带电	焊接小车与焊件之间绝缘不良或损坏	1. 检查小车车轮绝缘; 2. 检查焊车下面是否有金属与焊件短路
焊接过程中机头或导电嘴的位置不时改变	焊接小车有关部位间隙大或机件磨损	1. 进行修理到适当间隙; 2. 更换磨损件
焊机启动后,焊丝周期地与焊件粘住或常常断弧	1. 粘住是电弧太低、焊接电流太小或网路电压太低; 2. 常常断弧是电弧电压太高、焊接电流太大或网路电压太高	1. 调整电弧电压和焊接电流; 2. 等网路电压正常后再进行焊接
导电嘴以下焊丝发红	1. 导电嘴导电不良; 2. 焊丝伸出长度太长	1. 更换导电嘴; 2. 调节伸出长度至适当

表 3-5-1(续)

故障性质	产生原因	防止措施
导电嘴末端熔化	焊丝伸出长度太短；焊接电流太大或焊接电压太高；引弧时焊丝与焊件接触太紧	1. 增加伸出长度； 2. 调到合适的工艺参数； 3. 使其接触可靠但不要太紧
停止焊接后焊丝与焊件粘住	MZ-1000 型自动焊机的停止按钮未分两步按而下一次按下	按照焊机的规定程序要领操作停止按钮，先按断送丝电源，后按断焊接电源

二、理弧自动焊的辅助设备

(1) 焊车导轨焊接直缝时，需将焊车放在导轨上行走。常用焊车导轨的形状如图 3-5-5 所示。导轨由两根角钢组成，一根角钢直边向上，使焊车橡皮滚轮的凹槽嵌在其中，起导向作用；另一根角钢平面向上，使焊车便于行走。导轨的长度应超过所焊直缝的长度。

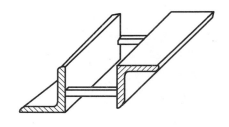

图 3-5-5 焊车导轨

(2) 立柱式自动焊接操作机由滑架、横梁、立柱、台车、十字滑板、电控系统及锁紧机构组成。如图 3-5-6 所示。

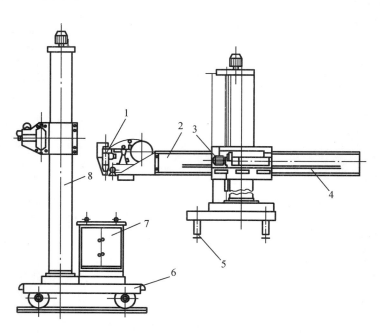

1—自动焊小车；2—横臂；3—横臂进给机构；4—齿条；5—钢轨；6—行走台车；
7—焊接电源及控制箱；8—立柱。

图 3-5-6 立柱式自动焊接操作机

该操作机横梁可做垂直等速运动和水平无级调速运动,台车做匀速运动,立柱可±180°回转,能以规定的焊接速度沿预定的路线移动焊机,能将焊机送到并保持在待焊的位置上。因此,它能在多种工位上实现焊接(如内外环缝、内外纵缝、表面堆焊)。

(3)龙门式自动焊接操作机

通常龙门式自动焊接操作机为四柱门式结构,固定在操作平台上,操作机可在轨道上行走。自动焊机在操作平台上横向行走时内设一座可升降的操作平台,焊机焊件(圆筒形)在滚轮架上旋转时,即可焊接,可以焊接外直缝。

龙门式自动焊接操作机的构造如图3-5-7所示。

(4)焊接滚轮架

焊接滚轮架是利用滚轮与焊件之间的摩擦力带动焊件旋转的一种装置,适用于筒体、管道及球形焊件的内、外环缝焊接。其构造如图3-5-8所示。

滚轮有钢轮、橡胶缘钢轮及组合轮等多种形式。一台焊接滚轮架至少有两对滚轮,其中一对主动滚轮,一对从动滚轮。主动轮大都采用无级调速,主动轮外缘的线速度即为焊接速度,其电动机的开关接在焊机的控制盘上,使焊机启动时可以联动,保证焊接正常。

为了保证滚轮架运行安全可靠及焊件转速均匀稳定,应使焊件截面中心与两个滚轮中心联机的夹角在50°~110°的范围内。超出这个范围,应该调节滚轮中心距,或更换滚轮架。

三、焊接材料

(1)焊丝

对于低碳钢焊件,使用的焊丝牌号有 H08、H08A、H08 MnA 等。焊丝直径有2 mm、3 mm、4 mm、5 mm、6 mm 等几种。焊丝使用前应进行除锈、除油工作。

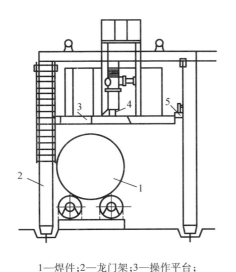

1—焊件;2—龙门架;3—操作平台;
4—自动焊机;5—限位开关。

图3-5-7 龙门式自动焊接操作机

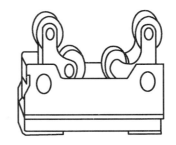

图3-5-8 焊接滚轮架

2. 焊剂

焊接低碳钢常用的焊剂牌号是HJ431,属高锰、高硅、低氟型焊剂。适合于交、直流两用,直流电源时采用反接。使用前需经200~250 ℃烘干1~2 h。

3. 焊丝与焊剂的配合

应根据焊件的化学成分和机械性能、焊件厚度、接头形式、坡口尺寸及其工作条件等因素选用焊丝与焊剂。碳钢与合金结构钢的埋弧自动焊常用焊接材料选用见表3-5-2。

四、工艺参数及其选择

1. 焊接电流

焊接电流决定着焊缝的熔深。当其他条件不变时,增加焊接电流,则焊缝的熔深和余高都增加,而熔宽几乎保持不变(或略有增加)。但电流过大,会造成焊件烧穿。

表3-5-2 埋弧自动焊焊接碳钢与和金结构钢的焊丝和焊剂

钢材类别		钢号	焊丝	焊剂
碳钢		A_3、A_3F、A_3g	H08A	431、430
		15、20	H08A、H08MnA	431、430
		15g、20g	H08AMnA	431、430
低合金高强度钢	300 MPa	09MnZ、09Mn2Cu、09Mn2Si 09MnV、12Mn、18Ni	H08A、H08MnA	431
	345 MPa	16Mn、16MnCu、16MnRe 14MnNb、10MNSiCu、12MnV	不开坡口 H08A 中厚板开坡口 H08MnA、H10Mn2	431
			厚板深坡口 H10MnZ	350
	400 MPa	15MnV、15MnTi 15MnSiCu、15MnTiCu	不开坡口 H08A 中厚板开坡口 H08MnA、H10Mn$_2$	431
			厚板深坡口 H10MnZ	350
	440 MPa	15MnVN、15MnVTiRe	H08MnMoA、H10Mn2	431 350
	500 MPa	18MnMoNb、14MnMoV	H08Mn2MoVA、H08Mn2MoA	350
	540 MPa	14MnMoVB	H08MnMoVA	350
	590 MPa	12Ni3CrMoV	H08MnSiMoTiA	350
		12MnCrNiMoVCu	H08MnNi2CrMo	350
	690 MPa	14MnMoNbB	H08MnZNiCrMo	350

2. 电弧电压

电弧电压决定着焊缝的熔宽。当其他条件不变时,电弧电压增大,焊缝的熔宽增加,而熔深和余高变化不大。

为了保持良好的焊缝成形,埋弧自动焊时,电弧电压与焊接电流有一个匹配关系,所以电弧电压应该根据焊接电流来进行选择,见表3-5-3。

表3-5-3 焊接电流与焊接电压的对应关系

焊接电流/A	600~800	850~1 200
焊接电压/V	34~38	38~42

3. 焊接速度

一般来说,当其他条件不变时,焊速增加则熔深和熔宽减少。

4. 焊丝直径

不同直径焊丝适用的焊接电流见表 3 – 5 – 4。

表 3 – 5 – 4　不同直径焊丝使用的焊接电流值

焊接电流/A	600 ~ 800	850 ~ 1 200
焊接电压/V	34 ~ 38	38 ~ 42

5. 焊丝倾角

大多数情况下,埋弧焊的焊丝与焊件相垂直,有时也用前倾或后倾施焊。

6. 焊件倾斜

有上坡焊和下坡焊之分,一般倾角不宜大于 6 ~ 8°,大多数情况下采取水平施焊。

7. 焊丝伸出长度

用细焊丝时,其伸出长度一般为直径的 6 ~ 10 倍。

8. 焊剂粒度

不同焊接条件对焊剂粒度的要求见表 3 – 5 – 5。

表 3 – 5 – 5　不同焊接条件对焊剂力度的要求

焊接条件		焊剂粒度
埋弧自动焊	电流小于 600 A	0.25 ~ 1.6
	电流 600 ~ 1 200 A	0.4 ~ 2.5
	电流大于 1 200 A	1.6 ~ 3.0
焊丝直径不超过 2 mm 的埋弧自动焊		0.25 ~ 1.6

选择工艺参数的步骤是:根据生产经验或查表得出焊接艺参数作为参考,然后进行试焊,根据试焊结果进行调整,最后确定出合适的工艺参数。

五、坡口形式与坡口加工

1. 坡口形式

一般板厚在 14 mm 内可采用不开坡口双面焊;当焊件厚度达 14 ~ 20 mm 时,多开 V 形坡口。板厚 38 mm 以上时,常开 X 或 U 形坡口。

2. 坡口加工

坡口加工一般采用半自动、自动气割机或刨边机加工坡口,也可使用手工或自动碳弧气刨等设备进行。

要求:坡口角度公差 ±5°,钝边尺寸公差 ±1 mm,装配间隙≤0.8 mm。

六、装配定位

1. 装配定位焊

定位焊缝的有效长度按表 3 – 5 – 6 选择。

表 3-5-6　不同直径焊丝使用的焊接电流值

焊件厚度/mm	定位焊长度/mm	备注
≤3.0	40~50	30 mm 内一处
3.0~25	50~70	300~350 mm 内一处
≥25	70~90	250~300 mm 处

定位焊后应及时将焊道上的渣壳清除干净,同时还必须检查有无裂纹等缺陷产生。如果发现缺陷,应彻底铲除该段,重新施焊。

2. 焊引弧板和引出板(图 3-5-9)。

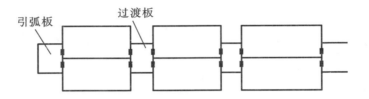

图 3-5-9　加引弧板、过渡板的定位焊示意图

应采用与焊件相同的材料,其厚度亦与焊件相等,以便两面同时使用,其长度为 100~150 mm,宽度为 75~100 mm。

焊接环缝时,不需另加引弧板和引出板。

七、常见焊接缺陷的种类、产生原因和防止措施(表 3-5-7)

表 3-5-7　常见缺陷的种类、产生原因与防止措施

缺陷性质	产生原因	防止措施
气孔	1. 坡口及其附近表面或焊丝表面有油、锈等脏物存在; 2. 焊剂潮; 3. 回收零散的焊剂中夹有刷子毛; 4. 焊剂覆盖不够,空气侵入熔池; 5. 焊剂覆盖太深,使熔池中气体溢出后排不出来; 6. 焊接电流大; 7. 有磁偏吹; 8. 极性接反	1. 仔细清理焊丝表面;对坡口可预先用钢丝刷刷洗,并用砂轮清理坡口附近表面,然后可用火焰烘烤除油; 2. 在 250~300 ℃下烘干 1~1.5 h,去除焊剂水分; 3. 用钢丝刷回收焊剂; 4、5. 扩大或缩小软管直径,使焊剂输送量适当; 6. 适当减少电流; 7. 调换极性; 8. 采用交流电源

表 3-5-7(续)

缺陷性质	产生原因	防止措施
夹渣	1. 熔池超前； 2. 多层焊时，焊丝偏向一侧；或电流过小，导致焊剂残留在两层焊道之间； 3. 前一层焊缝清渣不彻底； 4. 对接时，接口间隙大于 0.8 mm，使焊剂流入电弧前的间隙； 5. 盖面焊时，电压太高，使流离的焊剂卷入焊道	1. 放平焊件或加快焊速； 2. 焊丝始终对准坡口中心线；加大电流，使焊剂熔化干净； 3. 每道焊缝彻底清渣； 4. 严格装配，保证接口间隙均匀并小于 0.8 mm； 5. 盖面时，控制电压不要过高
咬边	1. 焊接速度过快； 2. 电流与电压匹配不当(如焊接电流过大)； 3. 衬垫与焊件之间间隙过大，没有贴紧； 4. 平角焊时，焊丝偏离焊缝中心； 5. 极性不对	1. 放慢焊速； 2. 选择合适的焊接电流和电压； 3. 使衬垫与焊件表面紧贴消除间隙； 4. 平角焊时焊丝偏于立板，船形焊时对准中心线； 5. 改变极性
满溢	1. 电流过大； 2. 焊速过慢； 3. 电压过低	相应调整工艺参数
烧穿	1. 电流过大； 2. 焊速过慢且焊接电压过低； 3. 局部间隙过大	1. 减小电流； 2. 控制电压焊速适当； 3. 保证接口间隙不要过大
裂纹	1. 焊件、焊丝、焊剂等材料配合不当； 2. 焊丝中含碳量、硫量较高； 3. 焊接区冷却快，引起热影响区硬化； 4. 焊缝成形系数太小； 5. 多层焊第一道焊缝界面过小； 6. 焊接顺序不合理； 7. 焊件刚度大	1. 合理选配焊接材料； 2. 选用合格焊丝； 3. 焊前预热焊后缓冷，降低焊速； 4. 调整焊接参数，改进坡口； 5. 调整焊接参数； 6. 合理安排焊接顺序； 7. 焊前预热及焊后缓冷
未焊透	1. 焊接参数不当(电流过小或电压过高)； 2. 坡口不合理； 3. 焊丝偏离接口中心线	1. 调整参数； 2. 修整坡口符合要求； 3. 使焊丝对准接口中心
余高过大	1. 电流过大或电压过低； 2. 上坡焊时倾角过大； 3. 焊丝位置不当(相对于焊件的直径和焊接速度)； 4. 衬垫焊时，焊件坡口间隙不够大	1. 调整参数； 2. 调整上坡口倾角； 3. 确定正确的焊丝位置； 4. 加大坡口间隙
宽度不均匀	1. 焊接速度不均匀； 2. 送丝速度不均匀； 3. 焊丝导电不良	1. 注意焊速均匀； 2. 找出原因，消除故障； 3. 更换导电嘴衬套

第二节　埋弧自动焊操作技能

一、操作准备

(1) 焊接设备 MZ-1000 型埋弧自动焊机。
(2) 焊丝 H08A，直径 4 mm 和 6 mm 两种。
(3) 焊剂 HJ431。
(4) 实习焊件低碳钢板，长 500 mm、宽 125 mm、厚度 10 mm 及长 500 mm、宽 125 mm、厚度 40 mm 两种，每组两块。
(5) 引弧板和引出板低碳钢板，长 100～125 mm，宽 75 mm，厚度 10 mm。
(6) 碳弧气刨准备：
① 采用侧面送风式刨枪。
② 采用硅整流电源。
③ 采用镀铜实习碳棒，直径 6 mm。
(7) 紫铜垫槽如图 3-5-10 所示。图中 $a = 40 \sim 50$ mm，$b = 14$ mm，$r = 9.5$ mm，$h = 3.5 \sim 4$ mm，$c = 200$ mm。

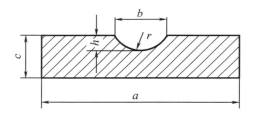

图 3-5-10　紫铜垫槽

二、操作要领

1. 焊前检查

检查焊机控制电缆线接头有无松动，焊接电缆是否连接妥当。检查导电嘴的磨损情况及导电情况和是否夹持可靠。焊机做空车调试，检查各个按钮、旋钮开关、电流表和电压表等是否工作正常（图 3-5-2）。实测焊接速度，检查离合器能否可靠接合和脱开。

2. 清理焊丝、焊件与烘干焊剂

(1) 清除焊丝表面的油和锈。
(2) 清除焊件表面的水分、油污、铁锈、定位焊道的熔渣等污染物。
(3) 烘干焊剂。焊干温度 300 ℃ ± 10 ℃，保温 1.5 h，然后随用随取。

3. 基本操作训练

(1) 空车练习

接通控制箱电源，使控制箱工作。将焊接小车上按钮 33 扳倒"空载"位置。

①电流调节:分别按下按钮 32 中的"增大"或"减少"按钮,弧焊变压器中的电流调节器即可动作,通过电流指示器(在变压器外壳上)可以预知电流的大致数值(真正的电流数值,要在焊接时通过电流表读出)。电流调节也可通过变压器外壳侧面的一对按钮,以同样的方法进行调节。

②焊丝送进速度调节:调节旋钮 1 可改变送丝速度。分别按下按钮 37 中的"向上"或"向下"按钮,焊丝即可向上或向下运动。

③小车行走速度调节:按下离合器 35,将旋钮 36 转到向左或向右位置,焊车即可前进或后退运动,调节旋钮 30 可改变行走速度。

(2)引弧和收弧练习

①准备:取厚度 10 mm 钢板,沿长度方向画一条粉线作为准线。接通控制电源和焊接电源。按 BXZ-1000 焊接变压器上的焊接电流控制按钮,使顶部的电流指示针移到预定刻度位置。将控制盘上的"电弧电压"和"焊接速度"旋钮调到预定位置。将焊车推到实习焊件的待焊部位,用焊丝"向上"或"向下"按钮调节焊丝,使焊丝末端与焊件轻微接触。闭合离合器,将"空载—焊接"开关拨到"焊接"位置,行车方向开关拨到需要的焊接方向。将焊接方向指示针按焊丝同样位置对准需焊部位,指示针端部与焊件表面要留出 2~3 mm 间隙,以免焊接过程中与焊件碰擦。指示针应比焊丝超前一定的距离,以避免受到焊剂的阻挡而影响观察。指针调准以后,不能再碰触,否则会造成错误指示而使焊缝焊偏。最后打开焊剂漏斗阀门,焊剂堆满预焊部位,即可开始焊接。

②引弧:按启动按钮,焊接电弧引燃,并迅速进入正常焊接过程。如果按启动按钮后,电弧不能引燃,焊丝将机头顶起,表明焊丝与焊件接触不良,需重新调整焊丝。

③收弧:开头轻按使焊丝停送,然后按到底,切断电源。如果焊丝送进与焊接电源同时切断,就会由于送丝电动机的惯性继续下送一段焊丝,则焊丝插入金属熔池之中,发生焊丝与焊件粘住的现象。当导电嘴较低或焊接电压过高时,采用上述方法停止焊接,电弧可能返烧到导电嘴,甚至将焊丝与导电嘴熔化在一起。建议练习时采用焊接结束之前,一只手放在停止按钮上,另一只手放在焊丝向上按钮上,先将停止按钮按到底,随即按焊丝向上按钮,将焊丝立即抽上来,避免焊丝与熔池粘住。

通过练习,要求引弧成功率高,且引弧点位置准确,要求收弧时不粘焊丝、不烧坏导电嘴。

(3)焊件架空平敷焊练习

取厚度为 10 mm 的焊件,沿 500 mm 长度方向,每隔 50 mm 画一道粉线,此线作为平敷焊焊道的准线。将此实习焊件置于夹具上,垫空,使实习焊件处于架空状态焊接。

焊接工艺参数为:焊丝 H08A,直径 4 mm,焊剂 431,焊接电流 640~680 A,焊接电压 34~36 V,焊接速度 36~40 m/h。

焊接过程中,应随时观察控制盘上的电流表和电压表的指针、导电嘴的高低、焊接方向指示针的位置和焊道成形。一般电压表的指针是很稳定的,容易从表盘上读出电压值,但电流的指针往往在一个小范围内摆动,指针摆动范围的中心位置是实际的焊接电流的指示值。

焊接时,如果发现工艺参数有偏差和焊缝成形不良时,可根据需要做如下调节:

用控制盘上的"焊接速度"旋钮调节焊接速度,用控制盘上的"电弧电压"旋钮调节焊接电压,用控制盘上的"焊接电流"旋钮调节焊接电流,用机头上的手轮调节导电嘴的高低,用小车前侧的手轮调节焊丝相对于准线的位置。但必须注意,进行这项调节时,操作者所站位置要与准线对正,以防偏斜。

观察焊缝成形时,应注意要等焊缝凝固并冷却后再除去渣壳,否则焊缝表面会强烈氧化和冷却过快,对焊缝性能带来不利影响。要随时观察焊件熔透程度,可观察焊件反面的红热程度,8～14 mm 厚的焊件,背面出现红亮颜色,则表明焊透良好。若红热情况没有达到上述现象,可适当增加焊接电流或适当调节其他参数。如发现焊件有烧穿现象,应立即停弧,或适当加快焊接速度,也可调小焊接电流。焊接结束后,要及时回收未熔化的焊剂,清除焊道表面渣壳,检查焊道成形和表面质量。

通过平敷焊练习要进一步掌握引弧或收弧的操作要领及焊接过程中灵活调整焊接工艺参数的技巧。

4. 不开坡口的平对接直缝焊接

(1) 不开坡口不留间隙的平对接直缝焊

① 悬空焊接法:取 10 mm 厚的碳钢板按图 3-5-11 所示进行装配定位焊。定位焊采用 E4303(结 422)焊条,直径 4 mm,焊接电流 180～210 A,以手工电弧焊方式进行。然后将焊件按图 3-5-12 所示进行悬空焊接。

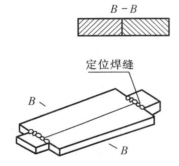

图 3-5-11 不开坡口不留间隙的平对接直焊缝焊件

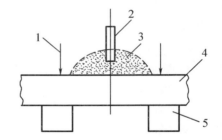

1—压紧力;2—焊丝;3—焊剂;4—共件;5—胎架。

图 3-5-12 悬空焊接示意图

装配定位焊后,装配间隙应小于 0.8 mm。

悬空焊采用双面焊,正面第一道焊缝是关键。为保证不烧穿,工艺参数应适当小些。正面熔透深度达到焊件厚度的 40%～50% 即可,而背面熔透深度为焊件厚度的 60%～70%,故焊接电流可适当加大些。

正面焊缝工艺参数为:焊丝 H08A,直径 4 mm,焊剂 431,焊接电流 440～480 A,焊接速度 35～42 m/h。

背面焊缝焊接电流为 530～560 A,其余参数参照正面焊缝。

正面焊缝焊完后,利用碳弧气刨清除焊根,并刨出一定深度与宽度的坡口,如图 3-5-13 所示。

碳弧气刨的主要工艺参数为:碳棒直径 6 mm 时,使用刨削电流 280～300 A。刨削时,要从引弧板的一端一直沿对接缝的中心线刨至引出板的一端。碳弧气刨后要

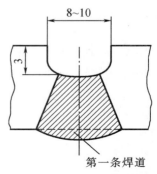

图 3-5-13 碳弧气刨坡口尺寸

彻底清除槽内和槽口表面两侧的熔渣,并用手动砂轮打光表面后,方可进行背面焊缝的焊接。

进行悬空焊时,要注意观察,严格控制不焊漏。对背面焊缝的坡口要求充分焊满。焊接过程中,焊丝要严格控制在焊线或坡口的中心线,不要焊偏,若出现偏差时,要及时调整。

②保留垫板焊接法:在焊接时将衬垫置在对接坡口的背面,通过正面第一道焊缝将焊接法衬垫一起熔化并与焊件永久连接在一起,该垫板称为保留垫板,此焊接方法称作保留垫板。该法适用于受焊件结构形式或工艺装备等条件限制,而无法实现双面焊双面成形的场合。其接头形式如图3-5-14所示。

保留垫板的材料应与焊件一致。

制作保留垫板实习焊件的要求如下:取低碳钢垫板,长650 mm,宽45 mm,厚3.5 mm,并清理与焊件贴合的表面,然后用4 mm E4303(结422)焊条(直径)以手工电弧焊方法把垫板定位焊到实习焊件上(图3-5-15)。定位焊后,其贴合面的间隙不要大于1 mm,否则焊缝容易产生焊瘤和凹陷。

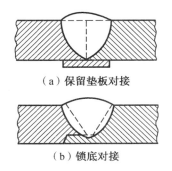

图3-5-14 有保留垫板和锁底对接的接头形式

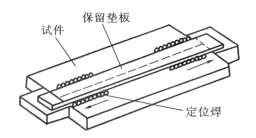

图3-5-15 带保留垫板的实习焊件

采用悬空焊接法施焊。焊接工艺参数为:焊丝直径6 mm,牌号为H08A,焊剂431,焊接电流1 000 A左右,电弧电压34~36 V,焊接速度36~38 m/h。

(2)不开坡口留间隙的对接直缝焊

取10 mm厚低碳钢板,并用引弧板和引出板,采用E4303(结422),直径4 mm的焊条,以手工电弧焊方式进行定位焊。定位焊前,预留间隙,间隙值可取2~3 mm。定位焊焊接电流为180~210 A。如图3-5-16所示。

将装配好的试板起吊置于焊剂垫上,如图5-17所示。焊剂垫的作用是防止焊接时液态熔渣和铁水从间隙中流失。简易的焊剂垫就是在槽钢上撒满焊剂,并用刮板将焊剂堆成焊尖顶,纵向呈直线。焊件安放时,应使接缝对准焊剂垫的尖顶线,轻轻放下,并用手锤轻击钢板,使焊剂垫实。为避免焊接时发生倾斜,可在焊件两侧垫上木楔。

焊接工艺参数为:焊丝H08A,直径4 mm,焊剂431,焊接电流500~550 A,电弧

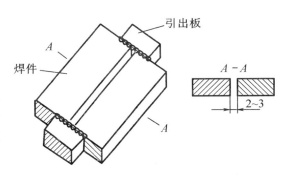

图3-5-16 试板(平板)预留间隙双面自动焊

电压 36～38 V,焊接速度为 30～32 m/h。

焊接操作方法与不留间隙对接直缝焊相同。先焊正面焊缝,焊完后敲去渣壳,翻转试板再焊接反面焊缝,焊后检查焊缝外表质量。

对于厚度为 16 mm 以上钢板,采用预留间隙双面自动焊,虽然可以达到焊透的目的,但需要采用较大的焊接电流,使焊缝厚度大大增加,容易在焊缝中产生缺陷。改进方法是在正面焊缝焊完之后,翻转试板,在反面用碳弧气刨刨槽或清根,如图 3－5－18 所示。

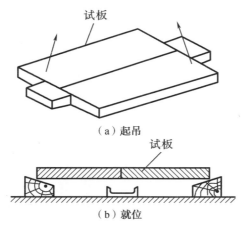

图 3－5－17 试板(平板)的起吊和就位

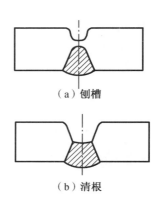

图 3－5－18 碳弧气刨或清根

碳弧气刨的主要工艺参数是:碳棒直径 6 mm,刨削电流 280～300 A,压缩空气压力 0.4～0.6 MPa。刨削时,要从引弧板的一端沿对接缝的中心线刨至引出板的一端。碳弧气刨后要彻底清除槽内和槽口表面两侧的熔渣,并用磨光机轻轻打光表面后,方能进行背面焊缝的焊接。

刨槽和清根的不同点在于刨槽的槽口深度较浅,一般仅为 3～4 mm,不起清根作用,但可以达到减薄焊接厚度,采用较小的焊接电流达到焊透的目的。清根的刨槽要达到正面焊缝的根部,以清除正面焊缝根部的缺陷。但由于槽口较深,往往需要焊两层才能填满槽口。

预留间隙平板对接平焊除了在焊剂垫上焊接外,还可在试板反面装设临时垫,临时垫可用薄钢带[(3～4) mm×(30～50) mm]、石棉绳或石棉板制作,如图 3－5－19 所示。

5. 单面焊双面成形

平板对接焊单面焊双面成形,是指在各种不同的衬垫下进行一次正面埋弧自动焊焊接而达到背面同时焊透成形的一种自动焊接方法。根据背面衬垫的不同,有铜垫法、焊剂垫法、焊剂—铜垫法、热固化焊剂垫法等。这种方法可以提高生产率,减轻劳动强度和改善劳动条件。

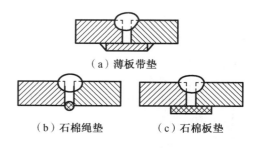

图 3－5－19 临时垫双面焊

取 10 mm 厚低碳钢板作为实习焊件,并用引弧板和引出板,采用 E4303(结 422),直径 4 mm 的焊条,以手工电弧焊方式进行定位焊。如图 3－5－20 所示。

焊接前,将带槽铜垫和实习焊件按图3-5-21所示装配。装配时一般采用电磁平台使铜垫紧贴于焊件的下方。

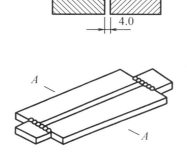

图3-5-20 单面焊双面成形焊件

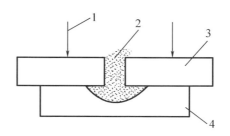

1—压紧力;2—预放的焊剂;3—焊件;4—铜垫。

图3-5-21 焊剂-铜垫法焊接装配示意图

铜垫由通气管承托,通气管内通0.4~0.5 MPa的压缩空气,将铜垫紧贴在焊件背面。电磁平台由六块电磁铁组成,紧紧吸住焊件。焊缝的反面成形由铜垫来控制。焊接时铜垫内通冷却水,使铜垫在焊接过程中不致被熔化的铁水粘牢或烧坏。

焊接工艺参数为:焊丝H08A,直径4 mm,焊剂431,焊接电流680~700 A,电弧电压35~37 V;焊接速度为28~32 m/h。

待焊件在电磁平台上放好后便按下按钮,使电磁铁通电并吸住焊件,这时便可正式启动焊机,进行焊接。

在焊接过程中,焊接电弧在较大的间隙中燃烧,使预埋在缝隙间和铜垫槽内的焊剂与焊件一起熔化。随着焊接电弧的向前推进,离开焊接电弧的液态金属和熔渣逐渐凝固,在焊缝下方的金属表面与铜衬垫之间形成一层渣壳。这层渣壳保护焊缝金属的背面不受空气的影响,使焊缝表面保持应有的光泽。

冷却后,关闭电磁铁电源,取出焊件,除去渣壳,便得到正、反两面都有良好成形的焊缝,如图3-5-22所示。

获得良好成形的关键是在整个焊件的全长上对反面焊缝应有均匀的承托力。因此焊剂的

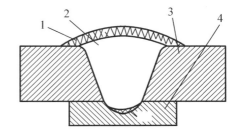

1—正面焊缝渣壳;2—焊缝金属;3—焊件;
4—铜垫;5—反面焊缝渣壳。

图3-5-22 铜垫-电磁平台法的焊缝成形

敷设至关重要。若焊剂敷设得太紧密,会出现背面凹陷现象;若焊剂敷设太疏松,会出现背面凸出现象。如图3-5-23所示。

预埋焊剂的粒度采用每25.4 mm×25.4 mm为10 mm×10 mm眼孔的筛子过筛的焊剂。

6. 开双面坡口的厚板

对接直缝焊钢板厚度在18 mm以上,采用自动埋弧焊时,如果要求焊件全部焊透,则需要在焊接处开坡口。

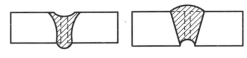

图 3-5-23 承托力对焊缝成形的影响

取厚度为 40 mm 低碳钢板,加工出正面 U 形反面 V 形的双面坡口,其形状如图 3-5-24 所示。对 V 形坡口采用手工电弧焊进行封底焊接,其工艺参数为:焊条 E4303,直径 4 mm,焊接电流 180~210 A。

然后对 U 形坡口采用埋弧自动焊焊接。其工艺参数为:焊丝 H08A,直径 4 mm,焊剂 431,焊接电流 600~700 A,焊接电压 36~38 V,焊接速度为 25~29 m/h。

进行手工封底焊时,每焊一条焊道,应将焊渣彻底清理干净,然后才能进行下条焊道的焊接。在进行手工电弧焊之前,应烘干焊条,以减少或消除焊缝中的气孔。焊接盖面焊道时,应先焊靠坡口两边的焊道,后焊中间焊道,并使焊缝表面形成圆滑过渡并焊满。

进行多层埋弧自动焊时,层间清渣特别重要。如果前道焊缝的熔渣不清除干净,后道焊缝焊上去后,焊缝间往往会产生夹渣缺陷。为了改善焊缝的脱渣性,在焊接每条焊道时,要严格控制焊道形状。焊缝表面力求平滑,两侧不发生咬边,如图 3-5-25 所示。常用的清渣工具是风动扁铲和角向磨光机。

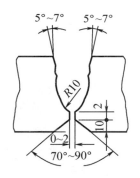

图 3-5-24 40 mm 厚钢板的坡口形状   图 3-5-25 焊道的形状和尺寸

进行 V 形坡口的多层埋弧焊时,头两层或头三层焊缝,每层可焊一条焊道,焊丝应对准坡口中心。然后由于坡口的宽度增加,每层分两条焊道进行焊接,焊丝可偏离坡口中心线,焊丝边缘与相近一侧坡口边缘的距离约等于焊丝直径,以控制焊缝成形,不产生咬边为准。当焊到一定高度时,坡口宽度又增加,可增加每层的焊道数,直至焊满。

盖面层焊道的焊接应先焊坡口边缘的焊道,后焊中间的焊道。这样既可以利用焊接加热的回火作用,改善焊缝接头热影响区的性能,同时,也使焊缝表面丰满而圆滑。

三、操作技能要求

(1)掌握埋弧自动焊机的外部结构以及各个旋钮、开关的使用方法。掌握埋弧自动焊机的操作程序以及操作过程中保持工艺参数稳定的技术。掌握通过工艺参数的调整来控制焊缝形状的技术。

（2）掌握埋弧自动焊机的维护和保养方法以及常见故障的排除方法。

（3）掌握对焊丝、焊剂、焊件进行焊前准备的技术。

（4）根据不同的焊件材质、厚度能正确地选择和调整工艺参数。

（5）基本掌握常见缺陷的产生原因与排除方法。

四、注意事项

1. 注意防火

埋弧自动焊时，由于采用的电流大，一旦短路极易造成火灾，因此要特别注意电缆的绝缘橡皮不要破损，电缆插头部分的连接要牢固。

2. 注意防毒

埋弧自动焊时，有些牌号焊剂在熔化时会产生有害气体，会使人产生头痛等反应，尤其在容器内部进行埋弧自动焊时，要特别注意，通风要好。

第六章　CO_2 气体保护电弧焊

CO_2 气体保护焊是以 CO_2 气体作为保护介质,使电弧及熔池与周围空气隔离,防止空气中的氧、氮、氢对熔滴和熔池金属的有害作用,从而获得优良机械保护性能的一种电弧焊,亦称 CO_2 电弧焊。其焊接过程如图 3-6-1 所示。

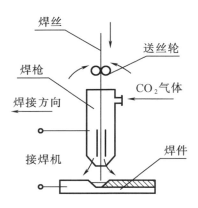

图 3-6-1　CO_2 气体保护焊过程示意图

CO_2 气体保护焊按焊丝直径可分为细丝 CO_2 气体保护焊(直径 0.5~1.2 mm)和粗丝 CO_2 气体保护焊(直径≥1.6 mm),按操作方法可分为 CO_2 半自动焊和 CO_2 自动焊。

CO_2 气体保护焊与埋弧自动焊和手工电弧焊相比,具有以下优点:

(1)焊接成本低。CO_2 气体价廉易得,国内供应较为充足,其成本只有埋弧自动焊和手工焊的 40%~50%。

(2)生产率高。CO_2 电弧焊电流密度大,热量集中,电弧穿透力强,熔深大而且焊丝的熔化率高,熔敷速度快,焊后焊渣少不需清理,因此生产率比手工焊提高 1~4 倍。

(3)适用范围广,可以进行全位置焊接。薄板焊接时,不仅焊缝成形美观、速度快,而且变形和应力小。

(4)抗锈能力强,焊缝含氢量低,抗裂性好。

(5)采用明弧焊,电弧可见性好,易对准焊缝,观察和控制焊接过程较方便。

(6)操作简单。CO_2 气体保护焊采用自动送丝,操作简单,容易掌握。

由于 CO_2 气体保护焊具有以上优点,因此,在汽车制造业、船舶制造业、动力机械、金属结构、石油化学工业及冶金工业等部门得到了广泛应用。

第一节　CO_2 气体保护焊的基础知识

一、CO_2 焊机组成

CO_2 焊机由焊接电源、自动或半自动焊枪、送丝机构、供气系统和控制系统等几个部分组成。图 3-6-2 为 CO_2 电弧焊焊接设备示意图。

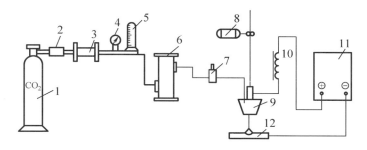

1—CO_2 气瓶;2—预热器;3—高压减压阀门;4—气体减压阀;5—气体流量计;6—低压干燥器;
7—气阀;8—送丝机构;9—焊枪;10—可调电感;11—焊接电源及控制系统;12—工件。

图 3-6-2 CO_2 气体保护焊焊接设备示意图

1. 焊接电源

CO_2 电弧焊的电源均为直流,要求电源具有平硬外特性曲线。主要采用硅整流电源。

硅整流电源由焊接变压器、整流器、电感器、接触器及保护组件等组成,按电压调节方式不同可分为抽头式变压器硅整流电源、磁放大器式弧焊整流器、可控硅式弧焊整流器。

2. 送丝系统

CO_2 电弧焊主要采用等速送丝式焊机,其焊接电流是通过送丝速度来调节的,送丝机构的质量好坏,直接关系到焊接过程的稳定性。因此要求送丝系统要能维持并保证送丝均匀而平稳,且能使送丝速度可在一定范围内进行无级调节,以满足不同直径焊丝及焊接工艺参数的要求。

CO_2 半自动焊的送丝方式有三种,即推丝式、推拉式、拉丝式,如图 3-6-3 所示。

(1)推丝式送丝系统

焊丝由送丝滚轮推入送丝软管,再经焊枪上的导电嘴送至焊接毛弧区。其特点是结构比较简单,轻便,操作和维修都很方便,因此应用最为广泛。但是这种送丝方式,焊丝要经过一段较长的软管,阻力很大,特别是焊丝直径较小时(小于 0.85 mm),送丝往往不够均匀可靠,所以这种方式的送丝软管不能太长,一般在 2～5 mm。

(2)拉丝式送丝系统

它的特点是把送丝电动机、减速箱、送丝滚轮和小型焊丝盘都装在焊枪上,省去软管。拉丝式没有送丝软管阻力,细焊丝也能均匀稳定地送进。其结构紧凑,焊枪活动范围大,

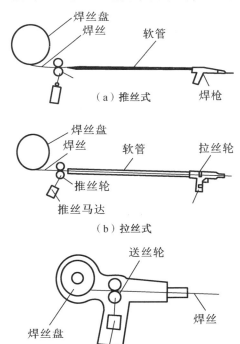

图 3-6-3 半自动焊的三种形式示意图

但比较笨重,增加了焊工的劳动强度,操作也不够灵活。主要适用于细焊丝(焊丝直径小于 0.5 mm)的焊接。

(3) 推拉丝式送丝系统

它的送丝动作是通过安装在焊枪内的拉丝电动机和送丝装置内的推丝电动机两者同步运转来完成的。一般说来,推丝电动机是主要动力,它保证焊丝等速送进,而拉丝电动机只是起将送丝软管中焊丝拉直的作用。这样就不会发生焊丝弯曲或送丝中断的现象。推拉式送丝软管可达 20~30 m,大大扩大了半自动焊的操作范围。但由于这种方式结构比较复杂,焊枪比较笨重,维修也比较困难,故应用不多。

3. 半自动焊枪

半自动焊枪的主要作用是导电、送丝和输送保护气体。半自动焊枪按使用电流的大小,可分为自冷式和水冷式两种。通常焊接电流在 250 A 以下采用自冷式,焊接电流在 250 A 以上采用水冷式。

半自动焊枪有两种结构形式,即手枪式和弯管式。根据不同位置的焊缝,可采用不同形式的半自动焊枪。

空间位置一般采用手枪式焊枪。其特点是送丝阻力比较小,但焊枪重心不在手握部分,操作时不太灵活。

水平位置焊缝,多用弯管式焊枪。其特点是重心在手握部分,操作比较灵活,但送丝阻力较大。

焊枪的喷嘴一般为圆柱形,孔径一般在 12~25 mm,采用导热性较好的紫铜材料。

焊枪导电嘴的孔径(D)根据焊丝直径(d)确定,其关系式为:

$$D = d + (0.1 \sim 0.3) \text{ mm} \ (d \leqslant 1.6 \text{ mm})$$
$$D = d + (0.4 \sim 0.6) \text{ mm} \ (d = 2 \sim 3 \text{ mm})_\circ$$

导电嘴的长度一般为细丝 25 mm,粗丝 35 mm 左右。

导电嘴的材料一般采用紫铜,也有用铬青铜或磷青铜的。

4. 供气系统

供气系统的作用是使钢瓶中高压 CO_2 液体处理成合乎质量要求的、具有一定流量的 CO_2 气体,并使之均匀畅通地从焊枪喷嘴喷出。供气系统通常由钢瓶、预热器、减压阀、干燥器和流量计等组成。

预热器的作用是防止瓶阀和减压器因冻结而堵塞气路。预热器一般采用电热式,使用电阻丝加热,功率为 100~150 W。在开气瓶之前,应先将预热器通电加热。

减压阀的作用是将高压的 CO_2 气体变为低压的气体,并保持气体的压力在供气过程中稳定。一般 CO_2 气体的工作压力为 0.1~0.2 MPa,故可直接用低压力的乙炔减压阀或用氧气减压阀改装而成。

干燥器的作用是吸收 CO_2 气体中的水分。干燥器内装有干燥剂,如硅胶、脱水硫酸铜、无水二氯化钙等几种。

根据干燥器位置不同,分为高压干燥器和低压干燥器两种。高压干燥器在减压阀之前,低压干燥器在减压阀之后,可以根据钢瓶中的 CO_2 的纯度选用其中一个或两个都用,如果 CO_2 纯度满足要求,亦可不设干燥器。

流量计是用于测量 CO_2 气体流量的装置。常用的有转子式流量计,也可采用减压阀和流量计一体式,即 301-1 型浮标式流量计。其流量调节范围有 0~15 L/min 和 0~

30 L/min 两种,可根据需要使用。

气阀是用来控制保护气体通、断的装置。可直接采用机械气阀开关来控制,当要求准确控制时,可用电磁气阀由控制系统来完成气体的通断。

5. 控制系统

控制系统主要完成送丝拖动系统的控制、供气系统的控制、供电系统的控制,以及焊接操作程序的控制等几个部分的控制要求。

对供气系统的控制分三步进行:第一步提前送气 1~2 s,然后引弧;第二步焊接,控制均匀送气;第三步收弧,滞后 2~3 s 停气,继续保护弧坑区的熔池金属不受空气的有害作用。

供电系统的控制是指电源的通断与焊丝送给的配合关系。供电可在送丝之前接通,亦可与送丝同时接通。而在停电时,要求送丝先停,而后再断电,使电弧在焊丝伸出端"返烧"以填补弧坑,也能避免焊丝末端与熔池粘连。

半自动焊接操作控制程序如下:

启动→提前送气(1~2 s)→送丝,供电(开始焊接)

停止→停丝,停电(焊接停止)(2~3 s)→停止送气(滞后停气)

6. CO_2 电弧焊机

以 NBC-250 型 CO_2 半自动焊机为例。其主要由焊接电源、晶闸管送丝电动机调速控制、供气控制以及焊接操作程控等部分组成。其最大焊接电流为 250 A,可用于板厚为 1~5 mm 的低碳钢、低合金结构的全位置对接、搭接以及角接焊缝的焊接。焊机采用等速送丝系统,焊丝驱动为拉丝式,焊丝直径为 0.8~1.2 mm,焊接电流范围为 60~250 A,空载电压调节范围为 17~27 V,额定输入功率为 9 kW,额定负载持续率为 60%。

(1)焊接电源

焊接电源为平特性三相硅整流器。焊接变压器通过粗调和细调可调节初级线圈的匝数,一共能调出 20 级输出电压。

(2)调速控制

调速主电路采用晶闸管和二极管组成的桥式全控电路。调节晶闸管的导通角,即可调节送丝电机的电枢电压和电机转速,从而调节送丝速度和焊接电流。

(3)供气控制

采用并联电容延时环节控制保护气体的提前送给和滞后关断,即在通电、送丝之前先通气,停电、停丝后再关气。

(4)操作过程

焊前准备,合上电源开关,闭合电源控制箱上的转换开关,闭合 CO_2 气体预热开关,预热器开始工作,对气体进行加热。

焊接时按下焊枪上的微动开关,电路自动实现先通气,延时接通电源,送进焊丝,引弧焊接等动作。

停止焊接时,只需松开焊枪上的微动开关,就可自动切断焊接电源,停止送丝,返烧熄弧,滞后停气。

7. 焊机的安装

(1)查清电源的电压、开关和熔丝的容量,必须符合焊机铭牌上的要求。

(2)焊接电源的导电外壳必须可靠接地,地线截面必须大于 12 mm^2。

(3)用电缆将焊接电源输出端的负极和工件接好,将正极与送丝机接好。CO_2 电弧焊通常采用直流反接,如果用于堆焊,最好采用直流正接。

(4)将流量计至焊接电源及焊接电源至送丝机处的送气管道接好。

(5)将预热器接好。

(6)将焊枪与送丝机接好。

(7)接好焊接电源至供电电源开关间的电缆。

8.焊机的保养

(1)操作者必须掌握焊机的一般构造,电器原理以及使用方法。

(2)必须建立焊机定期维修制度。

(3)经常检查电源和控制部分的接触器及继电器触点的工作情况,发现烧损或接触不良应及时修理或更换。

(4)经常检查送丝电动机和小车电机的工作状态,发现碳刷磨损、接触不良或打火时要及时修理或更换。

(5)经常检查送丝滚轮的压紧情况和磨损程度。

(6)定期检查送线软管的工作情况,及时清理管内污垢。

(7)检查导电嘴和焊丝的接触情况,发现导电嘴孔径严重磨损时应及时更换。

(8)检查导电嘴与导电杆之间的绝缘情况,防止喷嘴带电,并及时清除附着的飞溅金属。

(9)经常检查供气系统工作情况,防止漏气、焊枪分流环堵塞、预热器以及干燥器工作不正常等问题,保证 CO_2 气流均匀畅通。

(10)工作完毕或因故离开,要关闭气路,切断一切电源。

(11)当焊机出现故障时,不要随便拨弄电器组件,应停机停电,检查修理。

9. CO_2 焊机常见故障及排除方法

CO_2 焊机设备故障的判断方法一般采用直接观察法、表测法、示波器波形检测法和新组件代入等方法。检修和消除故障的一般步骤是,从故障发生部位开始,逐级向前检查。对于被检修的各个部分,首先检查易损、易坏、经常出毛病的部件,随后再检查其他部件。

CO_2 焊机常见故障的产生原因及排除方法见表 3-6-1。

表 3-6-1 CO_2 焊机常见故障产生原因及排除方法

故障特征	产生原因	排除方法
焊丝送丝不均匀	1.送丝电机电流故障; 2.减速箱故障; 3.送丝滚轮压力不当或磨损; 4.送丝软管接头处堵塞或内层弹簧松动; 5.焊枪导电部分接触不好或导电嘴孔径大小不合适; 6.焊丝绕制不好,时松时紧或有弯折	1.检修电机电路; 2.检修; 3.调整滚轮压力或更换; 4.清洗或修理; 5.检修或更换导电嘴; 6.调整焊丝
焊接过程中发生熄弧和焊接不稳	1.导电嘴打弧烧坏; 2.焊丝给送不均匀,导电嘴磨损过大; 3.焊接规范选择不合适; 4.焊件和焊丝不清洁; 5.焊接回路各部件接触不良; 6.送丝滚轮磨损	1.更换导电嘴; 2.检查送丝系统,更换导电嘴; 3.调整焊接规范参数; 4.清理焊件和焊丝; 5.检查电路元件及导线连接; 6.更换滚轮

表 3-6-1(续)

故障特征	产生原因	排除方法
焊丝停止送进和送丝电机不转	1. 送丝滚轮打滑； 2. 焊丝与导电嘴熔合； 3. 焊丝卷曲卡在焊丝进口管处； 4. 保险丝烧断； 5. 电动机电源变压器损坏； 6. 电动机碳刷磨损； 7. 焊枪开关接触不良或控制线路断线； 8. 控制继电器烧坏或其触点烧损； 9. 调速短路故障	1. 调整滚轮压力； 2. 连同焊丝拧下导电嘴，更换； 3. 将焊丝退出，剪去一段焊丝； 4. 更换； 5. 检修或更换； 6. 换碳刷； 7. 检修和接通线路； 8. 换继电器或修理触点； 9. 检修
焊丝在送给滚轮和软管进口之间发生卷曲和打结	1. 弹簧管内径太小或堵塞； 2. 送丝滚轮离软管接头进口太远； 3. 送丝滚轮压力太大，焊丝变形； 4. 焊丝与导电嘴配合太紧； 5. 软管接头内径太小或磨损严重； 6. 导电嘴与焊丝粘住或熔合	1. 清理或更换弹簧管； 2. 移近距离； 3. 适当调整压力； 4. 更换导电嘴； 5. 更换接头； 6. 更换导电嘴
气体保护不良	1. 电磁气阀故障； 2. 电磁气阀电源故障； 3. 气路堵塞； 4. 气路接头漏气； 5. 喷嘴因飞溅而阻塞； 6. 减压表冻结	1. 修理电磁气阀； 2. 修理电源； 3. 检查气路导管； 4. 紧固接头； 5. 清除飞溅物； 6. 查清冻结原因，可能是气体消耗量过大，预热器短路或未接通

二、焊丝

在焊接低碳钢和低合金钢时，为了防止气孔，减少飞溅，保证焊缝具有较高的机械性能，必须采用含有 Si、Mn 等脱氧元素的焊丝。

H08MnZSiA 焊丝是目前 CO_2 电弧焊中应用最为广泛的一种焊丝。它有较好的工艺性能、较高的机械性能以及抗热裂纹能力，适宜于焊接低碳钢和 $\sigma_s \leq 50 \times 9.8 \ N/mm^2$ 的低合金钢及焊后热处理强度 $\sigma_b \leq 120 \times 9.8 \ N/mm^2$ 的低合金高强度钢。对于强度等级要求高的钢种，应当采用焊丝成分中含有 Mo 的 H10MnsiMo 等焊丝。

CO_2 电弧焊使用的焊丝直径有：0.5，0.6，0.8，1.0，1.2，1.6，2.0，2.4，2.5，3.0，4.0，5.0（单位：mm）等几种。半自动焊主要用细焊丝，直径为 0.5~1.2 mm。自动焊除可采用细焊丝外，还可采用直径为 1.6~5.0 mm 的粗焊丝。焊丝表面有镀铜和不镀铜两种。镀铜的目的是防止焊丝生锈，有利于焊丝的存放和改善导电性。

三、CO_2 气体

其用途是在进行 CO_2 焊接时，有效地保护电弧和金属熔池区免受空气的侵袭。由于

CO_2 气体具有氧化性，在焊接过程中，产生氢气孔的可能性较小。

工业上一般使用瓶装液态 CO_2，既经济又方便。规定钢瓶主体喷成银白色，用黑漆标明"二氧化碳"字样。

容量为 40 L 的标准钢瓶，可灌入 25 kg 液态的 CO_2，约占钢瓶容积的 80%，其余 20% 的空间充满了 CO_2 气体，气瓶压力表上指示的就是这部分气体的饱和压力，它的值与环境温度有关。温度高时，饱和气压增高；温度降低时，饱和气压降低。0 ℃ 时，饱和气压为 3.63 MPa；20 ℃ 时，饱和气压为 5.72 MPa；30 ℃ 时，饱和气压达 7.48 MPa。因此应防止 CO_2 气瓶靠近热源或让烈日曝晒，以免发生爆炸事故。如果需要了解瓶内 CO_2 余量，一般用称钢瓶质量的办法来测量。

采用瓶装液态 CO_2 供气时，为了减少瓶内水分与空气含量，提高输出 CO_2 气体纯度，一般采取以下措施：

(1) 鉴于在温度高于 -11 ℃ 时，液态 CO_2 比水轻，将新灌气瓶倒置 1~2 h 后，打开阀门，可排出沉积在下面的自由状态的水。根据瓶中含水量的不同，每隔 30 min 左右放一次水，需放水 2~3 次，然后将气瓶放正。

(2) 使用前，先打开瓶口阀门，放气 2~3 min，以排除装瓶时混入的空气和水分，然后再套接输气管。

(3) 在气路中串接干燥器，进一步减少 CO_2 气体的水分。

(4) 气瓶中压力降到 1 MPa 时，停止用气。

四、焊接工艺参数的选择

CO_2 电弧焊的工艺参数主要包括焊丝直径、焊接电流、电弧电压、焊接速度、焊丝伸出长度、电源极性、回路电感以及气体流量。

1. 焊丝直径

焊丝直径的选择应以焊件厚度、焊接位置及生产率的要求为依据，同时还必须兼顾到熔滴过渡的形式以及焊接过程的稳定性。一般细焊丝用于焊接薄板，随着焊件厚度的增加，焊丝直径要求增加。

焊丝直径的选择可参考表 3-6-2。

表 3-6-2 不同焊丝直径的使用范围　　　　　　　　　　单位：mm

焊丝直径	熔滴过渡	焊件厚度	焊缝位置
0.5~0.8	短路过渡	1.0~2.5	全位置
	滴状过渡	2.5~4	水平位置
1.0~1.2	短路过渡	2~8	全位置
	滴状过渡	2~12	水平位置
1.6	短路过渡	3~12	水平、立、横、仰
	滴状过渡		
≥1.6	滴状过渡	>6	水平

2. 焊接电流

焊接电流应根据工件的厚度、坡口形式、焊丝直径和所需的熔滴过渡形式来选择。电流为 60~250 A 时，主要适于直径为 0.5~1.6 mm 焊丝的短路过渡全位置焊接。焊接电流大于 250 A 时，一般都采用滴状过渡来焊接中厚板结构。

3. 焊接电压

通常细丝焊接时电弧电压为 16~24 V,粗丝焊接时,电弧电压为 25~36 V。采取短路过渡时,电弧电压与焊接电流有一个最佳配合范围,见表 3-6-3。

表 3-6-3 CO_2 短路过渡时电弧与焊接电流关系

焊接电流/A	电弧电压/V	
	平焊	立焊和仰焊
75~120	18~21.5	18~19
130~170	19.5~23	18~21
180~210	20~24	18~22
220~260	21~25	—

4. 焊接速度

焊接速度的选择应根据焊件材料的性质与厚度来确定。一般 CO_2 半自动焊的焊接速度为 15~40 m/h,自动焊时为 15~50 m/h。

5. 焊丝伸出长度

焊丝伸出长度也称平伸长度,是指焊丝从导电嘴伸出到工件除弧长外的那段距离,以"Ls"表示,可按下式确定。

短路过渡时:$Ls=10d$(mm),式中 d 为焊丝直径,mm。

滴状过渡时,Ls 为 20~40 mm。

6. 电源极性

为了减少飞溅,保持焊接过程的稳定,CO_2 电弧焊一般都采用直流反极性焊接。但在大电流和高速 CO_2 电弧焊、堆焊和铸铁补焊以及采用活化处理焊丝焊接时,多采用正极性焊接。

7. 回路电感

回路电感的选择应根据焊丝直径、焊接电流大小、电弧电压高低来选。

8. 气体流量

进行细焊丝短路过渡焊接时,CO_2 气体的流量通常为 5~15 L/min,粗丝焊接时约为 20 L/min。

为了保证 CO_2 保护气体具有足够的挺度,当焊接电流增大,焊接速度加快,焊丝伸出长度较长以及在室外焊接时,气体流量必须加大。

总之,确定焊接工艺参数的程序是根据板厚、接头形式、焊接操作位置以及熔滴过渡形式等确定焊丝直径和焊接电流,然后确定其他参数。最后通过试焊验证,满足焊接过程稳定,飞溅少,焊缝外形美观,无烧穿、咬边、气孔和裂纹,并保证充分焊透等要求,则为合适的焊接工艺参数。

五、接头的坡口尺寸和装配间隙

(1)颗粒过渡时,坡口角度应开得小些,钝边应适当大些。装配间隙要求较严,对接间隙不能超过 1 mm。对于直径 1.6 mm 的焊丝,钝边可以为 4~6 mm,坡口角度可为 45°左右。

(2) 短路过渡时,钝边较小,也可以不留钝边,间隙可稍加些。要求高时,装配间隙应不大于 1.5 mm,根部上、下错边允许为 ±1 mm。

六、常见缺陷及产生原因

(1) 气孔

当焊丝与焊件清理不良,焊丝内硅锰含量不足,CO_2 气体纯度较低,CO_2 气体保护不良时,易产生气孔。

(2) 裂纹

当焊丝、焊件有油、锈及水分;电流与电压匹配不合理;母材与焊缝金属含碳量高;焊接顺序不当,焊接应力过大时,易引起裂纹。

(3) 咬边

当弧长太长、电流太大、焊速过快或焊枪位置不当,容易引起咬边。

(4) 夹渣

前层焊缝的熔渣去除不干净;小电流、低速度时熔敷量过多;在坡口内进行左焊法,焊接熔渣流到熔池前面去;焊丝摆动过大时容易引起夹渣。

(5) 飞溅严重

由于短路过渡时,电感量不适当;焊接电流和电压匹配不当;焊丝和焊件清理不良而引起。

(6) 焊缝形状不规则

由于焊丝未经校直或校直不好,导电嘴磨损严重而引起电弧摆动,焊丝伸出长度过大,焊接速度过低而引起。

(7) 烧穿

焊接电流过大,焊接速度过慢,坡口间隙过大易引起烧穿。

第二节 气体保护焊操作技能

一、操作准备

(1) 设备。NBC – 250CO_2 气体保护半自动焊机,CO_2 气瓶,型减压阀,301 – 1 型浮子式流量计,预热器及干燥器。

(2) 实习焊件低碳钢板,每组两块,长度 250 mm,宽为 120 mm,厚度为 8 mm。

(3) 焊丝 HO8Mn2SiA,直径 1.2 mm。

(4) CO_2 气体纯度:CO_2 含量 >99.5%,O_2 <0.1%,H_2O <2 g/m^3。

(5) 焊条 E4303,直径 4 mm。

(6) 设备检查:

①检查送丝滚轮压力是否合适,送丝软管是否通畅,送丝压力是否合适。

②清理焊枪喷嘴法清理喷嘴。在喷嘴上涂硅油可防止飞溅金属黏附在喷嘴上,或者采用机械方法清理喷嘴。

③检查继电器触点接触是否良好。若有烧伤应仔细打磨烧伤处,使其接触良好。

(7) 焊丝盘绕。将烘干过的焊丝按顺序盘绕至丝盘内,以免使用时紊乱,发生缠绕,影响正常送丝。

二、操作注意事项

（1）选择正确的持枪姿势

正确的持枪姿势应满足如下条件：

①操作时用身体的某个部位承担焊枪的重力，通常手臂处于自然状态，手腕能灵活带动焊枪平移或转动，不感到太累。

②焊接时，软管电缆最小曲率半径应大于300 mm，并可随意拖动焊枪。

③焊接时能清楚、方便地观察熔池，并能维持焊枪倾角不变。

④能保证焊枪在需要焊接的范围内自由移动。

（2）保持焊枪与工件合适的相对位置主要是正确控制焊枪与工件间的倾角和喷嘴的高度。在这种位置焊接时，焊工既能方便地观察熔池，控制焊缝形状，又能可靠地保护熔池，防止出现缺陷。

（3）保持焊枪匀速向前移动，焊工应根据焊接电流的大小、熔池的形状、工件熔合情况、装配间隙、钝边大小等情况，调整焊枪移动速度，力争匀速前进。

（4）保持摆幅一致的横向摆动。

三、操作要领

1. 焊前清理

主要是对焊件、焊丝表面的油、锈、水分等脏物进行仔细清理。

2. 装配定位焊

定位焊可使用优质焊条进行手弧焊或直接采用 CO_2 半自动焊进行。定位焊的长度和间距根据板厚和焊件的结构形式而定，一般长度为30~250 mm为宜，间距以100~300 mm为宜。

3. 平敷焊

用250 mm×120 mm×5 mm低碳钢板一块，以划针在钢板上沿250 mm方向每30 mm划一条准线，然后按下列工艺参数进行平敷焊练习。

  焊丝   HO8Mn2SiA，直径1.2 mm
  焊接电流   110~120 A
  电弧电压   20~22 V
  焊接速度   20~25 m/h
  CO_2气体流量 10~15 L/min

（1）操作姿势

根据工作台的高度，身体呈站立或下蹲姿势，上半身稍向前倾，脚要站稳，肩部用力使臂膀抬至保持水平，右手握焊枪，但不要握得太死，要自然，并用手控制枪柄上的开关，左手持面罩，准备焊接。

（2）引弧

采用爆裂引弧法。引弧前先按焊枪上的控制开关，点动送出一段焊丝，焊丝伸出长度小于喷嘴与工件间应保持的距离，超长部分应剪去。若焊丝端部出现球状时，必须预先剪去，否则引弧困难。

将焊枪按要求(保持合适的倾角和喷嘴高度)放在引弧处。

按焊枪上的控制开关,焊机自动提前送气,延时接通电源,自动送丝,当焊丝碰撞工件短路后,自动引燃电弧。

短路时,焊枪有自动顶起的倾向,故引弧时要稍用力压焊枪,防止焊枪抬起太高,电弧太长而熄灭。

为了保证引弧处的质量,对接焊应采用引弧板,或在距板材端部 2~4 mm 处引弧,然后缓慢引向接缝的端头,待焊缝金属熔合后,再以正常焊接速度前进。通过多次反复的引弧练习要做到引弧准,建立电弧稳定燃烧过程快。

(3) 直线移动焊丝焊接法

所谓直线移动焊丝是指只沿准线直线运动不做摆动,这样焊出的焊道宽度较窄。

起始端在一般情况下焊道要高些而熔深要浅些。为了克服这一缺点,在引弧之后,先将电弧稍微拉长一些,对焊道端部进行适当的预热,然后再压缩电弧进行起端的焊接。这样可以获得有一定熔深和成形比较整齐的焊道。

引弧并使焊道的起始端充分熔合后,要使焊丝保持一定的高度和角度,并以稳定的速度沿准线向前移动。

根据焊丝的运动方向有右向焊法和左向焊法。右向焊时,熔池能得到良好的保护,其加热集中,热量可以充分利用;由于电弧吹力的作用,将熔池金属推向后方,可以得到外形比较饱满的焊道。但右向焊法不易准确掌握焊接方向,容易焊偏。而左向焊时,电弧对焊件金属有预热作用,能得到较大的熔深,焊缝形状得到改善。左向焊时,虽然观察熔池困难些,但能准确地掌握焊接方向,不易焊偏。

一般 CO_2 半自动焊都采用带有前倾角的左向焊法,前倾角为 10°~15°,如图 3-6-4 所示。

收弧时,应注意将收尾处的弧坑填满。一般说来,采用细丝 CO_2 短路过渡焊接,其电弧长度短,弧坑较小,不需做专门的处理,只要按焊机的操作程序收弧即可。若采用粗丝大电流焊接并使用长弧时,由于电弧电流及电弧吹力都大,如果收弧过快,会产生弧坑缺陷。所以,在收弧时应在弧坑处稍停留片刻,然后缓慢抬起焊枪,并在熔池凝固前必须继续送气。

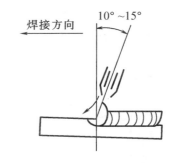

图 3-6-4 带有前倾角的左向焊法

焊道接头时,先将待焊接头处用角向磨光机打磨成斜面,然后在斜面顶部引弧,引燃电弧后,将电弧移至斜面底部,转一圈返回引弧处后再继续向左焊接。

(4) 横向摆动运丝焊接法

进行 CO_2 电弧焊时,为了获得较宽的焊缝,往往采用横向摆动运丝法。这种运丝方式是沿焊接方向,在焊缝中心线两侧做横向交叉摆动。根据 CO_2 半自动电弧焊的特点,有锯齿形、月牙形、正三角形、斜圆圈形等几种摆动方式,如图 3-6-5 所示。横向摆动运丝角度和起始端的运丝要领完全和直线焊接时一样。

横向摆动运丝法有以下基本要求:

① 运丝时以手腕做辅助,以手臂操作为主来控制和掌握运丝角度。

（a）锯齿形摆动　　　　　　（b）月牙形摆动

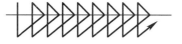

（c）正三角形摆动　　　　　　（d）斜圆圈形摆动

图 3-6-5　CO_2 半自动焊时焊枪的各种摆动形式

②左右摆动的幅度要一致，若不一致，会出现熔深不良的现象。一般 CO_2 焊摆动的幅度要比手工弧焊小些。

③进行锯齿形和月牙形等摆动时，为了避免焊缝中心过热，摆到中心时，要加快速度，而到两侧时，则应稍微停顿一下。

④为了降低熔池温度，避免铁水漫流，有时焊丝可以做小幅度的前后摆动。进行这种摆动时，也要注意摆动均匀，控制向前移动焊丝的速度也要均匀。

4．开坡口水平对接焊

（1）坡口加工与装配定位焊

取 250 mm×120 mm×8 mm 低碳钢板两块，沿 250 mm 方向用机械切削法加工出如图 3-6-6 所示 V 形坡口。然后用 E4303 焊条（直径 4 mm），以 180～210 A 的焊接电流用手工电弧焊将实习焊件定位焊到长 300 mm、宽度 100 mm、厚度为 2 mm 的低碳钢垫板上。其装配定位焊形式如图 3-6-7 所示。

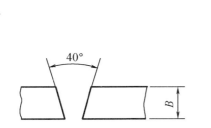
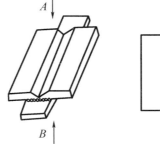
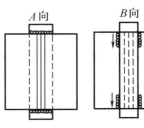

图 3-6-6　实习焊件的坡口尺寸　　　　图 3-6-7　实习焊件装配定位焊示意图

（2）焊接工艺参数的选择

焊丝	H08Mn2SiA，直径 1.2 mm
焊接电流	140～160 A
电弧电压	21～23 V
焊接速度	15～25 m/h
CO_2 气体流量	10～15 L/min

— 321 —

(3) 水平对接焊练习

采用左向焊法。焊丝向前倾角为 10°~15°。第一层采用直线移动运丝法进行焊接。以后各层采用月牙形或锯齿形摆动运丝法焊接。焊到最后一层的前一层焊道时,焊道应比焊件金属表面低 0.5~1.0 mm,以免坡口边缘熔化,导致盖面焊道产生咬边或焊偏现象。

多层焊时,要注意防止未熔合、夹渣、气孔等缺陷。发现缺陷应采取措施及时排除,以保证焊接质量。为了减少变形,在焊接过程中可按手工电弧焊方式采用分段焊。

5. T 形接头和搭接接头的焊接

T 形接头焊件的定位焊如图 3-6-8 所示。

焊接练习时,采用 H08MnZSiA 焊丝,直径 1.2 mm。

焊接工艺参数如下:

(1) 第一层

焊接电流　　　　　150~170 A
电弧电压　　　　　21~23 V
焊接速度　　　　　20~30 m/h
气体流量　　　　　10~15 L/min
焊脚尺寸　　　　　6~6.5 mm

(2) 其他各层

焊接电流　　　　　130~150 A
电弧电压　　　　　20~22 V
焊接速度　　　　　15~25 m/h
气体流量　　　　　10~15 L/min
焊脚尺寸　　　　　6~6.5 mm

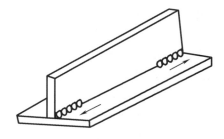

图 3-6-8　T 形接头焊件的定位焊

进行 T 形接头焊接时,极易产生咬边、未焊透、焊缝下垂等现象。为了防止这些缺陷,在操作时,除了正确选用焊接工艺参数外,还要根据板厚和焊脚尺寸来控制焊丝的角度。不等厚度焊件的 T 形接头平角焊时,要使电弧偏向厚板,以使两板加热均匀。如图 3-6-9 所示。在等厚度板上进行 T 形接头焊接时,一般焊丝与水平板夹角为 40°~50°。当焊脚尺寸在 5 mm 以下时,可按图 3-6-10 中的方式将焊丝指向夹角处。如果焊脚尺寸为 5 mm 以上时,可将焊丝水平移开,离夹角处 1~2 mm,这时可以得到等脚的焊缝(图 3-6-10(b)),否则容易造成垂直板产生咬边和水平板产生焊瘤的缺陷。焊接过程中焊丝的前倾角度为 10°~25°,采用左向焊法,如图 3-6-11 所示。

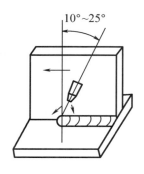

图 3-6-9　T 形接头焊接时焊丝的角度

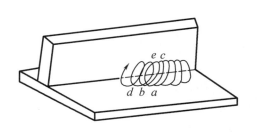

图 3-6-10　T 形接头平角焊时焊丝的角度

(1)焊脚尺寸小于5 mm时,可用直线移动法和短路过渡法进行均匀速度焊接。

(2)焊脚尺寸在5~8 mm时,可采用斜圆圈形运丝法,并以左焊法进行焊接,如图3-6-12所示。其运丝要领为:$a \to b$慢速,保证水平板有足够的熔深,并充分焊透;$b \to c$稍快,防止熔化金属下淌;c处,稍作停顿,保证垂直板熔深,并要注意防止咬边现象产生;$c \to b \to d$稍慢,保证根部焊透和水平板熔深;$d \to e$稍慢,在e处稍作停留。

焊脚尺寸为8~9 mm时,焊缝可用两层两道焊,第一层用直线移动运丝法施焊,电流稍大,以保证熔深足够。第二层,电流稍偏小,用斜圆圈形左焊法焊接。

焊脚尺寸大于9 mm时,仍采用多层多道焊,其焊接层数可参照手弧焊的平角焊多层焊方式进行。但采用横向摆动时,第一道(第一层)采用直线移动运丝法焊接,第二层以后可采用斜圆圈法和直线移动法交叉进行焊接。

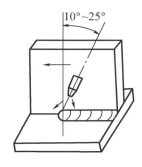

图3-6-11 焊丝前倾角

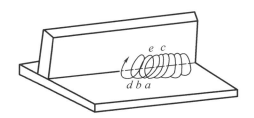

图3-6-12 T形角焊时的斜圆圈形运丝法

若遇到搭接接头的角焊时,如果上下板的厚板不等,焊丝对准的位置应有所区别,当上板的厚度较薄时对准A点,上板的厚度较厚时应对准C点。如图3-6-13所示。

6. 立焊

(1)立焊的方式

CO_2电弧焊的立焊有两种方式,一种是向上立焊,另一种是向下立焊。手弧焊因为向下立焊时需要专用焊条才能保证焊缝形成,故通常采用向上立焊。而进行CO_2电弧焊时,采用细丝短路过渡焊接,取向下立焊能获得很好的焊缝成形。焊接时,焊丝的倾角见图3-6-14。向下立焊时,由于CO_2气流和电弧吹力对熔池金属有承托作用,使熔池金属不易下坠流淌,而且操作十分方便,焊缝成形也很美观。

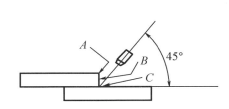

图3-6-13 搭接焊缝的焊丝位置

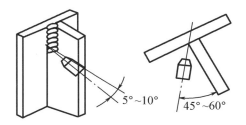

图3-6-14 立焊时焊丝的位置

如果像手工电弧焊那样,采用向上立焊,那么会因铁水的重力作用,熔池金属下淌,又加上电弧的吹力作用,熔深更增加,焊道窄而高,故一般不采用这种操作方法。

若采用直径为 1.6 mm 或更粗的焊丝,进行细颗粒过渡焊接时,可采用向上立焊。为了克服熔深大、焊道窄而高的缺点,宜取横向摆动运丝法,但电流需取下限值,用于焊接厚度较大的焊件。

(2)立焊的运丝

有直线移动运丝法和横向摆动运丝法两种。

直线移动运丝法适用于薄板对接的向下立焊,向上立焊的开坡口对接焊的第一层和 T 形接头立焊的第一层。

向上立焊的多层焊,一般在第二层以后采用横向摆动运丝法。为了获得较好的焊缝成形多采用正三角形摆动运丝法,也可采用月牙形横向摆动运丝法。

(3)基本操作技术

先在 250 mm×120 mm×8 mm 的侧立低碳钢板上进行敷焊形式的立焊操作练习。首先反复练习直线移动运丝法,进而再练用月牙形和正三角形摆动运丝法进行立焊。

操作练习时,采用 H08Mn2SiA 焊丝,直径 1.2 mm,其工艺参数如下。

① 直线移动运丝法

焊接电流　　　　110~120 A

电弧电压　　　　18~19 V

焊接速度　　　　2~22 m/h

气体流量　　　　10~15 L/min

② 小月牙形摆动运丝法

焊接电流　　　　130~140 A

电弧电压　　　　19~20 V

焊接速度　　　　18~20 m/h

气体流量　　　　10~15 L/min

③ 正三角形摆动运丝法

焊接电流　　　　140~150 A

电弧电压　　　　20~21 V

焊接速度　　　　15~18 m/h

气体流量　　　　10~15 L/min

操作姿势:面对焊件,上身立稳,脚呈半开步,右手握住焊枪后,手腕能自由活动,肘关节不能贴住身体,左手持面罩,进行焊接。

通过练习,掌握立焊的操作要领及各种运丝法在立焊中的应用。且焊道成形要整齐,宽度要均匀,高度要合适。

(4)T 形接头立焊

实习焊件如图 3-6-15 所示。

取板厚为 5 mm 的焊件,采用直径为 1.2 mm 的 H08Mn2SiA 焊丝,其工艺参数同上所述。运丝特点如下。

第一层,采用直线移动运丝法,向下立焊。如图 3-6-15 中①所示。

第二层,采用小月牙形摆动运丝法,向下立焊,如图 3-6-15 中②所示。

第三层,采用正三角形摆动运丝法,向上立焊,如图 3-6-15 中③所示。

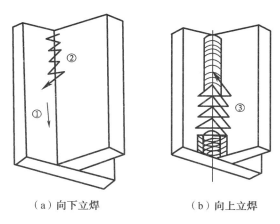

(a)向下立焊　　　　(b)向上立焊

图 3-6-15　向下立焊与向上立焊

立焊时的焊丝角度,向下立焊如图 3-6-14 所示,向上立焊参照手工电弧时的焊条角度。

⑤开坡口立对焊

实习焊件同开坡口水平对接焊用实习焊件。焊丝选用 H08Mn2SiA,直径 1.2 mm,焊接工艺参数同上所述。

操作时,焊丝角度如图 3-6-16 所示。采用向下立焊法焊接。运丝时,第一层采用直线移动法,第二层采用小月牙形摆动。施焊盖面焊道时,要特别注意咬边的现象。

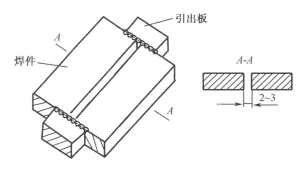

图 3-6-16　开坡口立对接时焊丝角度

(7)横焊

横焊时,由于熔化金属受重力作用下淌,容易产生咬边、焊瘤和未焊透等缺陷。因此横焊时,采用的措施也和立焊差不多。采用直径较小的焊丝,以适当的电流、短路过渡法和适当的运丝角度来保证焊接过程稳定和获得成形良好的焊缝。

(1)横焊的运丝法和焊丝角度

CO_2 横焊时,一般采用直线移动运丝法,为了防止熔池温度过高,铁水下淌,焊丝可做小幅度的往复摆动。焊丝与焊缝垂直线间的夹角为 5°~15°,焊丝与焊道水平线的夹角为 75°~85°,如图 3-6-17 所示。在进行多层多道横焊时,有时也模拟手弧焊的方式采取斜圆圈形或锯齿形摆动法,但摆幅比手弧焊要小些。

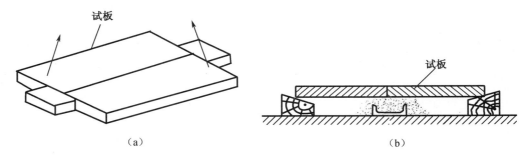

图 3-6-17 横焊时焊丝前的角度

(2) 基础训练

先在平板上进行横焊的敷焊练习，实习焊件为 250 mm × 120 mm × 8 mm 低碳钢板；焊丝选用 H08Mn2SiA，直径 1.2 mm，其焊接工艺参数如下。

① 直线移动运丝法焊时

焊接电流　　　　　110 ~ 120 A
电弧电压　　　　　18 ~ 19 V
CO_2 气体流量　　18 ~ 22 L/min
焊接速度　　　　　18 ~ 20 m/h

② 横向摆动法焊时

焊接电流　　　　　130 ~ 140 A
电弧电压　　　　　19 ~ 20 V
CO_2 气体流量　　18 ~ 22 L/min
焊接速度　　　　　18 ~ 20 m/h

要反复进行直线移动运丝法和横向摆动运丝法练习并随时注意防止熔敷金属下坠现象。

(3) 开坡口对接横焊

实习焊件与开坡口水平对焊实习焊件相同。焊接工艺参数同上所述，采用多层焊将坡口焊满。第一层以直线移动运丝法进行焊接，第二层以斜圆圈形横向摆动运丝法进行焊接。操作过程中注意防止上部咬边，下部出现焊瘤的现象。

8. 仰焊

仰焊时，应尽量采用小电流和低电压，同时选择较细的焊丝，以增加焊接过程的稳定性。一般采用右向焊法进行焊接，并适当增加 CO_2 气体流量。

(1) 仰焊的运丝法和焊丝角度

仰焊时，一般采用直线移动运丝法或锯齿形摆动运丝法。焊丝角度如图 3-6-18 所示。

(2) 基础训练

先在平板上进行仰焊的敷焊练习。实习焊件为 250 mm × 120 mm × 8 mm 低碳钢板，焊丝练

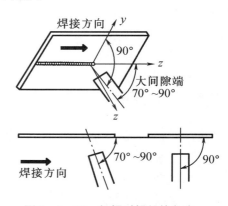

图 3-6-18 仰焊时焊丝的角度

习时应保持规定的焊丝角度,H08Mn2SiA,直径 1.2 mm,焊接工艺参数如下。

焊接电流　　　　90 ~ 110 A
电弧电压　　　　18 ~ 20 V
气体流量　　　　12 ~ 15 L/min
焊接速度　　　　18 ~ 20 m/h

练习时,要保持规定的焊丝角度,反复进行直线移动运丝法和横向摆动运丝法,并注意防止熔敷金属下坠现象。

(3) 开坡口对接仰焊

实习焊件与开坡口水平对焊实习焊件相同。采用右向焊法,用二层二道焊将坡口焊满。注意试板高度必须保证焊工单腿跪地或站着时焊枪的电缆导管有足够的长度,使腕部能有充分的空间自由动作。

第一层打底焊,采用上述工艺参数,先在试板左端离端点 20 mm 左右处引弧,电弧引燃后迅速退回试板端点,开始做锯齿形横向摆动焊接。在焊接过程中要利用电弧吹力防止熔融金属下淌。焊完打底焊道后,用角向磨光机将焊道表面局部凸起处修磨平。

第二层盖面焊,采用如下焊接工艺参数:

焊接电流　　　　120 ~ 130 A
电弧电压　　　　19 ~ 21 V
气体流量　　　　15 ~ 18 L/min
焊接速度　　　　18 ~ 20 m/h

先在试板左端引弧,焊枪做锯齿形横向摆动,摆动幅度较大,保证坡口两侧熔合好,熔池两侧超出坡口棱边 0.5 ~ 1.5 mm,控制摆动幅度、频率和焊接速度,防止焊道两侧咬边,中间下坠。

四、操作要求

1. 质量评定

(1) 操作质量

操作姿势要正确,要熟练掌握焊机的操作过程以及选用和调整工艺参数。

(2) 焊接质量

焊缝外观成形美观整齐,飞溅少,余高合适,无明显咬边、焊瘤,无裂纹等。

2. 防辐射和防中毒

(1) 防辐射的危害和灼伤

CO_2 气体保护半自动焊时,由于电流密度大,弧温高,所以紫外线比一般手工电弧焊时强得多,容易引起电旋光性眼炎及皮肤裸露部分的灼伤,出现红斑等症状。因此工作时,必须穿帆布工作服,戴焊工手套,以防辐射的伤害,同时也防飞溅灼伤。并要戴表面涂有氧化锌油漆的面罩,面罩上使用 9 ~ 12 号滤光玻璃片。各焊接工作位置之间应设置专用的遮光屏。

(2) 防中毒

进行 CO_2 气体保护焊时,不仅产生烟雾和金属粉尘,而且还产生 CO、臭氧、二氧化氮,这些有毒气体和烟尘对人体是有害的。因此,焊接场地要安装抽风装置,使空气对流,在一些特殊恶劣的环境下操作时,应该直接向焊工工作地输送新鲜空气。

第七章 手工钨极氩弧焊

手工钨极氩弧焊,是使用钨棒作为电极,利用从喷嘴流出的氩气在电弧和焊接熔池周围形成连续封闭的气流,保护钨极、焊丝和焊接熔池不被氧化的一种手工操作的气体保护电弧焊。如图3-7-1所示。

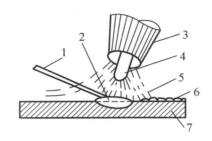

1—焊丝;2—熔池;3—喷嘴;4—钨极;5—氩气;6—焊缝;7—焊件。

图3-7-1 手工钨极氩弧焊

手工钨极氩弧焊,可分为添加焊丝和不添加焊丝两种方法。添加焊丝的操作方法是右手握焊枪,左手持焊丝,顺着焊接方向自右向左移动,面罩一般采用头盔式。不添加焊丝的操作方法比较简单,只要右手握住焊枪移动即可。

第一节 手工钨极氩弧焊的基本知识

一、手工钨极氩弧焊设备

钨极氩弧焊机一般用于6~8 mm以下的薄板焊件的焊接。目前常用的有NSA-500-1型手工钨极氩弧焊机。其外部接线如图3-7-2所示。它主要由焊接电源、控制箱、焊枪、供气及冷却系统等部分组成。焊机的工作电压为20 V,焊接电流调节范围为50~500 mA。

(1)焊接电源采用具有陡降外特性的BX3-1-500型动圈式弧焊变压器。

(2)控制箱控制箱内装有交流接触器、脉冲引弧器、脉冲稳弧器、延时继电器、电磁气阀等控制组件。控制箱上装有电流表、电源与水流指示灯、电源转换开关、气流检查开关等组件。

(3)供气系统包括氩气瓶减压器、流量计及电磁气阀。其组成如图3-7-3所示。

①氩气瓶:外表涂灰色,并用绿漆标以"氩气"字样。氩气瓶最大压力为15 MPa,容积一般为40 L。

②减压器:通常采用氧气减压器即可。

③气体流量计:通常采用LZB型转子流量计。其构成如图3-7-4所示。

④电磁气阀:由延时继电器控制,可起到提前供气和滞后停气的作用。

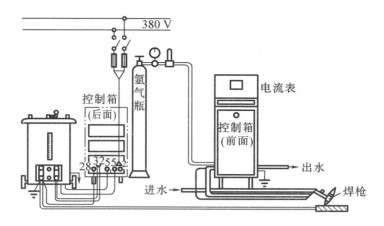

图 3-7-2　NSA-500-1 型手工钨极氩弧焊机的外部接线图

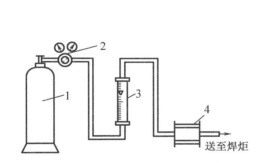

1—氩气瓶；2—减压器；3—流量计；4—电磁气阀。
图 3-7-3　氩弧焊的供气系统

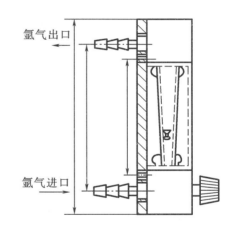

图 3-7-4　LZB 型转子流量计结构示意图

（4）冷却系统通水冷却的目的是冷却焊接电缆、焊炬和钨极。一般电流小于 150 A 时可不需要水冷却，而使用电流超过 150 A 时，必须通水冷却并用水压开关进行控制，当水压太低或断水时，水压开关切断电源，可避免焊枪导电部分烧毁。

（5）焊枪结构由枪体、钨极夹头、钨极、进气管、陶瓶喷嘴等几部分组成。

①焊枪：有大、中、小型三种，按冷却方式，可分为气冷式和水冷式氩弧焊枪。电流在 150 A 以下用气冷式，电流在 150 A 以上采用水冷式。

②喷嘴：通常采用陶瓷喷嘴，有圆柱形和圆锥形两种。

③氩气保护效果的评定：氩气保护效果是焊枪工作性能好坏的重要指针之一。通常用焊点试验法进行测试。采用交流手工钨极氩弧焊，在铝板上点焊。试验过程中保持氩气流量、焊接电流、电弧长度和通电时间不变，电弧引燃后固定不动，待燃烧 5~6 s 后断开电源，铝板上就会出现一个焊点，在焊点周围铝板上会出现一圈具有金属光泽的银白色区域，称为去氧化膜区。去氧化膜区是氩气的有效保护区，其直径越大，保护效果越好。

④钨极:一般采用钍钨极和铈钨极。钨极直径有 0.5 mm、1.0 mm、1.6 mm、2.0 mm、2.4 mm、3.2 mm、4.0 mm、5.0 mm 和 6.3 mm 几种。其形状有圆珠形、平底锥形和尖锥形三种。交流氩弧焊时,一般采用圆珠形。直流钨极氩弧焊大电流时采用平底锥形,小电流时采用尖锥形。

(6)氩弧焊机常见故障及主要原因见表 3-7-1。

表 3-7-1　氩弧焊机常见故障及产生原因

故障	产生原因
电源开关接通,指示灯不亮	1. 开关损坏; 2. 熔断器烧坏; 3. 控制变压器损坏
控制线路有电,但焊机不能启动	1. 脚踏开关或焊枪开关接触不良; 2. 启动继电器或热电器故障; 3. 控制变压器损坏
有振荡放电,但引不起弧	1. 焊接电源接触器故障; 2. 控制线路故障; 3. 焊件接触不良
电弧引燃后,焊接过程电弧不稳定	1. 稳弧器故障; 2. 直流分量的元件故障; 3. 焊接电源故障

二、焊接工艺参数的选择

(1)焊接电流、钨极直径、焊丝直径的选择一般根据焊件厚度的材质来选择。不锈钢和耐热钢手工氩弧焊参照表 3-7-2 选择,铝合金手工氩弧焊参照表 3-7-3 选择。

表 3-7-2　不锈钢和耐热钢手工氩弧焊的焊接电流

材料厚度/mm	钨极/mm	焊丝直径/mm	电流/mA
1.0	2	1.6	40~70
1.5	2	1.6	50~85
2.0	2	2.0	80~130
3.0	2~3	2.0	120~160

表 3-7-3　铝合金手工氩弧焊的焊接电流

材料厚度/mm	钨极/mm	焊丝直径/mm	电流/mA
1.5	2	2	70~80
2	2~3	2	90~120
3	3~4	2	120~180
4	3~4	2.5~3	120~240

(2)焊接速度的选择根据焊缝成形和气保护效果确定。焊速太快,则气保护效果变差,焊缝易产生未焊透和气孔;反之,焊速太慢,焊缝容易烧穿和咬边。

(3)焊接电源种类和极性根据被焊材料选择,见表 3-7-4。

表 3-7-4 材料与电源类别和极性的选择

材料	直流		交流
	正极性	反极性	
铝及铝合金	×	○	△
黄铜及铜合金	△	×	○
铸铁	△	×	○
低碳钢、低合金钢	△	×	○
高合金钢、镍与镍合金不锈钢	△	×	○
钛合金	△	×	○

注:△—最佳;○—可用;×—最差。

(4)电弧长度在保证电弧不短路的情况下,尽量采用短弧焊接。
(5)喷嘴直径和氩气流量喷嘴直径一般为 12~16 mm,根据焊件厚度和焊接电流大小选择。氩气流量应与喷嘴直径相匹配,达到良好的保护效果。
(6)喷嘴至焊件的距离一般为 8~14 mm。
(7)钨极伸出长度一般为 3~4 mm。

三、安全知识

(1)焊机必须可靠接地。
(2)使用焊机前,必须检查水路和气路,保证焊接前正常供水供气,不许漏气和漏水。
(3)工作前要穿好工作服和胶鞋。
(4)磨钍钨极时,必须使用装有除尘设备或有良好抽风装置的砂轮机。
(5)在引弧和施焊时,要注意挡好避光屏。
(6)焊接过程中避免钨极与焊件短路或钨极与焊丝接触。
(7)工作完毕或临时离开工作场地,必须切断焊机电源及水、气开关。

第二节 手工钨极氩弧焊操作技能

一、平敷焊

1. 操作准备
(1)NSA-500-1 型氩弧焊机或 NSA4-300 型氩弧焊机。
(2)氩气瓶。
(3)QD-1 型单级作用式减压器。
(4)LZB 型转子流量计。
(5)气冷式焊枪。
(6)铈钨极,直径 2 mm。
(7)实习焊件:不锈钢板,长 200 mm,宽 100 mm,厚 2 mm。铝板长 200 mm,宽 100 mm,厚 2 mm。

(8)焊丝:不锈钢焊丝,直径2 mm;铝合金焊丝,直径2 mm。
(9)保护用品:面罩,工作服,胶鞋,手套。
2.操作要领
(1)引弧

通常采用引弧器进行引弧。先在钨极与焊件之间保持一定距离,然后接通引弧器,在高频高压电流或高压脉冲电流的作用下,使氩气电离而引燃电弧。这种引弧方法能在焊接位置直接引弧。

(2)收弧

在焊接直焊缝时,采用引出板,焊后将引出板切除。

使用带有电流衰减装置的氩弧焊机焊接时,先将熔池填满,然后按动电流衰减按钮,使焊接电流逐渐减少,最后将电弧熄灭。

(3)在不锈钢板上平敷焊

操作方法是用右手握焊枪,用食指和拇指夹住枪身前部,其余三指触及焊件为支点,也可用其中两指或一指作支点。要稍用力握住,这样能使电弧稳定。左手持焊丝,严防焊丝与钨极接触。

焊接电流采用60～80 A,钨极直径2 mm,焊丝直径2 mm,氩气流量通过观察氩气保护情况进行判断和调整。

焊枪与焊丝和焊件之间的相对位置如图3-7-5所示。

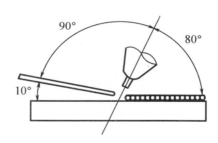

图3-7-5　焊枪与焊件和焊丝的相对位置

采用左焊法进行焊接,电弧引燃后,不要急于送丝,要稍停留一定时间,使基体金属形成熔池后,立即添加焊丝,以保证熔敷金属和基体金属很好地熔合。

在焊接过程中,焊枪应保持均匀的直线运动。焊丝的送入方法,是将焊丝做往复运动,当填充焊丝末端送入电弧区熔池边缘上被熔化后,将填充焊丝移出熔池,然后再将焊丝重复送入熔池,但焊丝端头不能离开氩气保护区。

焊道接头时,要用电弧把原熔池的焊道金属重新熔化,形成新的熔池后再加焊丝,并与前焊道重叠5 mm左右,在重叠处要少加焊丝,使接头处圆滑过渡。

(4)在铝板上平敷焊

①焊件表面清理

a.化学清洗法

除油污。用汽油、丙酮、四氯化碳等有机溶剂擦净铝表面的油污。

除氧化膜。首先将焊件和焊丝放在碱性溶液中侵蚀,取出后用热水冲洗,随后将焊丝和焊件在硝酸溶液中进行中和,最后将焊件或焊丝在流动冷水中冲洗干净,并烘干。

b. 机械清理法

在去除油污后,用钢丝刷将焊接区域表面刷净直至露出金属光泽。

②铝合金手工氩弧焊电源。通常采用交流焊接电源。

③焊接工艺参数的选择。选用钨极直径2 mm,焊丝直径2 mm,焊接电流70～100 A。氩气流量通过氩气保护情况进行判断和调整。

④操作方法:采用左焊法。焊枪与焊件之间的相对位置如图3-7-6所示。

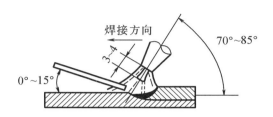

图3-7-6 焊枪、焊丝与焊件之间的相对位置

焊枪操作方法用等速运行法,送丝方法采用断续点滴法,焊丝在氩气保护层内往复断续地送入熔池。此方法电弧比较稳定,焊后焊缝表面呈清晰而均匀的鱼鳞波纹。收弧时,应采取有纹的收弧措施,保证收弧质量。

3. 注意事项

(1)要求操作姿势正确。

(2)钨极端部严禁与焊丝相接触,避免短路。

(3)要求焊道成形美观,均匀一致,笔直度好,鱼鳞波纹清晰。

(4)注意氩气保护效果,使焊道表面有光泽。

(5)要求焊道无粗大焊瘤。

二、平对接焊

1. 操作准备

(1)NSA-500-1型手工氩弧焊机。

(2)QD-1型单级作用式减压器。

(3)氩气瓶。

(4)LZB型转子流量计。

(5)气冷式焊枪,铈钨极,直径2 mm。

(6)铝合金焊件,长200 mm,宽100 mm,厚度2 mm,每组两件。

(7)铝合金焊丝,直径2 mm。

(8)面罩(选用9号黑玻璃)。

(9)辅助工具:活扳手,钢丝钳,手锤。

(10)防护用品:工作服,手套,口罩,胶鞋。

2. 操作要领

(1)焊件及焊丝表面清理

将焊件的焊丝用汽油或丙酮清洗干净,然后将焊件和焊丝放在硝酸溶液中进行中和,使表面光洁,再用热水冲洗干净并烘干。

(2)定位焊

定位焊的顺序,可先焊中间再焊两端,也可先焊焊件两端后焊中间。

定位焊时,用短弧焊,定位焊缝不要大于正式焊缝宽度的75%。

(3)焊接

焊接工艺参数为钨极直径2 mm,焊丝直径2 mm,焊接电流90~100 A。氩气流量通过观察氩气保护情况进行判断和调整。

操作方法为左焊法,要求焊缝成形美观,表面鱼鳞波纹清晰,表面呈银白色并具有明亮的色泽。

三、平角焊

1. 操作准备

(1)NSA-500-1型氩弧焊机或NSA4-300氩弧焊机。

(2)气冷式焊枪。

(3)实习焊件:不锈钢板,长200 mm,宽50 mm,厚2 mm。

(4)不锈钢焊丝直径2 mm。

(5)铈钨极,直径2 mm。

(6)其他用具同平对接焊。

2. 操作要领

(1)焊件清理

用机械抛光轮或砂布将待焊处20~30 mm的氧化皮清除干净。

(2)定位焊

定位焊焊缝的距离由焊件厚度及焊缝长度来决定。焊件越薄,焊缝越长,定位焊缝距离越小。焊件厚度为2~4 mm时,定位焊缝间距一般为20~40 mm,定位焊缝距两边缘为5~10 mm。

定位焊缝的宽度和余高不应大于正式焊缝的宽度和余高。定位焊的顺序如图3-7-7所示。

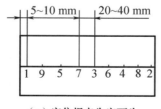
(a)定位焊点先定两头

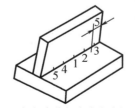
(b)定位焊点先定中间

图3-7-7 定位焊点的顺序

定位焊后应进行校正。

焊接采用左焊法,焊丝、焊枪与焊件之间的相对位置如图3-7-8所示。

焊接工艺参数为:钨极直径2 mm,焊丝直径2 mm,焊接电流100~120 A,氩气流量根据氩气保护效果判断和调整。

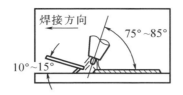 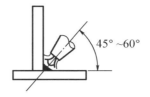

图 3-7-8 焊枪、焊枪与焊件之间相应的位置

在焊接过程中,要求焊枪运行平稳,送丝均匀,保持电弧稳定燃烧,以保证焊接质量。

船形焊将T形或角接头转动45°,使焊接成水平位置,称为船形焊接。船形焊对熔池保护性好,可采用大电流焊接,而且操作容易掌握,焊缝成形也好。如图3-7-9所示。

平外角焊如图3-7-10所示。操作方法和平对接焊基本相同。焊接间隙越小越好,以避免烧穿。焊接时采用左焊法,钨极对准焊缝中心线,焊枪均匀平稳地向前移动,焊丝断续地向熔池中添加填充金属。

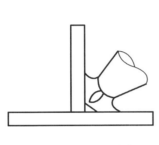 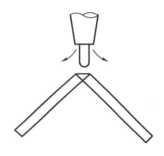

图 3-7-9 船形角焊　　　　　图 3-7-10 平外角焊

平外角焊保护性差,为了改善保护效果,可用W形挡板,如图3-7-11所示。

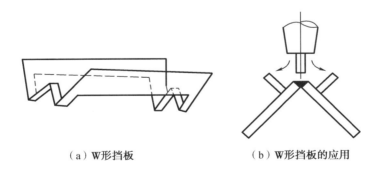

（a）W形挡板　　　　　（b）W形挡板的应用

图 3-7-11 W形挡板的应用

3. 注意事项

(1)要求焊缝平整,焊缝波纹均匀,无焊瘤。
(2)在板厚相同的条件下,不允许出现焊缝两边焊脚不对称的现象。
(3)焊缝根部要焊透,焊缝收尾处不允许有弧坑和弧坑裂纹

参 考 文 献

[1] 逯萍. 钳工工艺学[M]. 北京:机械工业出版社,2008.
[2] 卢永然. 金工工艺[M]. 大连:大连海事大学出版社,2010.
[3] 林尚杨,陈善本,李成桐. 焊接机器人及其应用[M]. 北京:机械工业出版社,2000.
[4] 杨伟峰,何延安,李宏健. 车工工艺学[M]. 北京:北京理工大学出版社,2017.
[5] 贺文雄,张洪涛,周利. 焊接工艺及应用[M]. 北京:国防工业出版社,2010.
[6] 潘铭. 数控技术与编程操作[M]. 北京:人民交通出版社,2012.